AF840356

Jörg Klawitter · Reiner Kümmel
Gerhard Maier-Rigaud (Hrsg.)

Natur und Industriegesellschaft

Beiträge aus interdisziplinärer Sicht

Springer-Verlag Berlin Heidelberg New York
London Paris Tokyo Hong Kong

Dr. Jörg Klawitter
Universität Würzburg
Lehrstuhl für Politische Wissenschaft
Wittelsbacherplatz 1
D-8700 Würzburg

Prof. Dr. Reiner Kümmel
Universität Würzburg
Physikalisches Institut
Am Hubland
D-8700 Würzburg

Dr. Gerhard Maier-Rigaud
Institut für Europäische Umweltpolitik
Bonn-London-Paris-Brüssel
Aloys-Schulte-Str. 6
D-5300 Bonn 1

ISBN-13: 978-3-540-52733-6 e-ISBN-13: 978-3-642-75796-9
DOI: 10.1007/978-3-642-75796-9

Dieses Werk ist urheberrechtlich geschützt. Die dadurch begründeten Rechte, insbesondere die der Übersetzung, des Nachdrucks, des Vortrags, der Entnahme von Abbildungen und Tabellen, der Funksendungen, der Mikroverfilmung oder der Vervielfältigung auf anderen Wegen und der Speicherung in Datenverarbeitungsanlagen bleiben, auch bei nur auszugsweiser Verwertung, vorbehalten. Eine Vervielfältigung dieses Werkes oder von Teilen dieses Werkes ist auch im Einzelfall nur in den Grenzen der gesetzlichen Bestimmungen des Urheberrechtsgesetzes der Bundesrepublik Deutschland vom 9. September 1965 in der Fassung vom 24. Juni 1985 zulässig. Sie ist grundsätzlich vergütungspflichtig. Zuwiderhandlungen unterliegen den Strafbestimmungen des Urheberrechtsgesetzes.

© Springer-Verlag Berlin-Heidelberg 1990

Die Wiedergabe von Gebrauchsnamen, Handelsnamen, Warenbezeichnungen usw. in diesem Werk berechtigt auch ohne besondere Kennzeichnung nicht zu der Annahme, daß solche Namen im Sinne der Warenzeichen- und Markenschutz-Gesetzgebung als frei zu betrachten wären und daher von jedermann benutzt werden dürften.

Satz u. Druckvorlage: Dr. Josef H. Röll, Dettelbach

2142/7130-543210

INHALT

Politik/Recht

Der vorliegende Band ist das Ergebnis eines während der vergangenen drei Jahre geführten interdisziplinären Gesprächs von Wissenschaftlern aus verschiedenen Fachrichtungen (Ökonomie, Natur- und Ingenieurwissenschaft, Rechts- und Politikwissenschaft, Psychologie und Philosophie). Es hat stattgefunden im Rahmen eines Forschungsprojekts "Ökologische Rahmenbedingungen der sozialen Marktwirtschaft", das eine interdisziplinäre Antwort auf Fragen zu den Beziehungen zwischen Umwelt, Wirtschaft und Gesellschaft sucht, um konkrete Vorschläge für Maßnahmen zur Bewältigung der Umweltproblematik zu erarbeiten. Dieses Projekt, ins Leben gerufen durch die "Studiengruppe Entwicklungsprobleme der Industriegesellschaft (STEIG) e.V.", umfaßt neben dem erwähnten Gesprächskreis mehrere einzelwissenschaftliche Teilprojekte. Geplant ist, die Ergebnisse der Teilprojekte in das Gesamtprojekt einzubringen und zum Thema der interdisziplinären Diskussion zu machen.

Das Gespräch wurde so strukturiert, daß zunächst jeder Mitarbeiter einen Beitrag verfaßt hat, der in einer zweiten Phase (der "Kommentierungsphase") von allen Beteiligten kommentiert bzw. kritisiert wurde. Aufgrund der Kommentare wurde dann der erste Beitrag überarbeitet oder auch ein neuer Beitrag geschrieben, wobei versucht werden sollte, diese aufeinander abzustimmen ("Harmonisierungsphase"). Anschließend wurde der auf jene Weise zustande gekommene Entwurf des "Readers" auf einem mehrtägigen Arbeitstreffen Gegenstand eingehender Erörterungen, die zu nochmaligen Änderungen der Aufsätze führten.

Die Veröffentlichung des Ergebnisses dieser Arbeit geschieht aus der Überlegung heraus, daß die Früchte des Gesprächs - das sich, wie tentativ auch immer, mit allen Verständigungsschwierigkeiten, die interdisziplinäre Diskurse nun einmal mit sich bringen, auseinandergesetzt hat - nicht verloren gehen sollten.

Zur größeren Übersichtlichkeit wurden die Beiträge in vier Blöcke gegliedert, die die vier erfaßten Problembereiche repräsentieren. Es handelt sich dabei um die Bereiche Ökonomie, Naturwissenschaft, Philosophie/Psychologie sowie Rechts- und Politikwissenschaft. In einem Schlußwort wird der Versuch gemacht, Verbindungslinien zwischen den Bereichen aufzuzeigen.

Der Bischöflichen Studienförderung Cusanuswerk danke ich auch im Namen der Autoren und Herausgeber für die Unterstützung meiner Arbeit als Projektkoordinator.

Würzburg, im Februar 1990 *Dr. phil. Jan Beaufort*

Vorwort

DIE ÖKOLOGISCHE FRAGE

Eine Ursache der fortschreitenden Umweltzerstörung, der Gefährdung der Schöpfung und damit letztlich der menschlichen Existenzbedingungen liegt im wissenschaftlichen, technischen und ökonomischen Fortschreiten der Menschen begründet. Keinem anderen Lebewesen ist es gelungen, sich so weitgehend von natürlichen Zwängen zu lösen und die Schöpfung seinen eigenen Zwecken zu unterwerfen. Das basiert auf einer für den einzelnen nicht mehr faßbaren Kumulierung von Wissen und einer jenseits der planenden Vernunft liegenden Fortentwicklung ökonomischer und gesellschaftlicher Institutionen. Nun aber sind wir an einem "Punkt" angelangt, an dem sich unabweisbar die Frage nach der Berechtigung überkommener Fortschrittsideen, dem Sinn und den Grenzen des Wissens und Könnens stellt. Die Zeichen einer globalen Umweltkatastrophe werden immer deutlicher. Jedoch: Können wir sie mit dem, was wir wissen, noch abwenden?

Was wissen wir schon über komplex verzahnte Ökosysteme? Müssen wir nicht schon wegen des anhaltend rasanten Anstiegs unseres Wissens und dessen wissenschaftlicher, technischer und ökonomischer Umsetzung den jeweils aktuellen Kenntnisstand mit Bescheidenheit betrachten? Bieten die Wissenschaften Chancen für eine Änderung der bisherigen Entwicklungsprozesse? Sind sozialwissenschaftliche Ansätze erkennbar, die ein derartiges "neues" Wissen auch gesellschaftlich umzusetzen vermögen? Stehen dem nicht wirtschaftliche Sachzwänge entgegen? Hat die Ökonomie eine konsensfähige Strategie zum Einbezug der Ökologie entwickelt? Und schließlich, welche Hoffnungen kann die Ethik erfüllen?

Unser Handeln für und gegen die natürliche Umwelt ist geleitet von dem durch Wissenschaft "erfahrenen" Wissen oder zumindest der Vermutung, etwas zu wissen. Ein Mehr an Umweltqualität wird deshalb direkt abhängig von mehr spezifischem Wissen. Das beginnt schon bei der Problemwahrnehmung und reicht bis hinein in einzelne umweltpolitische Entscheidungen. Entsprechend stehen Gutachten und Gegengutachten, die Ergebnisse von Experimenten und statistischen Vergleichen sowie die Fortschritte der Meßtechnik im Mittelpunkt des Entscheidungsprozesses. Aber war es nicht gerade unser irriger Glaube, alles fest im Griff zu haben ("Paradigma des Wissens"), der uns die ökologische Frage beschert hat? Wie können wir deshalb meinen, im Festhalten an diesem Glauben das Umweltproblem lösen zu können? Und ist somit nicht die Überwindung dieses Paradigmas überhaupt die Vorbedingung für grundlegende umweltpolitische Erfolge?

Am Anfang muß deshalb eine radikale Auseinandersetzung über das Paradigma des Wissens stehen. Sie darf aber nicht losgelöst von den einzelnen Disziplinen rein wissenschaftstheoretisch geführt werden. Notwendig ist vielmehr der klare Bezug zu den Natur- und Geisteswissenschaften, zu den Sozial- und Wirtschaftswissenschaften sowie zur Sozial- und Wirtschaftsethik. Die einzelnen Disziplinen müssen je für sich Axiomatik und Grenzen ihrer

Erkenntnisse hinterfragen. Erst von da aus ist eine Zusammenschau möglich, die sich interdisziplinär der ökologischen Frage nähert.

Interdisziplinäre Kommunikation birgt freilich Überraschungen in sich. Manche Vorurteile über den Kenntnisstand anderer Disziplinen müssen abgelegt werden. Naturwissenschaft beschreibt keine Wirklichkeit an sich, sondern stets verbesserungsbedürftige Modelle derselben. Evident scheinende ökonomische Leitbilder erweisen sich als fragwürdig. Auch die Ethik ist überfordert, wenn man in ihr einen eindeutigen Richtunggeber für umweltpolitisches Handeln sucht. Und endlich müssen Vorstellungen über technische Möglichkeiten erweitert und solche über die Sicherheit technischer Anlagen revidiert werden. Insgesamt scheint so die von der Scientific Community postulierte Basis der Umweltpolitik als ziemlich brüchig. Das Paradigma des Wissens wandelt sich zu einem Paradigma des Zweifelns und in letzter Konsequenz zu einem des Nicht-Wissens oder mehr noch – zu einem Paradigma des Nicht-Wissen-Könnens.

Aber wenn wir nur auf der Basis von Wissen glauben, handeln zu können, führt dann ein solcher Paradigmenwechsel nicht zur Paralyse? Bedeutet Nicht-Wissen auch Nicht-Handeln, also ein fatalistisches Zurückziehen in die bloße – vielleicht resignative – Kontemplation? Das liefe darauf hinaus, sich außerhalb des Geschehens zu stellen, eine vermeintliche Beobachterrolle einzunehmen oder bestenfalls mit schönen Worten zu mahnen und Entwicklungen zu beklagen. Innere Emigration von Wissenschaftlern ist jedoch kein Lösungsweg; vielmehr ist das Wissen um das Nicht-Wissen schöpferisch zu wenden.

Angesichts der Einsicht in die Begrenztheit unseres Wissens über das in Millionen von Jahren entstandene System Natur folgt die Verpflichtung, irreversible Eingriffe mit auch nur möglicherweise schädlichen Folgen für das Gesamtsystem zu unterlassen. Menschliches, wie überhaupt jegliches Leben ist auf die Nutzung natürlicher Ressourcen angewiesen. Die Belastung und Ausbeutung der "Natur" muß sich an dem Paradigma der Eingriffsminimierung – unter menschenwürdiges Leben sichernden Nebenbedingungen – orientieren, statt wie bisher oft von der Maximierung einer rein ökonomischen Nutzenfunktion bestimmt zu werden. Das Dilemma der Wissenschaft besteht darin, auf der Basis unseres gegenwärtigen, zwangsläufig unvollkommenen Wissens der Politik Grenzwerte und Nebenbedingungen liefern zu müssen, in der Hoffnung, daß diese vor unseren Nachkommen verantwortet werden können. Mit der Knappheit aller Ressourcen auf der Erde leben zu lernen, dafür Voraussetzungen zu schaffen, Bedingungen zu präzisieren und Hindernisse wegzuräumen, muß von nun an die höchste Aufgabe der Scientific Community sein. Die Überwindung des Paradigmas des Wissens ist dafür Vorbedingung; sonst läßt sich die ökologische Frage nicht angehen. Die Begrenztheit unseres Wissens und die Unsicherheit über die Folgen unseres Handelns lassen andere Wege nicht zu.

Die Herausgeber und Autoren

Willi Koll*

DIE ÖKOLOGISCHEN RAHMENBEDINGUNGEN DER MARKTWIRTSCHAFT

> Als Gott den Adam erschaffen hatte, führte er ihn zu allen Bäumen im Paradiese und sprach zu ihm: "Siehe meine Werke, wie lieblich und vortrefflich sie sind, und alles habe ich deinetwegen erschaffen. Nimm dich in acht, daß du meine Welt nicht verunstaltest und zerstörst, denn es ist niemand da, der sie wieder herstellen könnte."[1]

1. Einleitung

Grundlegendes Unwissen über Grenzen der Belastbarkeit der Natur, ein hohes Ausmaß an bereits eingetretenen und schon absehbaren Schäden sowie eine starke Betroffenheit der Menschen verlangen eine Antwort auf die "ökologische Frage". Folgt man Meinungsumfragen, so sprechen sich die Teilnehmer mit großer Mehrheit für mehr Umweltschutz in allen Lebensbereichen aus. Aber offenbar ist der individuell zum Ausdruck gebrachte Wunsch nach Schonung der Natur trotz "Konsumentensouveränität" nicht auch automatisch dessen Verwirklichung. Erwartungen derart, daß die "unsichtbare Hand" des Marktes das wirtschaftliche Handeln der vielen von sich aus auch zu einem umweltverträglichen Ergebnis lenken würde, haben sich nicht erfüllt, sondern wurden in ihr Gegenteil verkehrt. Es ist die dem Wettbewerb eigene Gesetzlichkeit selbst, die hierfür die Erklärung liefert. In der Erkenntnis und Anerkenntnis grundlegender Funktionsbedingungen der Marktwirtschaft liegt aber auch der Schlüssel für eine Wende von der Umweltzerstörung zur Umweltschonung. Diese Wende verlangt nicht nach einem anderen Wirtschaftssystem, sondern innerhalb des bestehenden nach der Setzung klarer ökologischer Rahmenbedingungen durch den Staat. Deren Ausfüllung kann sich wiederum marktwirtschaftlicher Elemente bedienen: Der "ökologischen Marktwirtschaft" entspricht eine "marktwirtschaftliche Ökologie".

Die folgenden Überlegungen setzen sich daher zum einen mit der prinzipiellen Antinomie zwischen einzelwirtschaftlichem Wettbewerb und Umweltschutz für alle auseinander. Zugleich werden die wesentlichen Voraussetzungen für eine Aufhebung dieser Widersprüchlichkeit herausgearbeitet. Einen zweiten Schwerpunkt bilden die gesamtwirtschaftlichen Beziehungen zwischen staatlich initiiertem Umweltschutz, internationaler Wettbewerbsfähigkeit und nationaler Beschäftigung. Hier wie dort ist das Feld ökonomischer Analyse. Sowohl der Ausgangspunkt – Umwelt und ihre Zerstörung – als auch die Therapie – staatlich zu setzende ökologische Rahmenbedingungen – weisen jedoch bei weitem über rein ökonomische Fragestellungen hinaus. Hier haben andere Wissenschaften zu antworten.

Ein angemessener Zugang zur Umweltproblematik verlangt indes mehr als das beziehungslose Nebeneinander von selbstgenügsamen Versatzstücken verschiedener Disziplinen. Wenn Ökologie nicht nur Natur meint, sondern auch die Wissenschaft davon ist, was die Summe von Teilen zu einer naturgegebenen Einheit macht, dann muß sich ein entsprechendes Forschungsprogramm auf die Verknüpfbarkeit und Verknüpfung der verschiedenen Wissenschaften richten. Die babylonische Sprachverwirrung, insbesondere zwischen den Geistes- und Naturwissenschaften, steht hier am Anfang dieser Bemühung. "Wovon man nicht sprechen kann, darüber muß man schweigen" (L. Wittgenstein). Aber wir *müssen* darüber reden und deshalb miteinander – über die Grenzen der eigenen Fakultät hinaus – ins Gespräch kommen. Es geht nicht darum, den Turm der Spezialisierung nur noch höher zu bauen, sondern ihn auf ein ökologisches Fundament zu stellen. Und vielleicht wird sich bei dem Versuch, aus der Verirrung im Weg herauszufinden, auch die Verwirrung über die Sprache legen.

Jede Wissenschaft muß ihre Spezialisierung so verallgemeinern, daß sie mit anderen kommunikabel wird, nicht unter Preisgabe von Präzision und Fülle, sondern mittels darin geläuterter Prinzipien. Zugleich muß jede Disziplin ihre Fragen an die jeweils anderen richten und deren kompetente Antworten in ihre eigenen Prämissen aufnehmen. Nur so lassen sich die offenen interdisziplinären Flanken der eigenen Antwort abdecken. Ökologie fordert Interdisziplinarität, und diese hat eher den Charakter eines Puzzles: Jedes Teil ist auf die Verknüpfbarkeit mit seinen Nachbarn angewiesen, und nur in der Gesamtschau aller ineinandergefügten Teile wird das Bild sichtbar. Deshalb sind hier der rein ökonomischen Analyse einige Überlegungen voran- und nachgestellt; sie sollen die Verbindung zu Nachbarwissenschaften aufzeigen. Im besonderen Kontext dieses Sammelbandes stellen sie zugleich den Bezug zu den nachfolgenden Beiträgen her.

2. Interdisziplinäre Vorüberlegungen

2.1 Erkenntnistheoretische Ambivalenz

Der Gegenstand, mit dem Ökologie zu tun hat – die Natur –, zeichnet sich aus durch Globalität im Raum, Ewigkeit in der Zeit, Entwicklung in jedem Zeitpunkt, Vernetzung und Rückkopplung von Prozessen im Zeitraum.

Gegenüber menschlicher Erkenntnis wird diese Komplexität dadurch gesteigert, daß Natur für den Menschen nicht nur "Umwelt", sondern Teil seines eigenen Wesens ist. Zu dieser Subjekt-Objekt-Situation hinzu kommt in dynamischer Sicht die Wechselwirkung zwischen der Eigenentwicklung der Natur und den bisherigen Eingriffen des Menschen in sie.

Angesichts der Totalität des Erkenntnisgegenstandes stellt sich die Frage, ob das vorhandene Wissen über die Natur ausreichend ist – mit einem vernachlässigbaren "Restrisiko" an Unwissen – oder ob menschliches Wissen eher immer nur vor dem Hintergrund fundamentalen Nichtwissens zu sehen ist.[2] Der Fortschritt des Wissens ist zugleich der Vorbehalt gegen die Endgültigkeit des jeweiligen Wissensstandes. Was wußten wir von dem, was wir heute wissen, vor hundert Jahren? Was ahnen wir von dem, was wir in hundert Jahren wissen werden, heute? Rück- und Vorschau mahnen, daß das jeweils aktuelle Wissen bruchstückhaft und vorläufig ist.

Vor allem Prozeßverläufe bleiben dabei ausgeklammert. Naturwissenschaftler und Systemtheoretiker verweisen hier auf die Unmöglichkeit, die Gesamtheit der Anfangsbedingungen komplexer Prozesse zu beschreiben, auf die Nichtlinearität und wechselseitige Verursachung im Verlauf und auf die bestenfalls wahrscheinlichkeitstheoretische Beurteilung von Zuständen.

Aber wenn wir zumindest nicht das ökologisch Wesentliche wissen, woher wissen wir, ob wir in unserem Umgang mit der Natur auf dem richtigen oder falschen Wege sind? Der Befund des Nichtwissens ist grundsätzlich ambivalent. Vorab ist nicht entscheidbar, ob für den Menschen die Gefahr, mit der derzeitigen Umwelt zugrundezugehen, größer ist als die Chance, in einer anders gearteten Umwelt zu überleben. Es ist die gleiche Frage, ob nicht der technische Fortschritt schneller voranschreitet als die Umweltzerstörung, so daß eine Katastrophe letztendlich verhindert werden kann.

2.2 Empirische Evidenz

Antworten auf diese Fragen liegen in der Zukunft. Aber der Blick auf Vergangenheit und Gegenwart liefert Anhaltspunkte, wie sie ausfallen könnten. Gegen ein gelassenes Laissez-faire spricht die Evidenz bereits eingetretener globaler Schäden in Atmosphäre, Böden, Gewässern, in der Pflanzenwelt und bei den Tierarten. Hinzuzuzählen sind die sozioökonomischen Folgen dieser Primärschäden. So entzieht z.B. die Abholzung des tropischen Regenwaldes zum Zwecke einer extensiven und nur vorübergehenden Viehzucht den bisherigen Bewohnern die Lebensgrundlage und treibt sie in Hunger und Tod. Zugleich sind die sichtbaren Schäden Indikatoren für latente Schadenspotentiale. Wie letztere in Zukunft akut werden, läßt sich nur ahnen. Ebenso wie in der gesunden Ökologie sind auch bei den Auswirkungen geschädigter Natur nicht einzelne Befunde das Ganze und Wesentliche, sondern deren Überlagerung zu komplexen Wirkungsgeflechten. Wer deshalb Einzelsymptome für die Gesamtheit des zu erwartenden Schadens nimmt, begibt sich auf die unsichere Seite der Abwägung.

Das Risiko, die Gefahren zu unterschätzen, erhöht sich, wenn man die offenbare Begrenztheit in der Anpassungsflexibilität des Menschen mit in den Blick nimmt. Schon in einer gesunden Umwelt ist der Mensch Krankheiten ausgesetzt, die zu überwinden seine ganze Vitalität beansprucht. Je höher der Sockel an permanenter Belastung durch Umweltverschlechterung, desto geringer dürfte seine Fähigkeit sein, mit den üblichen gelegentlichen Krankheiten fertigzuwerden. Hier auf Kompensation durch den medizinischen Fortschritt zu vertrauen, hieße, sehr risikofreudig zu sein, und setzte eine große Bereitschaft der Menschen zur Manipulation ihrer eigenen Natur voraus.

Aus den genannten Gründen wird die Evidenz aktueller und potentieller globaler Schäden und Gefahren zum Kriterium. Sie widerspricht dem Vertrauen auf einen Automatismus derart, daß mit der Schadensgefahr auch das Können und Wollen schritthalten, um katastrophale Entwicklungen rechtzeitig abzuwenden. Sie kehrt die Beweislast tendenziell um: Zu beweisen ist nicht die Wirksamkeit dieser oder jener Umweltschutzmaßnahme; zu beweisen ist die Unschädlichkeit jedes bestehenden oder geplanten Eingriffs des Menschen in das Medium seines eigenen Lebens. Insbesondere verlangen die vergangene und derzeitige Umweltschädigung eine ebenso starke Anstrengung zur Entlastung und Regeneration der Umwelt.

2.3 Individuelle Betroffenheit

Wahrnehmung von Schädigung und Schadensbedrohung sowie Verlust bisher intakter Umwelt führen zunächst zu einer ganz persönlichen privaten Betroffenheit, mag das Phänomen – Waldsterben, Rhein- und Nordseevergiftung oder Tschernobyl – auch globaler Natur sein. Von der privaten Betroffenheit nimmt dann auch die Reaktion einen zunächst privaten Ausgang: Wie schütze ich meine Kinder vor belasteter Nahrung? Wie vereinbare ich mein Alltagsverhalten gegenüber der Natur mit meinem Gewissen? Wie kann ich im Alter vor den Vorwürfen meiner Kinder über den Umgang mit der Natur bestehen? Sorge, Trauer und ein schlechtes Gewissen als einsames persönliches Empfinden stehen am Anfang. Gleiches gilt für die Unsicherheit über das wahre Ausmaß der Bedrohung und über die Chance, sie abzuwenden.[3] Die subjektive Unsicherheit mag zum Verdrängen der unangenehmen Problematik verleiten. Sie kann auch in den Vorsatz münden: Umweltschutz fängt vor der eigenen Haustüre an. Jedoch stößt das individuelle Umweltbewußtsein schnell an die Grenzen der Umsetzbarkeit seiner Vorsätze. Umweltfreundliche Produkte werden oft entweder gar nicht oder nur zu einem erheblich höheren Preis angeboten, Produkt und Verpackungsmüll sind unlösbar miteinander verbunden; public relations-Aktionen mit seitengroßen Anzeigen suggerieren, daß das Problem im übrigen bereits perfekt gelöst sei. Auf sich selbst zurückverwiesen, fragt sich der Einzelne, ob das Problem vielleicht nur in seiner Phantasie existiert. Er schämt sich seiner Besorgtheit, führt sie auf Kassandra-Rufer draußen und eigene Übersensibilität zurück. Sein "Urvertrauen in den Weltlauf" (C. Amery) gibt ihm möglicherweise für kurze Zeit sein seelisches Gleichgewicht wieder. Aber neue Meldungen über Störfälle und Schadenspotentiale belegen, daß ihn keine fixe Idee umtreibt. Nachdenken im Lichte seiner praktischen Erfahrungen als Einzelkämpfer läßt ihm jedoch deutlich werden, daß das Umweltproblem und damit auch seine Lösung eine über das Individuum hinausweisende ökonomische und politische Dimension haben.

3. Die ökonomische Dimension

Die ökonomische Analyse des Umweltschutzes hat sich trotz sich mehrender anderslautender Stimmen immer noch mit tief verwurzelten Argumenten auseinanderzusetzen, die entweder die Unmöglichkeit oder die Nichtvertretbarkeit eines schonenden Umgangs mit der Natur zum Inhalt haben. Dazu zählen insbesondere die folgenden Thesen:

- Der einzelne Konsument leistet freiwillig keinen dauerhaften und ausreichenden Beitrag zu mehr Umweltschutz, weil er dafür bezahlen müßte, ohne daß diesem "Sonderopfer" ein spürbarer privater Nutzen gegenübersteht.

– Der einzelne Produzent leistet freiwillig keinen Beitrag zu mehr Umweltschutz, weil sich dadurch seine Kosten– und Wettbewerbsposition verschlechtern würden. Intensiver Wettbewerb erzwingt im Gegenteil zur Kostensenkung die maximale Nutzung der Umwelt, soweit sie als freies Gut verfügbar ist.

– Staatlich erzwungener Umweltschutz bedeutet auf nationaler Ebene mehr Staat im allgemeinen; im speziellen bedeutet er Einengung unternehmerischer Betätigung, "Investitionsstau" durch bürokratische Intervention, mehr Auflagen, Kontrollen und Sanktionen.

– Mehr Umweltschutz im nationalen Alleingang bedeutet binnenwirtschaftlich ein höheres Kosten– und Preisniveau, außenwirtschaftlich eine Verschlechterung der Wettbewerbsfähigkeit und insgesamt den Verlust von Arbeitsplätzen.

Die vorstehenden, allein aus der Sicht der Ökonomie vorgetragenen Argumente dürften, wenn sie zutreffen, ausreichen, um das Ausmaß der Umweltzerstörung und das Defizit beim Umweltschutz zu erklären, ohne daß es hier der Hinzufügung von Gründen seitens anderer Wissenschaftsbereiche bedürfte.

Aufgabe ökonomischer Analyse ist es daher, diese ihrem Feld zuzuordnenden Thesen auf ihre Gültigkeit hin zu prüfen. Referenzsystem dieser Untersuchung ist das in den westlichen Industrieländern vorherrschende System marktwirtschaftlicher Koordinierung einzelwirtschaftlicher Betätigung auf nationaler und internationaler Ebene.

3.1 Die einzelwirtschaftliche Sicht

Die beiden ersten der oben wiedergegebenen Aussagen sind einzelwirtschaftlicher Natur. Gerade vor dem Hintergrund von Marktwirtschaft, Wettbewerb und individueller Rationalität sind sie nicht zu widerlegen. Der einzelne als *Verbraucher* mag für sich allein durchaus mehr Umweltschutz wünschen. Er mag z.B. umweltverträglichere Produkte solchen, die die Umwelt stärker belasten, vorziehen; er mag bereit sein, dafür mehr zu bezahlen und auf andere Güter zu verzichten. Was aber, wenn alle anderen die Umwelt weiter wie bisher verschmutzen? Gemessen an Verzicht und Mehrausgaben wäre der Erfolg gleich Null. Angesichts dieser Erfolgsaussicht freiwilligen Umweltschutzes entspräche es ökonomischer Vernunft, trotz vorhandener Präferenzen für mehr Umweltschutz dafür von sich aus solange nicht mehr zu bezahlen, wie die anderen Konsumenten nicht geschlossen das gleiche tun.

Der einzelne *Produzent* mag ebenfalls für mehr Umweltschutz sein. Wenn er aber freiwillig Umweltinvestitionen tätigen würde, würden die Kosten dafür entweder den Preis seiner Produkte erhöhen, so daß sein Marktanteil und Umsatz zurückgingen, oder sie würden zu Lasten seines Gewinnes gehen. Angenommen, ein Unternehmer hätte dennoch freiwillig z.B. eine Kläranlage gebaut und leitete deshalb keine giftigen Substanzen mehr ein. Richtet sich die allgemeine Akzeptanz der Verschmutzung an der bisherigen Gesamtbelastung aus, könnte ein anderer Unternehmer das Gewässer umso stärker verschmutzen. Der Verschmutzer könnte nun aufgrund von Kosteneinsparungen durch die stärkere Verschmutzung seine Produkte entsprechend billiger produzieren und verkaufen. Die Wettbewerbsposition des freiwilligen Umweltschützers hätte sich demnach doppelt verschlechtert.

Diese einfachen, aber elementaren Überlegungen belegen, daß es aus der Sicht ökonomischer Rationalität trotz individueller Präferenzen für den einzelnen keinen Anreiz gibt, die Umwelt zu schützen. Stattdessen gibt es starke Anreize, die Umwelt zu schädigen. Im theoretischen Extremfall vollkommener Konkurrenz, d.h. bei scharfem Wettbewerb, wird dieser Anreiz zum Zwang; zur Wahrung seiner Wettbewerbsfähigkeit müßte der Unternehmer die kostenlose Umwelt sogar maximal beanspruchen, wenn die Konkurrenz es auch tut.

Der hier abgeleitete Befund mag von all denen als zu kategorisch empfunden werden, die auf mehr Umweltbewußtsein der Verbraucher und individualistischen "Umweltschutz von unten" setzen. Es wird nicht bestritten, daß individuelle Umweltschonung auch ohne oder sogar gegen ökonomische Vernunft, z.B. aus ethischen Motiven, erwachsen kann; auch wird nicht bestritten, daß umweltbewußtes Individualverhalten innerhalb der eigenen, engeren Umgebung etwas bewirken kann. Bestritten wird dagegen, daß individuelles Umwelthandeln allein die Breite, Intensität und Nachhaltigkeit erreichen kann, die von der räumlichen und zeitlichen Dimension des Umweltproblems gefordert werden.

Auch auf Unternehmensebene werden Beispiele angeführt, die gegen die Rigorosität der zuvor gezogenen Schlußfolgerungen zu sprechen scheinen. Bekanntgeworden ist hier das sog. integrierte Winter-Modell[4]; es zielt sowohl auf die Außen- als auch auf die Innenbeziehungen des Unternehmens. Durch beispielgebende Umweltmaßnahmen sollen das Image bei Kunden und Lieferanten, die Akzeptanz im räumlichen und gesellschaftlichen Umfeld, Motivation und Identifikation der Mitarbeiter sowie das Selbstbild des Unternehmers verbessert werden. Pioniergewinne auf neuen Märkten, höhere Produktivität, Sicherheit vor Betriebsunterbrechungen und vor Haftungsrisiken sollen die Investitionen in den Umweltschutz rentabel machen. Trotz der im Modell behaupteten Vorteile hat sich die Realität nicht so entwickelt, daß die bisherige Schadensevidenz hätte vermieden werden können. Wenn zugleich "Berechnungen auf empirischer Basis ergeben, daß bei Rationalverhalten in vielen Fällen eine Nichtbefolgung von Auflagen zu erwarten ist", spricht wenig dafür, daß sich daran von selbst etwas ändern wird.[5]

Statt Harmonie von einzelwirtschaftlicher Absicht und gesamtwirtschaftlichem Ergebnis trifft also im Umweltbereich das Gegenteil zu. Dadurch werden Instrumente und Institutionen wie Wettbewerb und Marktwirtschaft diskreditiert, weil mit nichttolerierbaren Nebenwirkungen verbunden, ohne daß der Einzelne die Freiheit hätte, dies zu vermeiden. Nicht die Zielsetzung der privaten Einkommensmaximierung ist dabei zu beklagen; zu beklagen ist die Ausklammerung der ökologischen Dimension. Erst sie macht den status quo zu einem suboptimalen, ja sogar unzulässigen Stadium im Prozeß wirtschaftlicher und gesellschaftlicher Entwicklung. Zu beklagen ist ferner nicht die marktwirtschaftliche Koordinierung, wenn sie zu derartig umweltzerstörenden Ergebnissen führt. Denn unter den gegebenen Voraussetzungen und Bedingungen, unter denen der Marktprozeß abläuft, sind diese Ergebnisse effizient und jeder anderen Form von Lenkung überlegen. Falsch sind sie deshalb, weil der gesetzliche Prozeßrahmen unvollständig ist, da er die Erhaltung einer intakten Umwelt nicht ausreichend beinhaltet. Produzentenfreiheit und Konsumentensouveränität führen dann zur Fehlleitung von Ressourcen und Zerstörung von Gütern und nicht zur Einkommens- und Vermögensmaximierung, gemessen an einem vollständigen, d.h. *alle* wohlstandsrelevanten Bestandteile berücksichtigenden Einkommensbegriff.

Die Globalität der bisherigen Zielverfehlung und die Globalität der erforderlichen Kurskorrektur verweisen im Fall des einzelnen Haushalts als auch auf Unternehmensebene auf eine Instanz außerhalb des einzelwirtschaftlichen Marktgeschehens und Wettbewerbs. Gemeint sind die *Rahmenbedingungen der Marktwirtschaft*, die das Handeln einzelner vor Eintritt in das Marktgeschehen beeinflussen bzw. die Ergebnisse des Marktprozesses im nachhinein modifizieren. Diese Rahmenbedingungen bestehen in staatlich vorzugebenden und so für alle Marktteilnehmer verbindlichen und wirksamen Anreizen oder Sanktionen. Die Allgemeinverbindlichkeit, d.h. das Mittun aller, ist, wie die vorangehenden Überlegungen gezeigt haben, die entscheidende Voraussetzung für effektiven und effizienten Umweltschutz. Die gleiche Allgemeinverbindlichkeit stellt sicher, daß die staatlichen Vorgaben nicht diskriminierend und daher wettbewerbsneutral sind. Die Tendenz zur Maximierung der Umweltbeanspruchung wird so durch eine Tendenz zur Minimierung der Eingriffe in die Umwelt abgelöst.

Innerhalb des Marktgeschehens wirken staatliche Sanktionen wie eine Verknappung und damit Verteuerung des Angebots des bisher freien Gutes Umwelt. Man kann die Wirkungen dieser staatlichen Instrumente aber auch von der Nachfrageseite her interpretieren. Sie wirken demnach so, als ob der Staat als Nachfrager nach dem Gut "intakte Umwelt" zusätzlich auf den Markt tritt und den Preis für die bisherigen Nutzer der Umwelt in die Höhe treibt, so daß letztere den Umfang ihrer Nutzung entsprechend reduzieren. Dabei ist diese staatliche Nachfrage nach intakter Umwelt nichts anderes als die Bündelung der Nachfrage vieler privater Einzelner, die – wie oben gezeigt – sich nur nicht spontan entfalten konnte. So gesehen verliert Umweltpolitik das Stigma des Interventionismus; sie erscheint als das, was sie sein sollte: ökonomische Normalität.

3.2 Die gesamtwirtschaftliche Sicht

Die Schlußfolgerungen, die sich aus der einzelwirtschaftlichen Theorie des marktwirtschaftlichen Wettbewerbs ergeben, verweisen auf die Notwendigkeit einer starken staatlichen, gesamtwirtschaftlichen Initiative für mehr Umweltschutz. Auf gesamtwirtschaftlicher Ebene sieht sich diese Logik jedoch den schon genannten gleichfalls gesamtwirtschaftlich bestimmten Einwänden gegenüber: Umweltschutz bedeute noch mehr Staat, erhöhe Kosten- und Preisniveau, gehe zu Lasten der Gewinne, verringere die internationale Wettbewerbsfähigkeit und gefährde Stabilität und Arbeitsplätze.

Diesen Einwänden muß überzeugend, d.h. nachvollziehbar nachgegangen werden. Denn solange z.B. Politiker noch glauben müssen, daß forcierter staatlicher Umweltschutz mehr Probleme schafft als löst, kann niemand auf die Hilfe des Staates rechnen, die zur Lösung des Umweltproblems unverzichtbar ist.

3.2.1 Mehr Umweltschutz und Staatstätigkeit

Das Ausmaß der Staatstätigkeit wird in einer Demokratie von der politischen Willensbildung bestimmt. Rational geleiteter politischer Wille wird die staatlich wahrzunehmenden Aufgaben nach Prioritäten ordnen und den Bürgern gerade soviel Mittel zu ihrer Erfüllung abfordern, daß sich privater Nutzen aus staatlichen Maßnahmen und Kosten privaten Verzichts die Waage halten. Wo in dieser Prioritätsskala rangiert vermehrter Umweltschutz? Wesentlich für die Einordnung von mehr Umweltschutz in den Dringlichkeitskatalog der Politiker ist das Zeitelement; umweltpolitisches Tun oder Unterlassen äußert sich erst oft nach Jahren oder Jahrzehnten. Die besondere Qualität der ökologischen Vorsorge besteht nicht zuletzt darin, daß sie zugleich eine Entscheidung über die Lebensbedingungen zukünftiger Generationen beinhaltet.

Es ist eine ordnungspolitische Frage ersten Ranges und Indiz für die politische Moral einer Gesellschaft, ob und wie dieser "Generationenvertrag" ausgestaltet wird. Halbwertszeiten von Tausenden von Jahren, irreparable Klimaschäden und eine generelle Verschlechterung der Boden-, Luft- und Gewässerqualität präjudizieren alle nachkommenden Generationen. Auch der Wunsch nach Kindern selbst wird vielleicht nicht unbeeinflußt bleiben von der absehbaren Lebensqualität, in die sie entlassen werden. Eine Gesellschaft, die zugleich im besten Sinne konservativ, liberal, sozial und ökologisch ist, erweist sich darin, daß sie ihr Tun und Unterlassen gegenüber der Umwelt so gestaltet, daß sie dessen Folgen selbst tragen kann und trägt. Vor diesem Kriterium wird die Unhaltbarkeit unserer derzeitigen "Kultur" evident. Ziel muß es sein, unseren Kindern Substanz und Potential der Natur intakt weiterzugeben. Zwischenzeitliche Entwicklung darf beides nicht gefährden. Nur so belassen wir auch unseren Kindern die Wahlfreiheit, die wir selbst beanspruchen – und derzeit bei weitem überziehen.

Über den Aspekt zukünftiger Freiheit und Lastenverteilung hinaus hat die Aufgabe handfeste gesellschaftspolitische Implikationen schon heute. Je länger man wartet, desto höher werden die Reparaturkosten, desto mehr Schäden und Belastungen werden irreversibel, desto größer die Wahrscheinlichkeit, daß sich weitere Einzeleffekte angesichts eines immer höheren Schädigungssockels zu Krisen und Katastrophen kumulieren. Krisen und Katastrophen könnten ein Ausmaß erreichen, das nicht nur die Belastbarkeit einzelner Menschen, sondern auch die des gesellschaftlichen und politischen Systems überfordert.

Spätestens dann wird der Staat die Rolle übernehmen müssen, die er vorher nicht oder nicht ausreichend ausgefüllt hat. Nur wird dann die Intensität des Eingriffs und der Belastung der Bürger entsprechend stärker sein müssen. Die Schärfe der Interventionen könnte dabei sowohl die Marktwirtschaft als auch die gesellschaftliche Liberalität gefährden. Vielleicht wird man dann sogar nach dem Motto: "Operation gelungen – Patient tot" den totalitären "Umweltstaat" konstatieren müssen. Mancher mag sich damit trösten, daß dieses Szenarium zu seinen Lebzeiten nicht mehr Realität werden kann. Das kann sein, aber es wirft seine Schatten nichtsdestoweniger schon auf die politischen Auseinandersetzungen unserer Tage.

Die demokratischen, auf das Individuum und die Marktwirtschaft setzenden Kräfte werden ohne durchgreifende und sichtbare Fortschritte in der Umweltpolitik in eine defensive Rolle gedrängt. Umweltpolitische Defizite stärken zudem die Vorstellung, die sozioökonomische und politische Ordnung sei nicht nur unfähig zum Schutz der Umwelt, sondern die Ursache der Umweltkrise schlechthin. Es steht nicht weniger auf dem Spiel als die Akzeptanz der marktwirtschaftlichen Wirtschaftsordnung und die Liberalität der Gesellschaft. Auch ohne daß es zu Katastrophen kommt, können viele begrenzte Krisen im Umweltbereich Marktwirtschaft und Liberalität in Mißkredit bringen.

Angesichts der bisherigen hohen Schäden und des sich verschärfenden Problemdrucks im Umweltbereich steht die effektive und effiziente Organisation von mehr Umweltschutz in ihrer Bedeutung für das Wohl des Bürgers zumindest auf der gleichen Stufe mit der Gewährleistung von innerer und äußerer Sicherheit. Die Gefahr, daß mangelnde Vorsorge heute zur Not in späteren Jahren wird, ist beim Umweltschutz jedenfalls nicht geringer als bei unzureichender Krankheits- und Alterssicherung. Schon seit je hat der Staat seinen Bürgern im Sozialwesen, aber auch für die "Produktion" von innerer und äußerer Sicherheit schwere Lasten und Beschränkungen auferlegt. An beides haben sich die Bürger gewöhnt; weder Preisstabilität noch Wettbewerbsfähigkeit noch Arbeitsplätze sind dadurch in Gefahr geraten.

Angesichts der zunehmenden Dringlichkeit ist die Forderung nach mehr Umweltschutz nicht unbedingt der Ruf nach *mehr*, sondern nach dem *effizienteren* Staat in dem Sinne, daß dieser unabdingbare und nicht delegierbare Aufgaben wie diese auch wahrnimmt und bisher wahrgenommene, aber delegierbare Aufgaben durch Deregulierung und Privatisierung auch delegiert. Je vollständiger staatliche Rahmensetzung dem Umweltschutz Rechnung trägt, desto mehr können sich andererseits die privaten Teilnehmer am Wirtschaftsprozeß auf ihre eigentlichen Rollen konzentrieren: der Unternehmer auf Innovationen unter berechenbaren Rahmenbedingungen und – zusammen mit den Arbeitnehmern – ohne Sorge um abrupte Produktionsverbote und Nachfrageeinbrüche, der Konsument auf die optimale Verwendung seines Einkommens ohne schlechtes Gewissen und Kaufzurückhaltung aus Verunsicherung, aber auch ohne moralische Überheblichkeit gegenüber dem "nichtumweltbewußten" Nachbarn. Der Politiker kann sich ohne Sorge um die Diskreditierung seiner Arbeit durch "Staatsversagen" im Umweltbereich seinen Aufgaben widmen. Schon gar nicht darf die Realisierung von mehr Umweltschutz an einem Vollzugs-, Kontroll- oder Sanktionsdefizit scheitern. Ein Staat, der das zuläßt, wird unglaubwürdig und gibt sich selber auf.

Zur Frage, welcher *Instrumente* sich der Staat dabei bedienen kann, gibt es eine umfangreiche Literatur. Deshalb sollen hier einige grundsätzliche Bemerkungen genügen. In jedem Fall muß die Intensität staatlicher Maßnahmen stark genug sein, um die erforderlichen Anpassungsprozesse schnell und auf breiter Front in Gang zu setzen.[6] Appelle an die Freiwilligkeit wirken nur dann, wenn sie als Vorboten ohnehin beabsichtigter, verbindlicher Maßnahmen angelegt und von den Adressaten auch so ausgelegt werden. Andererseits zeigen die beiden bisherigen Ölpreisexplosionen, daß der Markt starke Impulse unverzögert und dynamisch in Anreize zu Verzicht, Ersatz und produktiverer Nutzung derart verknappter Güter umsetzt. Um Umweltschutz zu realisieren, bedarf es Mechanismen, die denen ähneln, die in der Frage der Einsparung von Öl für Verhaltensänderungen und technischen Fortschritt Anlaß gegeben haben. Notwendig ist eine "Umweltpreisexplosion", die bewußt macht, wie lange die Anpassung an die Verknappung einer dem Menschen förderlichen Umwelt versäumt wurde. Deshalb müssen überall die Preise für die Benutzung oder Verschmutzung der Umwelt drastisch erhöht werden bis hin zu Verboten, die einem Preis von Unendlich entsprechen, einschließlich gleichgewichtiger Sanktionen. Andererseits wird dadurch die effiziente Wahl der Instrumente nicht präjudiziert. Ein solches Programm würde eine starke Beschleunigung des Strukturwandels in die gewünschte Richtung mit sich bringen. Dabei sollten die staatlichen Vorgaben so allgemein wie möglich gehalten werden, um die Kreativität des Wettbewerbs für deren kostengünstigste Erfüllung zu nutzen. Hier stehen Mengenvorgaben, z.B. in Form von Emissionszertifikaten oder der sog. Kompensationslösung, oder Preisvorgaben, z.B. als Abgaben, Ge- oder Verbote, verschuldensunabhängige Gefährdungshaftung oder obligate Umwelthaftpflichtversicherung als Instrumente zur Diskussion.[7]

Aber selbst wenn es gelungen sein sollte, forcierten Umweltschutz als eine ebenso dringliche wie wesentliche staatliche Aufgabe darzustellen und auch eine effiziente Instrumentierung zu finden, muß sich die weitere Analyse mit den verbleibenden der zuvor genannten Vorbehalte und vermeintlichen Sachzwängen gegen mehr Umweltschutz auseinandersetzen, die verstärktes umweltpolitisches Handeln blockieren: die Sorge um stabile Preise, um die internationale Wettbewerbsfähigkeit und vor allem um die Sicherheit der Arbeitsplätze.

3.2.2 Mehr Umweltschutz, Preisstabilität, internationale Wettbewerbsfähigkeit und Beschäftigung

Wegen der zentralen Bedeutung der These, mehr Umweltschutz gefährde die internationale Wettbewerbsfähigkeit und die nationale Beschäftigung, soll zunächst die Argumentationskette skizziert werden, die dieser pessimistischen Prognose zugrundeliegt.

Demnach bedeutet mehr Umweltschutz wegen zusätzlicher Abgaben für Umweltnutzung höhere Produktionskosten. Höhere Kosten in Gestalt zusätzlicher Kapitalnutzungskosten, d.h. Abschreibungen und Zinsaufwand, entstehen gleichermaßen, wenn durch spezielle Umweltschutzinvestitionen diese Abgaben vermieden werden sollen. Falls sich die höheren Kosten nicht in den Güterpreisen weitergeben lassen, sinkt die Rendite; die Produktionstätigkeit wird zurückgefahren bzw. ins Ausland verlagert, und Arbeitsplätze werden abgebaut. Falls sich die Umweltkosten überwälzen lassen und die Preise steigen, bleibt der Stückgewinn zwar unverändert, aber der Absatz im In- und Ausland geht zurück mit dem gleichen, diesmal nachfragebedingten Ergebnis für die Beschäftigung wie zuvor.

Aber sind dieses Szenarium und der darin enthaltene Verlust an Arbeitsplätzen zwingend? Bei den umweltschutzbedingten Preissteigerungen ist zu unterscheiden zwischen einem *sektoralen Struktureffekt* und einem *gesamtwirtschaftlichen Niveaueffekt*.

In sektoraler Betrachtung fällt die Preissteigerung in den Branchen am stärksten aus, in denen der produktspezifische Verbrauch an Umwelt und die darauf entfallenden zusätzlichen Kosten am höchsten sind. Hier bleibt es demnach bei niedrigeren Gewinnen, sei es kosten- oder absatzbedingt. Der Abbau von Produktion und Arbeitsplätzen oder ihre Verlagerung ins Ausland sind nicht auszuschließen. Damit ist jedoch der Prozeß nicht vollständig beschrieben. Entscheidend für die Beurteilung der Anpassungsprozesse ist, daß die Produkte aller übrigen Sektoren, die die Umwelt weniger beanspruchen, wegen der geringeren zusätzlichen Kostenbelastung einen relativen Preisvorteil gegenüber den Produkten derjenigen Sektoren erhalten, die eine hohe produktspezifische Umweltbeanspruchung aufweisen. Was letztere an Nachfrage, Umsatz, Produktion und Arbeitsplätzen verlieren, wächst ersteren zu, allerdings unter gesamtwirtschaftlichen Voraussetzungen, die anschließend benannt werden. Durch den Unterschied in der zusätzlichen Kostenbelastung wird zugleich der Strukturwandel in die gewünschte, umweltschonendere Richtung gelenkt. Jedoch braucht es nicht einmal zu einer Nachfrageverschiebung *zwischen* den Sektoren zu kommen, und zwar umso weniger, je stärker ein Strukturwandel *innerhalb* des umweltintensiveren Sektors stattfindet. Denn sofern das *gleiche* Produkt oder ein Substitut durch ein neues, umweltschonenderes Verfahren und damit zu niedrigeren Umweltkosten hergestellt wird, erübrigen sich per Saldo Preiserhöhungen, und die bisherige Wettbewerbsfähigkeit bleibt erhalten. Je nach dem Grad der Flexibilität von Produktionstechnik und Produktpalette kommt es also im Gefolge kostenwirksamer Umweltauflagen zu einer Kombination von inter- und intrasektoralen Struktureffekten.

Die je nach Umweltbeanspruchung sektoral unterschiedlich hohen Kosten- und Preissteigerungen äußern sich zugleich in einer Zunahme des Durchschnitts aller Einzelpreise, d.h. in einem Anstieg des *gesamtwirtschaftlichen Preisniveaus*. Bezogen auf die Gesamtwirtschaft kommt es für die Erhaltung der internationalen Wettbewerbsfähigkeit und der nationalen Arbeitsplätze darauf an, wie dieser Preisniveaueffekt im Wirtschaftsprozeß "verarbeitet" wird. Zur Beantwortung dieser Frage muß man sich klarmachen, was mehr Umweltschutz für die Entstehung und Verteilung des realen Einkommens einer Volkswirtschaft bedeutet.

Angenommen, im privaten Unternehmenssektor wird ein Teil der bisherigen Arbeitskräfte aus der Produktion herkömmlicher Güter abgezogen und für die Produktion von mehr Umweltschutz eingesetzt. Dadurch werden Umweltschäden vermieden oder entstandene Schäden beseitigt. Die privatwirtschaftliche Vermeidung oder Beseitigung von Umweltzerstörung wird jedoch bisher von den gesamtwirtschaftlichen Rechenwerken nicht als Zunahme des Realeinkommens erfaßt.[8] Mehr Umweltschutz ist aber unabhängig von den Konventionen der Volkswirtschaftlichen Gesamtrechnungen (VGR) ein Gut wie jedes andere, weil es die Minderung des Vermögensbestandes "intakte Umwelt" vermeidet oder rückgängig macht.[9] Rechnet man diesen Effekt mit ein, so hat man lediglich die Produktion eines Teils der herkömmlichen Güter gegen die Mehrproduktion des Gutes "intakte Umwelt" getauscht. Dadurch hat sich zwar die Zusammensetzung des gesamtwirtschaftlichen Warenkorbs in die gewünschte Richtung geändert, nicht aber sein Umfang, und das Wohlstandsniveau hat sich sogar erhöht, wenn der individuelle Nutzen von mehr Umweltschutz denjenigen zusätzlicher herkömmlicher Güter übertrifft.

Wegen der Nichtberücksichtigung von mehr Umweltschutz in den VGR wird dieser Vorgang aber nicht als Tausch bei unverändertem Produktionsvolumen, sondern als Rückgang der Produktion der herkömmlichen Güter ausgewiesen. Angenommen, dieser Rückgang beliefe sich auf 2 %. Dann hätte sich auch die gemessene Leistung pro Beschäftigten, die sog. Arbeitsproduktivität, um 2 % verringert. Bliebe nun der Lohnsatz pro Beschäftigten trotz dieser gemessenen Abnahme der Arbeitsproduktivität auf dem bisherigen Niveau, dann würden die Einkommen aus Unternehmertätigkeit sinken, und die gesamte Last des zusätzlichen Umweltschutzes wäre von den Unternehmern zu tragen. Sollen dagegen die Kosten aus der Verbesserung der Umweltqualität von Unternehmern wie Arbeitnehmern *gleichmäßig*, d.h. ökonomisch gesprochen verteilungsneutral, getragen werden, dann müßten entweder die Preise um 2 % erhöht oder der Nominallohnsatz pro Beschäftigten um 2 % gesenkt werden.

Vieles spricht dafür, daß sich – anstelle der Preise nach oben – die Löhne nach unten anpassen sollten. Dadurch würden die zusätzlichen realen Belastungen wegen mehr Umweltschutz kompensiert, *ohne* daß sich das gesamtwirtschaftliche Preisniveau verändert. Da das dafür maßgebliche Lohnstückkosten- und Preisniveau trotz erhöhten Umweltschutzes gegenüber dem status quo unverändert bliebe, würde auch die internationale Wettbewerbsfähigkeit der Wirtschaft erhalten bleiben.[10] Die Beschäftigung würde durch mehr Umweltschutz weder von binnen- noch von außenwirtschaftlichen Effekten tangiert werden.

Die hier skizzierte Anpassung der Nominallöhne an die Entwicklung der Arbeitsproduktivität ist keine Spezialität, die auf die Einführung von mehr Umweltschutz beschränkt ist. Sie ist die stabilitätskonforme Art und Weise, mit der sich Lohnpolitik fortwährend an Veränderungen des gesamtwirtschaftlichen Verteilungsspielraums anpaßt, ganz gleich, wodurch diese Veränderungen verursacht worden sind. So hat u. a. technischer Fortschritt bisher ständig zu einer Steigerung der Arbeitsproduktivität geführt, die durch eine gleich starke Anhebung der Nominallöhne stabilitätsneutral verteilt werden konnte. Wenn sich diese Entwicklung fortsetzt, bedeutet eine umweltkostenneutrale Lohnpolitik vielleicht nicht einmal, Abstriche am bisherigen Nominallohnniveau hinzunehmen, sondern lediglich, die Produktivitätssteigerung nicht in *vollem* Umfang für Lohnsteigerungen bzw. Arbeitszeitverkürzungen zu verwenden.[11]

Probleme gibt es nur dann, wenn die Beteiligten versuchen, zwar den Nutzen von mehr Umweltschutz in Anspruch zu nehmen, aber andere dafür bezahlen zu lassen. So darf z.B. die Lohnpolitik nicht versuchen, trotz des durch mehr Umweltschutz verursachten Rückgangs der *konventionell* gemessenen Arbeitsproduktivität an den bisherigen Lohnerhöhungen festzuhalten. Ansonsten kommt es zu einer ersten Drehung einer verteilungspolitisch motivierten Lohn-Preis-Spirale, und die Beschäftigung geht zurück, vor allem, wenn die Geldpolitik darauf restriktiv, d.h. mit einer Verknappung der Kaufkraft reagiert.

Als Fazit aus der ökonomischen Analyse des Zusammenhangs zwischen mehr Umweltschutz und wichtigen gesamtwirtschaftlichen Zielen ist festzuhalten:

- Es gibt keinen zwangsläufigen Widerspruch zwischen mehr Umweltschutz, Preisniveaustabilität, Wettbewerbsfähigkeit und positiver Beschäftigungsentwicklung.
- Ebensowenig wie mehr Umweltschutz für sich Arbeitsplätze vernichtet, kann mehr Umweltschutz andererseits aus sich allein gesamtwirtschaftlich Arbeitsplätze schaffen.
- Umweltschutz kann nur die spezielle Ausfüllung von Arbeitsplätzen sein; daß es insgesamt zu mehr Arbeitsplätzen kommt, darüber entscheiden – unabhängig von der speziellen Ausfüllung – die Maßnahmen der Einkommens- und Geldpolitik und deren gesamtwirtschaftliche Koordinierung im Marktsystem[12].
- Umweltschutz ist demnach aus der Sicht der Beschäftigung tatsächlich nicht anders zu beurteilen als die Gewährleistung der inneren und äußeren Sicherheit, die Produktion von Automobilen oder von Getreide. Nicht mehr Umweltschutz, sondern der – untaugliche – Versuch, dessen Kosten auf den jeweils anderen zu überwälzen, schafft überhaupt erst Probleme und diskriminiert die notwendigen Anstrengungen.

3.2.3 Mehr Umweltschutz und technischer Fortschritt

Es gibt demnach keine unvermeidbaren negativen gesamtwirtschaftlichen Effekte, die umweltpolitischen Zielen entgegenstehen. Zugleich ist die politische Intensivierung vorbeugenden Umweltschutzes notwendige Voraussetzung für eine effiziente, vorausschauende Anpassung der einzelwirtschaftlichen Unternehmensstrategie. Verläßliche und starke politische Vorgaben sind vor allem notwendig, um den technischen Fortschritt im Bereich des Umweltschutzes zu forcieren. Niemand kann bei Schadensvermeidung oder -reduzierung darauf setzen, daß technischer Fortschritt hierfür quasi automatisch ausreichende Mittel zur Verfügung stellt. Diese Sicht wäre allein auf dem Prinzip Hoffnung begründet und hätte sowohl die Theorie als auch die Empirie gegen sich. Warum sollte technischer Fortschritt, der bisher mehr auf privatisierbares Einkommen zu Lasten des öffentlichen Gutes "intakte Natur" gerichtet war, auf einmal von sich aus umschlagen und für die Natur und gegen die Mehrung des Privateinkommens Partei ergreifen? Technik-Entwicklung ist an Zielen orientiert. Die Frage, was technisch machbar ist, tritt zurück hinter dem, was ökonomisch gewollt ist. Technik entwickelt sich in einer Marktwirtschaft hauptsächlich marketingorientiert. Wo starke ökonomische Anreize gesetzt werden, wird intensiv geforscht, entwickelt und angewendet.

Es genügt jedoch nicht, Anreize und Normen für Umweltmaßnahmen ein für allemal zu fixieren. Wegen der absehbaren Verschärfung des Umweltproblems in allen Bereichen einschließlich der sog. Altlasten muß berechenbare Umweltpolitik "dynamisch" angelegt sein; jeder Betroffene soll damit rechnen können und müssen, daß die Standards in der Zukunft verschärft werden. Es darf keinen Bestandsschutz in den jeweiligen status quo der Technik geben, wohl aber darin, daß vorausschauende Umweltforschung, -investitionen und -produkte über den derzeitigen Stand der Technik hinaus Vorsprungsgewinne ermöglichen. Der Pionierunternehmer von heute bestimmt dadurch nach seinen Vorstellungen den Stand der Technik, der morgen für alle anderen Unternehmer verbindlich werden wird.

3.3 Die internationale Dimension

Die Auswirkungen eines nationalen Alleingangs bei der Erfüllung oder Verschärfung von Umweltnormen auf die internationale Wettbewerbsfähigkeit wurden bereits diskutiert. Falls sich eine internationale Harmonisierung auf dem höheren Schutzniveau nicht erreichen läßt, müssen umweltschutzbedingte zusätzliche Kosten durch gegenläufige Lohnanpassung in ihrer Wirkung auf die internationale Wettbewerbsfähigkeit neutralisiert werden. Umgekehrt gilt, daß ein Staat, der zu einer drastischen Erhöhung des Umweltschutzes entschlossen ist und dessen Akteure sich wie zuvor skizziert anpassen, diese Erhöhung unabhängig von anders gearteten Präferenzen seiner Nachbarn ohne Verletzung gesamtwirtschaftlicher Ziele wie Geldwertstabilität und Beschäftigung durchsetzen kann.

In den Fällen, wo Umweltschädigung *grenzüberschreitend* wirkt, dürfte von vornherein auch eine Bereitschaft zu grenzüberschreitenden Regelungen vorhanden sein. Nationale Politikkonzepte müssen dann international angelegt sein. Wo Kompetenzen an supranationale Gremien delegiert sind, mag eine Internationalisierung des nationalen Konzepts zunächst nur um den Preis einer Nivellierung zu haben sein; dafür aber wird der Kompromiß von allen Partnern mitgetragen. Anschauungsunterricht hierfür liefert das Verfahren bei der Einführung des schadstoffarmen Autos und des bleifreien Benzins. Das ursprüngliche nationale Konzept wurde in den Anforderungen reduziert und in der Fristigkeit gestreckt. Problemdruck und Handlungsmöglichkeiten wurden je nach Mitgliedstaat sehr unterschiedlich gesehen. Die unterschiedliche Betroffenheit bestimmte Verhandlungsposition und Ergebnisse. Gerade für die internationale Behandlung des Umweltproblems gilt daher: man muß mehr fordern (und glaubwürdig drohen), um das Gewünschte zu erreichen. Andererseits gibt es kaum ein Problem, das einen so genuin supranationalen Charakter hat wie das Umweltproblem. Daher sollte es Verantwortung und Kompetenz supranationaler Organisationen wie z.B. der Europäischen GemeinschaftEuropäische sein, in Europa die Führungsrolle zu übernehmen.

Umweltprobleme *globaler* Verursachung und *globalen* Ausmaßes wie die der Atmosphäre – z.B. "Treibhauseffekt" und "Ozonloch" – oder der Meere erfordern eine globale Lösung. Ein erster Schritt internationaler Kooperation ist das Montreal-Abkommen vom September 1987 zum Schutz der Ozonschicht, das von über 40 Staaten unterzeichnet worden ist. Auch die besondere Initiative der Bundesrepublik Deutschland auf dem Weltwirtschaftsgipfel 1988 in Toronto zum Schutz der tropischen Regenwälder zählt dazu. Beide Themen sind Gegenstand der derzeitigen Enquête-Kommission "Vorsorge zum Schutz der Erdatmosphäre" des Deutschen Bundestages, die, wie andere Experten zuvor, bereits jetzt eine sofortige Verschärfung des Montreal-Abkommens zur Abwehr absehbarer Klimaschäden als unumgänglich ansieht.

Die Parallele zu Abrüstungsverhandlungen auf militärischem Gebiet liegt nahe. Der gegenseitigen Abrüstung der Waffenarsenale muß eine Reduktion und Umkehr der gemeinsamen globalen Umweltzerstörung entsprechen. Die intensiven Bemühungen um Abrüstung müssen von Anstrengungen für mehr Umweltschutz jedoch noch übertroffen werden. Denn was die politische Behandlung der Umweltproblematik von anderen globalen Problemen unterscheidet, ist der Zeitfaktor. Man mag z.B. in der Abrüstungsfrage günstige Konstellationen abwarten. Für die Lösung des Umweltproblems bedeutet jedes Vorsichherschieben klarer Entscheidungen eine Verschlechterung der Ausgangslage und damit auch eine Erschwerung der Lösung.

4. Interdisziplinäres Geben und Nehmen der Nationalökonomie

Interdisziplinarität kennzeichnet sowohl das Umweltproblem als auch dessen Lösung. Unter Voraussetzungen, die wiederum von anderen Disziplinen zu erfüllen sind, kann die Wirtschaftswissenschaft ihrerseits ökonomische Prämissen der Nachbardisziplinen für mehr Umweltschutz abdecken. Die Nationalökonomie kann den Natur- und Ingenieurwissenschaften versichern, daß staatlich vermittelte Umweltnachfrage der Bürger einen starken Sog auf die Entwicklung umweltschonender Technologien und Produkte ausüben wird, so daß sich Anstrengungen auf diesem Gebiet lohnen. Sie kann weiter sagen, daß forcierter Umweltschutz nur die spezielle Ausfüllung von immerwährendem Strukturwandel darstellt und die Anpassungsfähigkeit der Gesamtwirtschaft wie der Unternehmen dadurch weder vor neuartige Probleme gestellt noch überfordert wird. Bei angemessenem Verhalten aller Beteiligten – wie oben skizziert – sind weder Stabilität noch Wettbewerbsfähigkeit noch Arbeitsplätze gefährdet. Diese Zusagen richten sich gleichermaßen an die Politikwissenschaften. Zusicherungen dieser Art sind jedoch unauflösbar mit der Erfüllung von Forderungen verbunden, die die Ökonomie ihrerseits an die politische Willensbildung stellt. Nur anspruchsvolles, berechenbares und glaubwürdiges umweltpolitisches Wollen und Handeln lösen die Impulse aus, die natur- und ingenieurwissenschaftliches Potential sowie unternehmerische Kreativität auf breiter Front aktivieren und in technischen Fortschritt für mehr Umweltschutz umsetzen. Kann dagegen der Ökonom *nicht* mit einem solchen Staat rechnen, ist ihm die Lösung aus der Hand genommen.

Aufgabe von Natur- und Ingenieurwissenschaftlern, vor allem von Meteorologen, Biologen und Medizinern ist es wiederum, den Politikern und der Öffentlichkeit anschaulich und nachvollziehbar die Konsequenzen des status quo-Handelns vor Augen zu führen, umweltverträgliche Alternativ-Szenarien zu entwerfen und den Weg dorthin zu beschreiben. Medienwissenschaftler, Soziologen und Politologen müßten aufzeigen, wie diese Erkenntnisse in umweltpolitische Willensbildung Eingang finden können. "Mehrgleisige" Entscheidungsverfahren sowie eine Verstärkung des unmittelbaren Dialogs zwischen Wissenschaft und Politik erscheinen gleichermaßen hilfreich und geboten. Beispiele hierfür finden sich in der Energiepolitik Anfang der achtziger Jahre. Parallel zur Vorbereitung der Fortschreibung des Energieprogramms der Bundesregierung durch die Administration arbeitete im parlamentarischen Raum die Enquête-Kommission "Zukünftige Kernenergiepolitik" an wesentlichen Bereichen der Thematik. Beide Verfahrenswege waren ergänzungsbedürftig und einander ergänzungsfähig. Die damit verbundene höhere Publizität dürfte sich positiv auf die Akzeptanz des Entscheidungsprozesses und seiner Träger auswirken. Das gleiche gilt für die Arbeit der derzeitigen Enquête-Kommission "Vorsorge zum Schutz der Erdatmosphäre."

Eine wichtige Rolle bei der Konzipierung einer adäquaten Umweltpolitik kommt der *juristischen* Seite zu. Rechtsstaat und forcierte Umweltpolitik dürfen nicht – unnötigerweise – in Widerspruch zueinander gebracht werden. Jeder Bereich ist in bezug auf den jeweils anderen zu entwickeln. Eine "ökologische Orientierung des Rechts als Notwendigkeit der Überlebenssicherung"[13] ist ebenso geboten wie die Wahrung von Rechtsprinzipien durch die Umweltpolitik.

Politische Willensbildung für mehr Umweltschutz ist auf starke Anstöße bereits aus dem Vorfeld des eigentlichen parlamentarischen Raumes angewiesen. Hier liegt die Aufgabe für Institutionen wie Gewerkschaften, Verbände, Kirchen, Bewegungen und Initiativen, die zudem nicht an kurzfristige Wahlzyklen gebunden sind. In der Einflußnahme auf politische Entscheidungsprozesse liegt schließlich der Ansatzpunkt für das Umweltschutzengagement des einzelnen. Das persönliche Nachdenken über Zerstörung und Schutz der Umwelt auch im Lichte philosophischer und psychologischer Erkenntnisse dient der notwendigen Selbstvergewisserung. Umweltschutz in den eigenen vier Wänden und lokale Initiativen sind Ausdruck eines umweltbehütenden Lebensstils. Jedoch können sie in ihrer Wirkung Einflußnahme auf und Teilnahme an politischer Willensbildung nicht ersetzen. Zwar lernen Individuen schneller als Institutionen (H. Henderson); sie sind aber bei der Umsetzung ihrer umweltbezogenen Erkenntnisse und Wünsche auf die Geburtshilfe durch Institutionen angewiesen.

5. Schlußwort

Grundlegendes Nichtwissen über das komplexe System Natur, unabweisbare Schadensevidenz, die relative Ohnmacht des Einzelnen bei der Vermeidung und Reparatur von globalen Umweltschäden, die systemimmanente Notwendigkeit stellvertretenden Handelns des Staates durch Setzung klarer und scharfer Umwelt-Rahmenbedingungen für den marktwirtschaftlichen Koordinierungsprozeß auf nationaler und internationaler Ebene, die Motivation des Staates durch Teilnahme der Bürger auf allen Ebenen politischer Willensbildung, die Motivation jedes einzelnen durch Selbstbesinnung – das ist der rote Faden, der die vorstehenden Überlegungen durchzieht. Eine Umkehr von der Maximierung zur Minimierung der Eingriffe in die Natur, d.h. angesichts der derzeitigen Schädigung und Belastung eine drastische und kurzfristige Reduzierung aller schadensträchtigen Emissionen, stand als Hypothese am Anfang und steht als begründete und ökonomisch verantwortbare Notwendigkeit am Ende der Ausführungen. Das Ergebnis wäre nicht anders ausgefallen, hätte sich die Untersuchung von der Frage leiten lassen: Was geschieht, wenn nichts geschieht? Dieser Zugang hätte vielleicht noch deutlicher werden lassen, was der zentrale Punkt ist: Nicht ehrgeiziges Engagement zur Lösung des Umweltproblems hat sich zu legitimieren. Zu legitimieren haben sich Sorglosigkeit und Untätigkeit im Umgang mit unseren natürlichen Lebensgrundlagen. Minimierung der Eingriffe in die Umwelt muß zu einem frei gewählten, aber verbindlichen und wirksamen Prinzip unserer Rechtsordnung, unseres Wirtschaftens und unseres Alltagshandelns werden. Was dem einzelnen und der Gesellschaft bei ungebremster Umweltzerstörung *morgen* unter Zwang und Leid abverlangt werden wird, können wir *heute* noch ohne großen Verzicht und noch unter dem Etikett individueller Ethik und gemeinsamer Kultur freiwillig geben. Aber es wird schon morgen!

Anmerkungen:

* Der Autor gibt in diesem Buch seine persönliche Meinung wieder.

1. Midrasch Kohelet 7, 13. Bibliotheca Rabinica, Eine Sammlung alter Midraschim, Hildesheim 1967.

2. "As science learns one answer, it is characteristically true that it also learns some new questions. We keep, in science, getting a more and more sophisticated view of our ignorance." Siehe W. Weaver, A Scientist Pounders Faith, Saturday Review, 3. Jan. 1959, zit. bei F.A. v. Hayek, Die Theorie komplexer Phänomene, in: Walter Eucken Institut (Hrsg.), Vorträge und Aufsätze 36, Tübingen 1972, S. 34. Vgl. zum Verhältnis von Wissen und Nichtwissen zuletzt G. Maier-Rigaud, Umweltpolitik in der offenen Gesellschaft, Opladen 1988 oder B. Guggenberger, Das Menschenrecht auf Irrtum, München, Wien 1987.

3. "Es ist nie klar, ob sich die Risiken verschärft haben oder unser Blick für sie." Siehe U. Beck, Risikogesellschaft, Frankfurt am Main 1987, S. 73.

4. Siehe G. Winter, Das umweltbewußte Unternehmen, München 1987. Vgl. auch die Tutzinger Erklärung zur umweltorientierten Unternehmenspolitik vom April 1988.

5. Siehe D. Rückle und K. Terhart, Die Befolgung von Umweltschutzauflagen als betriebswirtschaftliches Entscheidungsproblem, in: Zeitschrift für betriebswirtschaftliche Forschung 38 (5/1986), S. 393 ff.

6. Vgl. hierzu Schlecht: "Es dürfte wohl im Interesse der Ökonomie als auch der Ökologie besser sein, ehrgeizige und kühne, über die jeweils heute verfügbare Technik hinausgehende Ziele zu setzen, dann aber der Wirtschaft genügend Zeit zur Innovation und Anpassung zu lassen." Siehe O. Schlecht, Ethische Betrachtungen zur Sozialen Marktwirtschaft, in: Walter Eucken Institut (Hrsg.), Vorträge und Aufsätze 97, Tübingen 1983, S. 46. Auch Unternehmer selbst fordern hier "... durchaus harte, klare und ausnahmslos gültige Gesetze ..." Siehe R. von Bennigsen-Foerder, in: Handelsblatt vom 10./11. Okt. 1986.

7. Vgl. z.B. Sachverständigenrat zur Begutachtung der gesamtwirtschaftlichen Entwicklung, Jahresgutachten 1983/84, Ziff. 504 ff.

8. Um Umweltschäden sowie Maßnahmen zu ihrer Vermeidung bzw. Behebung ihrem Wohlfahrtseffekt entsprechend zu berücksichtigen, sind in einem ersten Schritt sog. Satellitenrechnungen zu den Volkswirtschaftlichen Gesamtrechnungen geplant. Vgl. hierzu u. a. C. Stahmer, Umwelt-Satellitensystem zu den Volkswirtschaftlichen Gesamtrechnungen, in: Allgemeines Statistisches Archiv, Jahrgang 1988, Heft 1, S. 58-71.

9. Zur Behandlung von Umweltschutz als Gut siehe H. Flassbeck u. G. Maier-Rigaud, Umwelt und Wirtschaft, Zur Diskriminierung des Umweltschutzes in der ökonomischen Analyse, in: Walter Eucken Institut (Hrsg.), Vorträge und Aufsätze 88, Tübingen 1982, insbes. S. 8 ff.

10. Der zuvor beschriebene binnenwirtschaftliche *Strukturwandel* hin zu umweltschonenden Produkten und Produktionsverfahren wird dagegen durch die *globale* Senkung bzw. Minderanhebung (s. u.) der Löhne auch außenwirtschaftlich wirksam. Was bei gesamtwirtschaftlich unveränderter Wettbewerbsfähigkeit Branchen mit überdurchschnittlich hohen zusätzlichen Umweltkosten an Wettbewerbsfähigkeit verlieren, gewinnen die Branchen, bei denen die zusätzlichen Umweltkosten niedriger sind als die Lohnentlastung.

11. Jedoch gibt es dafür keine Garantie. Insbesondere werden die Umweltkosten, je länger man mit effektivem Umweltschutz wartet, umso höher; sie könnten dann auch selbst hohe Produktivitätszuwächse übersteigen.

12. Für eine umfassende Darstellung dieser Zusammenhänge vgl. W. Koll, Geldmenge, Lohn und Beschäftigung, Gesamtwirtschaftliche Bedingungen für mehr Beschäftigung bei Stabilität, in: Walter Eucken Institut (Hrsg.), Vorträge und Aufsätze 120, Tübingen 1988.

13. Siehe W. Baumann (Hrsg.), Rechtsschutz für den Wald, Ökologische Orientierung des Rechts als Notwendigkeit der Überlebenssicherung, Heidelberg 1986.

Gerhard Maier-Rigaud

INTERVENTIONEN IN NATUR ODER WIRTSCHAFT?
– Zur Erkenntnislogik eines Konflikts –

1. Kompetenzabgrenzung

Ökonomen wollen nicht nur herausfinden, wie die Wirtschaft funktioniert, sie möchten auch, daß sie funktioniert. Deshalb treten sie häufig aus ihrer analysierenden Rolle heraus, geben Urteile und Empfehlungen ab. Dabei offenbart sich gelegentlich eine Meinungsvielfalt, die nur mit unterschiedlichen Interessen erklärbar scheint. Tatsächlich aber sind wirtschaftspolitische Äußerungen von Ökonomen weit weniger als gemeinhin angenommen von politischen Vorurteilen geleitet. Insgesamt entscheidender sind ihre Vorstellungen über die Funktionsbedingungen des ökonomischen Systems.

Auch die oftmals distanzierte Haltung von Ökonomen gegenüber umweltpolitischen Eingriffen in die Wirtschaft ist in aller Regel theoretisch begründet. Ihre Wurzel reicht weit zurück in der Geschichte der ökonomischen Analyse und ist somit keineswegs als eine Art ad hoc-Reaktion auf den Umweltschutz zu verstehen. Und da sich fachspezifische Einsichten richtigerweise nicht durch fachfremde Überlegungen umstoßen lassen, können von der Ökonomie aufgebaute Dämme gegen einen durchgreifenden Schutz der Umwelt nur von Ökonomen selbst abgetragen werden. Sie sind gefordert, die Grundlagen ihres Denkgebäudes zu hinterfragen.[1] .

Diese Überlegungen gelten analog für andere Disziplinen. Naturwissenschaftler beispielsweise verstehen sich ebenfalls nicht bloß als Beobachter oder Analytiker. Sie wollen, zumindest soweit sie ökologisch interessiert sind, die Funktionsfähigkeit des natürlichen Systems erhalten. Sie sind oder sollten deshalb die geborenen Natur-Schützer sein. Auf der Basis ihres Verständnisses ökologischer Zusammenhänge beurteilen sie die "Übergriffe" des sozio-ökonomischen Systems. Und wenn sie bestimmte Aktivitäten der Wirtschaft oder des Staates verurteilen, dann steht es Ökonomen nicht zu, ihre Argumente einfach dagegen zu setzen.

Die Diskrepanz zwischen Natur– und Wirtschaftswissenschaftlern in bezug auf das ökologisch Notwendige und das wirtschaftlich Mögliche läßt sich somit aus der Perspektive einer einzelnen Disziplin nicht auflösen.[2] Auch im Rahmen von politischen Entscheidungsprozessen gibt es dazu keine Möglichkeit. Die Politik hat keine eigenständigen Kriterien zu bieten. Sie kann nur die von den Wissenschaften vorformulierten Argumente im politischen Spiel neu mischen. Deshalb wird die Umweltfrage so häufig und so selbstverständlich zum Gegenstand fachübergreifender Forschung erklärt, und zwar nicht erst an den Rändern der Einzeldisziplinen, sondern insgesamt und von Anfang an. Die Lösung des Umweltproblems scheint Interdisziplinarität unabdingbar vorauszusetzen. Aber was kann Interdisziplinarität bedeuten? Gemeint sein kann sicherlich keine Meta-Theorie, die sozusagen fachübergreifend Argumente und Erkenntnisse gewichtet und sortiert. Woran sollte man sich dabei auch orientieren, wenn es nichts anderes gibt als einzelne Wissenschaften mit jeweils spezifischen Erkenntnisgegenständen und Methoden? Der Ruf nach Interdisziplinarität birgt darüber hinaus die Gefahr, die Verantwortung der Einzeldisziplinen zu verwischen und das Erkenntnisziel auf eine imaginäre Ebene zu schieben.[3]

2. Das Umweltproblem - eine Hypothese der Wissenschaft

Auch rund 20 Jahre nach dem Einsetzen einer bewußt auf den Schutz der Umwelt gerichteten Politik schwelt ein Konflikt zwischen - verkürzt gesagt - Umwelt und Wirtschaft. Davon ausgehend laboriert Umweltpolitik zwischen naturwissenschaftlichen Grenzwerten, dem Stand der Emissionsvermeidungstechnik und wirtschaftlicher Vertretbarkeit. Und die Wissenschaften, die sich vehement auf die neue Fragestellung gestürzt haben, liefern weiter ihre Argumente zugleich für und gegen den Umweltschutz. So paralysieren sie sich gegenseitig und erzeugen zwangsläufig auch eine Paralyse der Umweltpolitik. Dieser bleibt wenig mehr als die Gunst der Stunde in der Abfolge kleiner und größerer Störfälle.

Wissenschaftler machen es sich zu leicht, wenn sie die Inkonsistenz nicht auflösen, die in der umweltpolitischen Orientierung zugleich an naturwissenschaftlichen, ökonomischen und technischen Kriterien angelegt ist. Sie müssen der Umweltpolitik eine solide theoretische Grundlage geben, statt die Inkonsistenz unreflektiert zu übernehmen. Der erste Schritt dazu ist die Erklärung der Ursachen und Charakteristika des Konflikts. Dafür mag folgendes Gedankenexperiment hilfreich sein.

Stellen wir uns eine Welt vor, in der die Menschen anfangen, unter früher nie gekannten Krankheiten zu leiden, in der ganze Kontinente von nie beobachteten Dürreperioden und Überschwemmungen heimgesucht werden, in der riesige Waldflächen absterben und verendete Robben an die Strände gespült werden. Stellen wir uns ferner vor, dieser Welt der Anomalien stünden wir mit einem Wissensniveau gegenüber, das etwa dem von vor 200 Jahren entspräche. Wie würden wir damit die Ereignisse interpretieren? Nun, wir könnten nicht anders, als uns alle Anomalien als zwar außergewöhnliche, aber doch natürliche Katastrophen zu erklären. Waldsterben etwa, so würden wir wohl sagen, gab es vor vielen hundert Jahren schon einmal. Auch Dürrekatastrophen, Mißernten und Überschwemmungen sind keine neuen Erfahrungen. Und schließlich gab es einmal die Pest. Niemand würde also von einem Umweltproblem sprechen.

Als Umweltproblem bezeichnen wir Ereignisse oder Entwicklungen in der Natur, die anthropogene Ursachen haben. Solche Diagnosen setzen aber ein Wissen über Zusammenhänge voraus, das in der Regel nicht aus unmittelbarer Erfahrung hervorgeht, sondern Ergebnis wissenschaftlicher Erkenntnisprozesse ist. So konkret sich uns heute auch das Umweltproblem darstellt, es ist nichts als eine Folge unserer von den Wissenschaften vermittelten Vorstellungswelt. Der Konflikt zwischen Umwelt und Wirtschaft ist deshalb keine objektive Kategorie, sondern ein Konstrukt, eine Hypothese der Wissenschaft. Somit hängen Problembefunde und Problemlösungen vollständig ab vom wissenschaftlichen Erkenntnisstand, also der in Naturwissenschaft und Ökonomie herrschenden Lehre.

Ein Umweltproblem wäre für uns auch dann nicht existent, wenn die Naturwissenschaft dem ökologischen System eine unendliche Anpassungsfähigkeit unterstellen würde. Dann gäbe es keine Grenzen für ökonomisch bedingte Interventionen. Gleiches gilt für den Fall, daß die Ökonomie ihrem Erkenntnisobjekt und die Sozialwissenschaften der Gesellschaft insgesamt eine ebenso hohe Anpassungsfähigkeit zuschreiben. Das natürliche System könnte dann ohne weiteres von Interventionen freigehalten werden.[4]

Die praktische Umweltpolitik versucht den ihr aufgeladenen Konflikt zwischen Umwelt und Wirtschaft durch Kompromisse zu lösen. Erfolgreich kann sie dabei von vornherein nur sein, wenn es im natürlichen und/oder ökonomischen System Anpassungsspielräume gibt. Es muß von der Idee ausgegangen werden, daß entweder das ökonomische System wenigstens so viele ökologisch bedingte Interventionen oder Restriktionen verarbeiten (internalisieren) kann, wie das natürliche System zur Erhaltung seiner Funktionsfähigkeit braucht. Oder es ist vorauszusetzen, daß das ökologische System mindestens so viele Interventionen verarbeiten kann, wie das ökonomische System für seine Funktionsfähigkeit abgeben (externalisieren) muß.

Aber was spricht für die Existenz einer exakt solchen Situation? Die Zahl der theoretisch möglichen Konstellationen ist so groß, daß man wohl von einem Glücksfall sprechen müßte, wenn sich Interventionsvolumen und Anpassungsfähigkeit der beiden Systeme gerade heute entsprechen würden. Viel plausibler scheint demgegenüber die Annahme einer so geringen Anpassungsfähigkeit, daß es keinen Kompromiß zwischen Umwelt und Wirtschaft gibt. In diesem Fall könnten wirtschaftliche Katastrophen nur um den Preis ökologischer Katastrophen und vice versa vermieden werden. Da wir über all diese Zusammenhänge herzlich wenig wissen, ist ehrlicherweise zuzugeben, daß unsere ansonsten wissenschaftsorientierte oder sogar wissenschaftsgläubige Gesellschaft in ihrer existentiellen Frage von einer bloßen Vermutung ausgeht. Sie überläßt ihren Fortbestand dem Zufall oder einfach dem Glauben, rechtzeitig vor globalen Katastrophen einen Ausweg zu finden. Vermeintlich pragmatisch sucht sie nach einem dem ökologischen wie dem ökonomischen System verträglichen Interventionsvolumen.

Zu fragen ist, ob hinter dieser impliziten Arbeitshypothese der Umweltpolitik mehr als eine Wunschvorstellung steht. Wissen wir nicht doch hinreichend viel über das ökologische und das ökonomische System, um Interventionsgrenzen festzustellen und Erfolge nicht zufällig nennen zu müssen? Wie tragfähig sind die Einsichten der Wissenschaften zur Orientierung umweltpolitischen Handelns? Hält der behauptete Konflikt einer sorgfältigen Analyse stand und sind die Adaptationsmöglichkeiten von Natur und Wirtschaft so, daß wir tatsächlich zwischen wirtschaftlichen und ökologischen Krisen zu entscheiden haben?

3. Das Gesicht der Natur und die Maske der Theorie[5]

Der von den Naturwissenschaften erreichte Wissenszuwachs und die grenzenlos scheinenden Möglichkeiten der Technik sind eine kulturelle Leistung ohnegleichen. Staunend und oftmals geradezu ehrfürchtig stehen viele diesem Werk gegenüber.[6] Aber wer vieles weiß, muß nicht das wissen, was er wissen müßte. Das naturwissenschaftliche Erkenntnisprogramm war und ist nicht darauf gerichtet, das ökologische System im ganzen zu erfassen. Es ist im Gegenteil a priori analytisch, d.h. schon methodisch auf das Zerlegen eingestellt. Und wenn für das so zustande gekommene puzzleartige Bild Begriffe wie Systeme, Vernetzung oder Komplexität verwendet werden, so heißt das noch keinesfalls, daß wir etwas darüber wissen. Es heißt vielfach nur, unser Unwissen in Begriffe zu kleiden oder gar damit zu kaschieren.[7] Ein Wissen über den Gegenstand selbst ist damit nicht verbunden.

Wissenschaft findet vermutlich seit jeher auf zwei sich nur gelegentlich überlagernden Ebenen statt. Das Paradigma der einen Ebene meint Bescheidenheit, betont Grenzen und Vorläufigkeit jeder Erkenntnis. Es stellt die philosophische und erkenntnislogische Ausformung des "Staunens" dar. Hier ist das Bewußtsein Sokratischen Nicht-Wissens allgegenwärtig. Die großen Naturforscher[8] haben dieses Paradigma nie verlassen. Vielleicht waren sie gerade deshalb auch auf der anderen Wissenschaftsebene so erfolgreich. Das Paradigma dieser zweiten Ebene ist nur in bezug auf ihre erkenntnislogischen Ansprüche bescheiden. Im übrigen aber ist es von Überheblichkeit gekennzeichnet. Es läßt nur positives Wissen gelten und sorgt dafür, daß auch nur solches Wissen (ab-)gefragt wird. Die Empirie gilt als ausschließliche Quelle des Erkenntnisfortschritts. Sie gerät zum bloßen Empirismus. Die "Statistifizierung" (Erwin Chargaff) des wissenschaftlichen Denkens beherrscht die Szene.

Das ökologische System existiert unter dem Regime dieses Wissenschaftsverständnisses nur innerhalb des durch Empirie abgreifbaren Rahmens. Jenseits der so definierten Welt gibt es nichts. Das folgt nicht aus einer bewußten Reduktion von Komplexität auf ein dieser Wissenschaft zugängliches Maß, also aus dem Verfahren der Erkenntnisgewinnung. Vielmehr gilt ihr die reduzierte Komplexität bereits als die "ganze Welt". Diese Sichtweise wäre nur ein Problem für die Wissenschaft selbst, wenn es allein um Erkenntnisse, um An-Schauung ginge. Tatsächlich aber leiten solche Erkenntnisse auf vielfältigste Weise unser Denken und Handeln, definieren, was als Umweltproblem gilt und geben die Lösungswege vor. Das ist in anderen Zusammenhängen ziemlich problemlos und letztlich sogar höchst effizient gewesen. Nun aber ist ein Punkt erreicht, an dem die vielen, notgedrungenermaßen räumlich und zeitlich begrenzten Experimente zu einem globalen und endgültigen zusammenfließen.

Diese außerhalb der Empirie blinde Wissenschaft schickt sich also an, auch die Ökologie für sich zu vereinnahmen. Umweltpolitik wird zum Naturmanagement. Ziel des neuen Forschungsprogramms ist es, Grenzen für unbedenkliche Interventionen in die Natur zu bestimmen. Das ist ein bisher von der Naturwissenschaft so nicht erhobener und nicht verlangter Anspruch. Und möglicherweise haben alle jene Experten, die dem wie selbstverständlich gerecht werden wollen, nicht realisiert, daß sie sich damit auf etwas grundlegend Neues eingelassen haben. Sie werden von Naturwissenschaftlern zu "Naturpolitikern".[9]

4. Der Zauber der Grenzwerte

Die naturwissenschaftliche Grenzwerteforschung im Dienste der Umweltpolitik arbeitet grundsätzlich mit den gleichen Methoden wie die empirische Naturforschung allgemein.[10] Aber es ist etwas anderes, ob man nach Einsichten um ihrer selbst willen strebt oder sie als

"Freibrief" für bestimmte Interventionen in das Erkenntnisobjekt versteht. Selbstverständlich dienen naturwissenschaftliche Erkenntnisse letztlich immer menschlichen Zwecken. Aber Erkenntnisse und daran geknüpfte Eingriffe waren bisher eher punktuell. Das ist jetzt in der Umweltpolitik anders. Der neue Anspruch zielt auf das Erkennen von globalen Belastungsgrenzen für das ökologische System im ganzen. Dem wissenschaftlichen Prozeß des "trial and error" kommt dadurch eine völlig neue Bedeutung zu. Nie auszuschließende Irrtümer sind nun nicht mehr nur Bausteine des Erkenntnisfortschritts, sondern implizieren ein nicht abschätzbares Gefährdungspotential für Natur und Gesellschaft. Gerade das aber muß die empirisch geleitete Wissenschaft vollständig übersehen, weil sie aufgrund ihrer Methodik dafür keine Sensoren entwickeln kann.

Wissenschaftler – wer sonst? – müssen sich deshalb fragen, ob sie das tun dürfen, was sie tun, nämlich sich der umweltpolitischen Fragestellung so anzunehmen, wie es die praktische Politik von ihnen verlangt.[11] Spätestens jetzt muß der positivistische Anspruch erkenntnislogischer Bescheidenheit weichen. Die Wissenschaft darf nicht zulassen, daß das Denken in der Tradition von Sokrates und Kant zur bloßen Arabeske eines Cartesisch/Saint-Simonistischen Wissenschaftsglaubens degeneriert. Der "Newton-Rat", d.h. eine sich im Besitz der Wahrheit wähnende und die Welt damit tyrannisierende "Regierung", darf nicht zur Realität werden.[12]

Die Menschen haben sich zu allen Zeiten Erklärungen zurechtgelegt und damit Wissen unterstellt. Auch der Glaube hatte schon immer die gleiche Funktion und Reichweite wie das positive Wissen. Und lange Zeit wurde Ungläubigkeit mit Unwissenheit gleichgesetzt. Erst die Aufklärung hat damit radikal gebrochen. Sie hat Glauben als Unwissenheit abgetan und damit ein Monopol des positiven Wissens kreiert. So begreifen wir heute nur schwer, daß Umweltpolitik im Kern ein Problem der Anerkennung unseres Nicht-Wissens ist – so wie die Zerstörung der Umwelt im Kern eine Folge der Negation des Nicht-Wissens ist.

Nur wenn wir den Anschluß an die nicht-positivistische Denktradition finden, kann Umweltschutz möglich werden. Nur dann kann es eine Umweltpolitik geben, die mehr ist als der ohnehin vergebliche Versuch, das alte Fortschrittsmuster zu stabilisieren. Dann wird deutlich, daß Kompromisse mit der Natur (wie sie die Grenzwerte darstellen) letztlich nicht begründbar sind, weil alle Sicherheitsverheißungen nur auf unseren prinzipiell unsicheren Theorien basieren. Deshalb kann eine richtig verstandene Wissenschaft nur die strikte Forderung nach Nicht-Intervention in die Natur vertreten. Die Scientific Community muß das radikal herausstellen; sie muß diese Sichtweise zur herrschenden machen.

5. Evidenz und Irrtum in der Ökonomie

Wir haben uns die Erde untertan gemacht und wissenschaftlich-technisch-ökonomisch ausgebeutet. Dabei sind wir an Grenzen gestoßen, die wir im einzelnen nicht kennen können. Nehmen wir das ernst, so ist der Umweltpolitik der Boden für Kompromisse mit der Natur entzogen. Ohne die Fiktion eines wissenschaftlich objektivierbaren Spielraums für unbedenkliche Eingriffe in die Natur bleibt ihr nur, auf die Anpassungsfähigkeit des ökonomischen Systems, d.h. letztlich die der Gesellschaft im ganzen zu setzen. Umweltpolitik bedeutet dann nur noch

Wirtschafts- und Gesellschaftspolitik. Wieviel ökologisch bedingte Interventionen bzw. Restriktionen kann eine Volkswirtschaft verarbeiten?

Auch diese Frage läßt sich nur im Lichte einer Theorie beantworten, d.h. auf der Basis von Hypothesen über die Arbeitsweise des ökonomischen Systems. Daß solche Hypothesen oft wenig "gesichert" sind, zeigen manche wirtschaftspolitischen Debatten und eindringlich die weltweit hohe Arbeitslosigkeit. Wie könnte man annehmen, daß Ökonomen zu der viel weitergehenden Frage der ökologischen Anpassungsfähigkeit der Volkswirtschaften verläßliche Antworten geben können? Überraschen muß deshalb die Sicherheit, mit der zuweilen ökonomische Urteile vorgetragen werden. Die Ursache dafür liegt aber nicht etwa in einem besonders ausgeprägten Selbstbewußtsein der Fachkollegen, sondern in einer nachlässig rezipierten Wissenschaftstheorie. Vielen Ökonomen scheint die spezifische Erkenntnislogik ihres Faches nicht hinreichend bewußt zu sein.

Geleitet von recht vagen Vermutungen können Naturwissenschaftler zu sehr präzisen und beweisbaren Aussagen gelangen. Sie haben die Chance, durch viele verschieden angelegte Experimente ihre Hypothesen verdichten zu können. Solche empirisch unterfütterten Erkenntnisfortschritte sind der Ökonomie weitgehend verschlossen. Ökonomen können im Sinne der Popperschen Norm bestenfalls auf empirisch-statistische Indizien zur Falsifikation ihrer Theorien hoffen. Im Unterschied zu den exakten Wissenschaften haben sie nicht die Möglichkeit, ein Problem experimentell zu isolieren und auf diese Weise von Vermutungen zu Theorien fortzuschreiten. Das liegt aber nicht nur an der faktischen Unmöglichkeit, mit Volkswirtschaften wissenschaftlich kontrollierte Experimente zu machen,[13] sondern vor allem daran, daß die Reduktion von Komplexität hier bedeutet, ein in seiner Axiomatik vielfach nicht durchschautes Theoriegebäude weiter zu verkürzen. Der Abgleich einer solchen Theorie über Theorie an durch Theorie ausgewählten statistischen Daten kann leicht am Erkenntnisziel vorbeigehen, ohne daß sich das an Anomalien zeigen muß. Insbesondere im Vergleich zu Grenzbereichen der exakten Wissenschaften liegt darin zwar nur ein gradueller, aber gleichwohl entscheidender Unterschied.

Ein weiteres Problem gesamtwirtschaftlichen Erkenntnisfortschritts ist die allgegenwärtige einzelwirtschaftliche Evidenz. Die Geschichte der ökonomischen Analyse ist voll von falschen Analogien zwischen einzelwirtschaftlichen Erfahrungen und gesamtwirtschaftlichen Zusammenhängen. Tatsächlich gibt es zwischen dem Erkenntnisgegenstand der Betriebswirtschaftslehre und dem der Volkswirtschaftslehre nur schmale und nicht ohne weiteres erkennbare Verbindungslinien. Im Kern handelt es sich um zwei getrennte Disziplinen, die lediglich den methodologischen Individualismus als Klammer haben. In beiden steht der wirtschaftlich handelnde Mensch im Mittelpunkt. Die Betriebswirtschaftslehre will jedoch dieses Handeln erklären und möglichst optimieren, während die Volkswirtschaftslehre von diesem Handeln ausgeht und "nur" die interaktionellen Prozesse und deren Ergebnisse zum Gegenstand hat. Anders formuliert heißt das, die Volkswirtschaftslehre sucht nach Bedingungen, unter denen das Handeln vieler einzelner insgesamt erfolgreich sein kann. Es geht ihr um die Art und Weise des Zusammenspiels in einer Geldwirtschaft.[14]

So gesehen müßte klar werden, daß die Ziele einzelwirtschaftlichen Handelns, also die Präferenzen für materielle und immaterielle, für private oder öffentliche Güter – wie beispielsweise die für mehr Umweltschutz –, irrelevant sind in bezug auf die Effizienz des gesamtwirtschaftlichen Interaktionsprozesses. Vor allem Vollbeschäftigung und Preisniveaustabilität hängen nicht davon ab, welche Güterstruktur angestrebt wird. Das Marktsystem läßt uns vollständig die Freiheit, die uns wichtig erscheinende Güterstruktur zu realisieren. Mehr Umweltschutz ist daher niemals mit gesamtwirtschaftlichen Zielverzichten verbunden.

Daß dies von der herrschenden Lehre nicht mehr oder noch nicht wieder vertreten wird, ist nicht nur die allgemeine Ursache für die Arbeitslosigkeit, es ist auch die Ursache für die ökonomische Bremse am Umweltschutz. Und daß sich diese Konfusion so lange halten kann, liegt auch an ihrer Übereinstimmung mit jenen Vorstellungen von Ökonomie, die der Alltagserfahrung des einzelnen entsprechen und deshalb auch von der unternehmerischen Wirtschaft wie selbstverständlich vertreten werden. Weil danach mangelnde Anpassungsfähigkeit auf der mikroökonomischen Ebene, verursacht durch nicht-marktliche Lohnfindungsprozesse, staatliche Überreglementierungen, sozialpolitisch bedingte Lohnnebenkosten u.ä., zu gesamtwirtschaftlichen Problemen führt, scheint es nur konsequent, in der Umweltpolitik vorsichtig zu sein. Diese muß sozusagen zuerst durch das Nadelöhr der mikroökonomischen Vertretbarkeit. Denn wenn eine – fälschlicherweise – auf mangelnde Anpassungsflexibilität zurückgeführte Arbeitslosigkeit herrscht, ist jedermann offenkundig, daß die Volkswirtschaft zusätzliche Rücksichten auf das ökologische System kaum verkraften kann. Die Lösung des Konflikts zwischen Wirtschaft und Umwelt, zwischen einer als sicher angenommenen steigenden Arbeitslosigkeit heute und einer für viele noch wenig konkreten Bedrohung der natürlichen Lebensgrundlagen morgen, wird auf die "Natur" abgewälzt.

6. Schöpferische Zerstörung

Eine ganz andere Vorstellung über die Anpassungsfähigkeit marktwirtschaftlicher Systeme drängt sich beim Blick auf die Dynamik auf, welche von den Unternehmen selbst ausgeht. Für Unternehmen mit neuen Produkten und Verfahren ist es selbstverständliches Ziel, die Marktanteile ihrer Konkurrenten zurückzudrängen oder diese sogar zur Anpassung durch Konkurs zu zwingen. Nur wegen dieser Rücksichtslosigkeit des Wettbewerbs konnte die Entwicklung auf dem Wege der schöpferischen Zerstörung voranschreiten und einen früheren Generationen unvorstellbaren Wohlstand schaffen. Der vom privatwirtschaftlichen Kalkül ausgehende Anpassungsdruck ist umfassend. Er baut Industrien auf und vernichtet andere, er schafft sich neue Tätigkeitsfelder und trocknet andere aus, er zerstört Besitzstände und errichtet neue. Aber wirtschaftlich vertretbar ist das alles für jene nicht, die bei diesem Prozeß unterliegen. Doch weil diese "Opfer" als der Logik des Marktsystems folgend hingenommen werden, wird die Frage nach der wirtschaftlichen Vertretbarkeit in diesem Zusammenhang seltener gestellt.[15]

Der unausgesprochene Konsens über den Markt als quasi letzter Instanz zerfällt, wenn die "schöpferische Zerstörung" (Schumpeter) nicht aus diesem selbst hervorgeht, sondern gegen dessen inhärente Dynamik gerichtet ist. Dann werden aus dem anonymen "Verursacher" Markt (potentiell falsch entscheidende) politisch-administrative Verursacher, denen man den Anpassungsdruck direkt zuordnen kann. Dies ist die Stunde der Verteidiger von Besitzständen gegen die Interessen der Gesellschaft, die der mikroökonomischen Evidenz und der Statik gegen Entwicklung. Tatsächlich aber ändert sich durch den Wechsel der "Verursacher" nichts am Prozeß der Anpassung als solchem. Lediglich die am Marktsystem nicht artikulierbare Präferenz für das öffentliche Gut Umwelt wird für die Marktteilnehmer effektiv, weil der Staat als dynamischer Unternehmer bzw. "dynamischer Nachfrager" auf den Plan getreten ist. Dadurch werden für die Richtung des Anpassungsprozesses einige Weichen anders gestellt und der Inhalt des Güterkorbes verändert sich anders als bei ausschließlich privatwirtschaftlichen Entscheidungen. Ökonomisch betrachtet macht der Staat damit aber nur das, was dynamische Unternehmer durch ihre Innovationen auch bewirken. Es ist deshalb abwegig, der Umweltpolitik spezielle Anpassungslasten mit gesamtwirtschaftlichen Folgen zuzuschreiben.[16]

7. Wirtschaftskrisen durch Umweltkrisen?

Eine andere Variante des Anpassungsproblems ist von Ulrich Beck formuliert worden.[17] Er sieht Grenzen der marktwirtschaftlichen Anpassungsfähigkeit bei einer weiterhin umweltpolitisch unzureichend geregelten wirtschaftlichen Entwicklung. Seine Frage ist, ob sich die Volkswirtschaft ökologischen Zerstörungen anpassen kann. Beck skizziert das Szenario einer wirtschaftlichen Krise, die ihren Ausgangspunkt bei der Zerstörung wirtschaftlichen Vermögens durch eine fortschreitende Umweltbelastung hat. Auf den ersten Blick ist das ein interessanter Versuch, ökonomische Interessen für den Umweltschutz zu aktivieren. Was ist davon zu halten?

Denkt man nur "weit" genug, dann wird die Vorstellung einer Interessenidentität zwischen Ökologie und Ökonomie trivial. Abgesehen davon ist diese Argumentation aber nicht nur falsch, sondern auch gefährlich, weil so Umweltpolitik unversehens zu einem bloßen Instrument der wirtschaftlichen Prosperität degradiert wird. Damit ist man nicht nur weit entfernt etwa von der Vorstellung eines Eigenrechts der Natur, sondern postuliert am Ende sogar eine super-ökonomistische Sicht, wonach alles einschließlich der Natur zur Nebenbedingung des Wirtschaftens gemacht wird. Umweltschutz dient dann nur noch der Vermeidung von Wirtschaftskrisen. Es liegt auf der Hand, daß dadurch in der konkreten Entscheidungssituation der Wirtschaftsstandpunkt noch leichter die Oberhand behält.

Analog zu einer rigorosen Politik des Umweltschutzes gilt auch für eine Politik des umweltpolitischen "laisser-faire" die Einsicht, daß keine gesamtwirtschaftlichen Zielverluste in Kauf genommen werden müssen und es der Wirtschaft nicht an Anpassungfähigkeit mangelt. Preisniveaustabilität und Vollbeschäftigung sind auch in diesem Scenario möglich. Selbst Katastrophen globalen Ausmaßes brauchen nicht zum Kollaps der Wirtschaft zu führen.[18]

Für die Wirtschaft insgesamt macht es keinen Unterschied, ob im "Fortschrittsprozeß" Besitzstände durch umweltpolitische Untätigkeit oder einen rigorosen Umweltschutz vernichtet werden. Selbstverständlich trifft es jeweils andere. Aber das ist in jedem Falle und letztendlich die Folge einer "gesellschaftlichen" Entscheidung darüber, welchem Ziel der ökonomische Prozeß dienen soll. Doch die Besitzstandswahrer und die "statischen Wirte" (Schumpeter) werden im einen Fall nicht gefragt und sollten es im anderen Fall, dem der Durchsetzung umweltpolitischer Ziele, ebenfalls nicht.

8. Umweltschutz – Belastung, Nebenbedingung oder Ziel des Wirtschaftens?

Zur Verbesserung ihrer Lebensumstände hat die Menschheit in den vergangenen zweihundert Jahren eine Lawine des wissenschaftlich-technischen Fortschritts losgetreten, die sie nicht nur selbst völlig überrascht und sich tief in gesellschaftliche Strukturen eingeschnitten hat, sondern auch die Natur mit sich riß. Weder die Eigendynamik dieses Prozesses noch seine Richtung sind vorausgesehen oder gar vorausgedacht worden. Und jetzt, da die Natur global zurückschlägt, werden wir uns eines immanenten Konflikts zwischen ihr und unserem tradierten Fortschrittsmuster bewußt.

An Überlegungen, wie dieser Konflikt gelöst oder wenigstens entschärft werden kann, fehlt es nicht. Theologie und Ethik sind auf der Suche nach einem neuen Verständnis unseres Verhältnisses zur Schöpfung. In den Medien wird der von Ökopädagogen vertretene Gedanke ausgebreitet, über eine Stärkung des Umweltbewußtseins ein umweltfreundliches Verhalten bewirken zu können. Naturwissenschaftler sind bestrebt, den Konflikt durch die Ermittlung von Belastungsgrenzen zu präzisieren, sozusagen den Handlungsbedarf der Umweltpolitik einzugrenzen. Ökonomen versuchen neben vielen anderen Ansätzen, Umweltschäden in Geld auszudrücken und mit den sonst entstehenden Vermeidungskosten zu vergleichen. Ihr Ziel ist es, nachzuweisen, daß Umweltschutz in vielen Fällen wirtschaftlich (bzw. in vielen Fällen unwirtschaftlich?) ist. Vertreter ökosozialistischer Positionen fordern die Überwindung des die Natur zwanghaft ausbeutenden kapitalistischen Systems. Und die Umweltpolitik sucht aus allen diesen Überlegungen einen pragmatisch scheinenden Weg herauszufiltern. Sie glaubt an die Möglichkeit einer mit wenigen Modifikationen am Wirtschaftsprozeß erreichbaren friedlichen Kohabitation von Wirtschaft und Umwelt.

Die Auseinandersetzung über die Umweltfrage dreht sich also um das Ausmaß des Konfliktes und davon ausgehend um den richtigen Weg zu seiner Lösung. Die Existenz des Konfliktes selbst wird praktisch nicht diskutiert. Dabei ist es gerade dieser unreflektierte Konsens, der die Umweltpolitik letzten Endes an einem perspektivlosen "Sowohl-als-auch" scheitern läßt.

Daß die Wissenschaft ihre Konflikthypothese nicht thematisiert, ist im Grunde sogar verständlich. Sie gehört nicht nur zu den Wegbereitern oder mindestens Wegbegleitern des Fortschritts. Sie hat auch den "theoretischen Überbau", die Muster und Rechtfertigungen dafür geliefert. Ihr Paradigma ist unauflöslich mit dem Fortschritt und dieser mit dem Konflikt verwoben. Ein Hinterfragen der Konflikthypothese bedeutet die Infragestellung ihres Selbstverständnisses. So erscheint uns die Antinomie zwischen Natur und Wirtschaft als systemimmanent und vorgegeben. Wir glauben, sie habe nichts zu tun mit der Wissenschaft, ihren Erkenntnisinteressen und -methoden, sondern sei der Gesellschaft unabänderlich mit auf den Weg gegeben.

Gleichwohl hat diese Sicht etwas Tautologisches, wenn man sich klar macht, daß wir die Welt notgedrungen durch die Brille der gleichen Wissenschaft sehen, die das Problem hervorgebracht hat und daher mit dieser Brille immer nur die Konturen des Konflikts erscheinen können. Trivialerweise kann mit jenen Gedankenbildern und Axiomen, die die Diagnose Konflikt stellen, nicht zugleich der Konflikt in Frage gestellt werden.

Versucht man, die Szene im Lichte eines anderen Verständnisses zu betrachten, so ändert sich das Bild erheblich. Das traditionell eher auf Markteffizienz und handelbare Güter fixierte Feld der Ökonomie öffnet sich für öffentliche bzw. kollektive Güter. Wirtschaften schließt dann selbstverständlich die Erhaltung der natürlichen Lebensgrundlagen als Ziel mit ein. Nachrangig ist dann die Frage, wie das marktwirtschaftlich-unternehmerische Segment der Volkswirtschaft auf umweltpolitische Restriktionen reagiert.[19] Auch kann es nicht mehr darum gehen, ökologische Voraussetzungen für eine gedeihliche Entwicklung der Privatökonomie zu definieren. Im Zentrum steht allein, daß die menschliche Gesellschaft ihre überwunden geglaubte elementare Abhängigkeit von der Natur als Problem der Knappheit neu begreift und ihr wirtschaftliches Handeln umfassend darauf richtet.

Die Befreiung der Umweltpolitik von vermeintlich notwendigen ökonomischen Rücksichten ist aber nur der erste Schritt. Der Weg für eine dem Überlebensziel angemessene Vorgehensweise wird erst frei, wenn darüber hinaus die Naturwissenschaftler verstanden haben, daß das Nicht-Wissen für die Formulierung der Umweltpolitik mindestens ebenso relevant ist wie das letztlich immer spärliche und unzureichende Wissen über ökologische Zusammenhänge. Dann wird generell die Abwehr von Interventionen in das ökologische System Ausgangspunkt und Ziel aller Überlegungen. Wir werden nicht mehr fragen, wieviel Belastungen die Natur gerade noch aushalten kann – also nicht mehr das maximal mögliche Interventionsvolumen definieren und anstreben wollen. Die Fiktion eines Kompromisses mit der Natur wird ebenso obsolet sein wie die der Rücksicht auf bestimmte Segmente des wirtschaftlichen Geschehens. Die Minimierung von Interventionen wird die allgemein herrschende Leitidee der Umweltpolitik sein.

Die von einer so verstandenen Umweltpolitik ausgehenden Prozesses sind selbstverständlich ebensowenig vorhersehbar wie jene, die von den privatwirtschaftlichen Interessen in den letzten zweihundert Jahren ausgingen. Aber eines ist sicher, wenn die weitere Entwicklung umweltpolitisch nicht kontrolliert und gesteuert wird, treiben wir zwangsläufig auf unbekannte Katastrophen zu. Der noch bestehende Glaube an einen möglichen Kompromiß zwischen Interventionen in die Natur und in die Wirtschaft wird dann auch praktisch seine Absurdität offenbaren.

Anmerkungen:

1. Wenn schon Ökonomen offenbar größte Schwierigkeiten mit der Einordnung des Umweltschutzes haben, sollten sich Nichtökonomen umso mehr mit Ratschlägen zurückhalten und vor allem die Sorge der Ökonomen um die Erhaltung einer funktionsfähigen Wirtschaft ernst nehmen. Es ist sinnlos, Ökonomen etwa mit Hinweisen auf Industriefreundlichkeit oder ähnlichem diskreditieren zu wollen. Zu beklagen sind auch nicht mannigfache Interessen an der Erhaltung von Marktanteilen, Gewinnen und einzelnen Arbeitsplätzen, sondern die Theorie oder allgemein die Vorstellungen über Wirtschaft, derer sich diese Interessen bedienen. Wer diese argumentative Abhängigkeit bei der Vertretung von Interessen im Kern leugnet, dem bleibt nur die Möglichkeit, die Interessen selbst anzuprangern. So aber wird er selbst zum Mitspieler eines Spieles, das dem der "Reise nach Jerusalem" gelegentlich ziemlich nahekommt.
2. Mehr darüber in: G. Maier-Rigaud, Umweltpolitik in der offenen Gesellschaft, Opladen 1988, 157ff.

3. "Im übrigen gibt es ... keine interdisziplinäre Kompetenz, die disziplinäre Kompetenz ersetzen könnte: interdisziplinäre Kompetenz setzt disziplinäre Kompetenz voraus. Ohne diese würde Interdisziplinarität zur bloßen wissenschaftspolitischen Rhetorik." Und weiter: "Gemeint ist der Umstand, daß sich hinter dem Ruf nach Interdisziplinarität gelegentlich auch nur disziplinäre Einfallslosigkeit verbirgt." Jürgen Mittelstrass, Die Stunde der Interdisziplinarität?, in: Interdisziplinarität. Praxis-Herausforderung-Ideologie, Hrsg. Jürgen Kocka, Frankfurt 1987, 154 und 156. Aber siehe dort auch die positive Rolle der Interdisziplinarität für den Erkenntnisfortschritt.

4. Jedenfalls müßten wir von dieser Möglichkeit dann ausgehen. Und genau betrachtet wäre das nicht einmal eine Utopie. Schließlich gab es in der Geschichte genügend Beispiele von Gesellschaften, die vollständig den natürlichen Bedingungen angepaßt waren.

5. Vgl. dazu J. Reiche und G. Fülgraff, Eigenrechte der Natur und praktische Umweltpolitik – Ein Diskurs über anthropozentrische und ökozentrische Umweltethik, Zeitschrift für Umweltpolitik und Umweltrecht, 3/1987, Anm. 5, S. 233. Wenn, wie dort gesagt wird, die auch hier vertretene Wissenschaftstheorie der herrschenden Lehre entspricht und die Diskussion als abgeschlossen betrachtet werden kann, so muß man sich fragen, welche Rolle Wissenschaftstheorie in den Wissenschaften eigentlich spielt. Gibt es keine Kommunikation mehr zwischen Wissenschaftstheorie und Einzeldisziplin? Wie sonst kann der wissenschaftstheoretisch unbedarfte Siegeszug des Empirismus erklärt werden?

6. Anders spricht in diesem Zusammenhang von der "Prometheischen Scham" (Günther Anders, Die Antiquiertheit des Menschen, Über die Seele im Zeitalter der zweiten industriellen Revolution, München 1956).

7. Ich habe den Eindruck, daß es nicht wenige Wissenschaftler gibt, die etwa F. A. von Hayeks "Theorie komplexer Phänomene" so verstehen, als ob damit Erklärungen gemeint seien. Der Hayekschen Intention total entgegengesetzt, nehmen sie den Begriff schon für Erkenntnis. Ähnlich wird etwa der Begriff Vernetzung von manchen Ökologen wie selbstverständlich positivistisch gewendet. Man glaubt, mit einem hohen Einsatz von Forschungsmitteln letzten Endes die ökologische Vernetzung in einer Art Super-Matrix abbilden zu können.

8. Vgl. etwa Karl R. Popper, Die beiden Grundprobleme der Erkenntnistheorie, Tübingen 1979, S. XXI und Günter Altner, Die Überlebenskrise in der Gegenwart, Ansätze zu einem Dialog mit der Natur in Naturwissenschaft und Theologie, Darmstadt 1988, S. 24 ff.: "Der 'Traum' von der nichtcartesianischen Wissenschaft (Heisenberg)".

9. Am deutlichsten wird das bei den Gentechnologen. Und die Probleme, die sie lösen, werden gering sein im Vergleich zu denen, die sie schaffen. Hier wie vielleicht nirgendwo sonst wird Goethes Auffassung, die er nach Abschluß seines "Faust" formulierte, zur Gewißheit: "Der Welt- und Menschengeschichte gleich enthüllt das zuletzt aufgelöste Problem immer wieder ein neues aufzulösendes." (Vgl. die einleitenden Bemerkungen zum Faust in der Gotta'schen Ausgabe von 1866, S. XIV.)

10. Vgl. U. Battis, E. Rehbinder, G. Winter (Hrsg.), Grenzwerte, Band 1: Interdisziplinäre Untersuchungen zu einer Rechtsfigur des Umwelt-, Arbeits- und Lebensmittelschutzes, Düsseldorf 1986 sowie G. Maier Rigaud, Umweltpolitik ..., S. 142 ff.

11. Wobei klar sein muß, daß die Politik oder allgemein die Akteure des politisch-administrativen Systems nur deshalb so fragen können, weil die Wissenschaft selbst so fragt.

12. Besonders aufschlußreich sind dazu und zum szientistischen Wissenschaftsverständnis ganz allgemein die Ausführungen des Nobelpreisträgers F. A. von Hayek in seinem Werk: Mißbrauch und Verfall der Vernunft, Ein Fragment, (1959), 2. erw. Aufl., Salzburg 1979 (jetzt in The International Carl Menger Library, Philosophia Verlag), S. 180 ff.

13. Wenngleich man in der Geschichte der Wirtschaftspolitik bis auf den heutigen Tag viele Beispiele für "Experimente" finden kann. So ist z.B. die Wende zur Angebotspolitik Mitte der 70er Jahre in der Bundesrepublik von einem ihrer prominenten wissenschaftlichen Wegbereiter als ein Versuch verstanden worden, dessen Ergebnis theoretisch durchaus offen sei.

14. In einfachen und überschaubaren Tauschwirtschaften können sich die einzelnen über ihre Absichten und Aktionen unmittelbar untereinander verständigen. In großen arbeitsteiligen Geldwirtschaften, wie sie heute die Regel sind, sind die Akteure hauptsächlich nur über Preise miteinander verbunden. Dadurch entsteht ein Informations- und Koordinationsproblem, dessen Lösung der Gegenstand der Volkswirtschaftslehre und die zentrale Aufgabe der Wirtschaftspolitik ist.

15. Und die der gesellschaftlichen Vertretbarkeit von Ergebnissen privatwirtschaftlichen Profitstrebens war lange Zeit auf Grund einer zu oberflächlichen Interpretation der Lehre von Adam Smith tabu, weil danach der wirtschaftliche Egoismus einzelner ohnehin ganz zwangsläufig zum Wohle aller führt.

16. Erstmals ausführlich begründet ist diese Sichtweise in der Abhandlung: H. Flassbeck/G. Maier-Rigaud, Umwelt und Wirtschaft, Zur Diskriminierung des Umweltschutzes in der ökonomischen Analyse, Tübingen 1982. Auf dem gleichen Denkansatz beruht der hier abgedruckte Beitrag von Willi Koll. Wolfgang Eichhorns Beitrag dagegen geht eher von der tradierten Konflikthypothese aus, ohne ihr jedoch eine prinzipielle Unvermeidbarkeit zuzubilligen.

17. Ulrich Beck, Risikogesellschaft, Auf dem Weg in eine andere Moderne, Frankfurt am Main 1986. Vgl. z.B. das Kapitel "Ökologische Entwertung und Enteignung", S. 50 ff.

18. So richtet man sich längst auf eine Erhöhung des Meeresspiegels ein, macht Studien über bestimmte Küstenregionen, analysiert die ökonomischen Folgen und schätzt die Kosten für Deichbaumaßnahmen. Es fehlt nur noch, daß man die Arbeitsplätze zählt, die dadurch neu geschaffen werden und mit denen vergleicht, die vernichtet werden. Das ist die Gedankenwelt der Macher, der Praktiker, der Positivisten. Und je konkreter deren Überlegungen und Investitionspläne werden, desto mehr erscheinen jene, die die Katastrophe noch abhalten wollen, als Störenfriede des wirtschaftlichen Fortschritts - wie im Falle des Widerstandes gegen andere großtechnische Projekte auch. Wie sich die Wissenschaft dieses Problems "praktisch" annimmt, zeigen z.B. die Aufsätze in der Zeitschrift "Coastal Zone Management Journal", New York, Philadelphia, London (Verlag Taylor & Francis).

19. Die marktwirtschaftliche Ordnung ist schließlich in erster Linie ein Instrument zur Erreichung menschlicher Zwecke. Die Frage, ob es dem Ziel Erhaltung der Lebensgrundlagen dienlich ist, muß sich im Verlauf einer neuen Umweltpolitik erweisen. Dieses Instrument allerdings von vornherein wegen des Umweltschutzes über Bord zu werfen, ist unsinnig und vermutlich gerade unter Umweltschutzgesichtspunkten sogar kontraproduktiv.

Wolfgang Eichhorn

VOM MAGISCHEN VIERECK ZUM ÖKOLOMAGISCHEN NEUNECK

1. Einleitung

Unter dem *magischen Viereck*[1] versteht man in der Volkswirtschaftslehre die vier (als Eckpunkte eines Vierecks aufgefaßten) Richtpunkte:

- Vollbeschäftigung,
- Preisniveaustabilität,
- Zahlungsbilanzgleichgewicht,
- angemessenes Wirtschaftswachstum.

"Magisch" wird dieses Viereck deshalb genannt, weil man meint, die vier Forderungen nur dann gleichzeitig erfüllen zu können, wenn ein bißchen Zauberei im Spiel ist.

Ziel dieses Beitrags ist es *nicht*, zunächst Definitionen etwa der Begriffe "Vollbeschäftigung", "Preisniveaustabilität", "Zahlungsbilanzgleichgewicht", "angemessenes Wirtschaftswachstum" vorzuschlagen; der Leser nehme jeweils "seine" Definition. Ziel dieses Beitrags ist es, das magische Viereck zu einem Neuneck zu erweitern, das neben den rein ökonomischen Aspekten, wie sie im magischen Viereck zum Ausdruck kommen, und weiteren volkswirtschaftlichen Gesichtspunkten auch *ökologische* Aspekte berücksichtigt. Die klassischen vier Richtpunkte werden dabei um fünf weitere Punkte ergänzt, das heißt, das magische Viereck wird zu einem Neuneck. In diesem Neuneck spielt nicht nur die Wirtschaft, sondern auch die natürliche Umwelt eine wichtige Rolle. In sie ist alles Wirtschaften eingebettet. Je mehr Schaden ihr (und damit auch uns) durch unsere wirtschaftliche Betätigung zugefügt wird, desto weniger kommen wir darum herum, diesen Schaden in Beziehung zu setzen zu dem Nutzen, den unser Wirtschaften stiftet.

Für das Neuneck sei aus naheliegenden Gründen der Name "ökolomagisches Neuneck" vorgeschlagen.

Die Hauptthesen dieses Beitrags sind die folgenden:

(a) Die bis zum Ende der siebziger Jahre andauernde Vernachlässigung umweltpolitischer Ziele gegenüber den Zielen des magischen Vierecks hat zu einer ernsten Bedrohung unserer natürlichen Lebensgrundlagen und damit auch der Möglichkeit geführt, aus den wirtschaftlichen Aktivitäten den gewünschten Nutzen zu ziehen.

(b) Diese Bedrohung können wir *kurzfristig* lindern, indem wir die Minimierung der Umweltbelastung durch Wirtschaft und Technik zu unserem *Hauptziel* machen und bestimmte Erreichungsgrade der übrigen acht Ziele als Nebenbedingungen betrachten; je weniger wir in und mit denjenigen Nebenbedingungen fordern, die in Konkurrenz zum Umweltschutzziel stehen, desto besser ist das für unser Hauptziel, das heißt desto mehr kann bei gegebenem Stand der Technik und gegebener Wirtschafts- und Gesellschaftsform für den Schutz der Umwelt getan werden.

(c) Ist man der Meinung, daß das Niveau des Umweltschutzes nicht vom Ergebnis einer Minimierungsaufgabe abhängig gemacht werden darf, sondern daß dieses Niveau von vornherein durch ganz bestimmte Normen festzulegen ist, so muß man wissen: Diese Normen kurzfristig einhalten zu müssen, kann zum Verfehlen anderer Ziele in einem Ausmaß führen, daß Gefahren anderer Art, aber ähnlichen Bedrohungspotentials wie im Falle der Umweltverschmutzung, entstehen.

(d) Auf *mittlere bis lange Sicht* besteht die Chance, daß durch technischen, wissenschaftlichen, wirtschaftlichen und gesellschaftlichen Fortschritt die Bedrohung unserer natürlichen Lebensbedingungen weitgehend abgewendet werden kann. Dieser Fortschritt muß dann allerdings, gleich, welches der nichtökologischen Ziele des ökolomagischen Neunecks von ihm jeweils profitiert, stets den Schutz der Umwelt als Hauptziel im Auge haben.

Die Ziele des magischen Vierecks sollen zwar angestrebt werden, aber nicht um jeden Preis, schon gar nicht um den Preis der weiteren Vernachlässigung des Schutzes der Natur.

2. Das magische Viereck

Sehen wir zunächst einmal von anderen Zielen ab, so handelt es sich bei den Richtpunkten des magischen Vierecks um vier Ziele, die möglichst gut erreicht werden sollen. Da die vier Ziele in einem gewissen Sinne in einem Spannungsverhältnis zueinander stehen, erhält "möglichst gut erreicht" bei einem der Ziele erst dann eine klare Bedeutung, wenn bestimmte Zielerreichungsgrade bei den anderen drei Zielen fixiert sind. Isoliert für sich könnte man jedes der vier Ziele in der Form einer Minimierungs- bzw. Maximierungsaufgabe schreiben:

(1) Minimiere die Zahl der Arbeitslosen,
(2) minimiere den Wert des (zugrundegelegten) Preisindex,
(3) minimiere den Zahlungsbilanzsaldo,
(4) maximiere das Wirtschaftswachstum.

Insbesondere bei (2) und (4) sieht man, daß die Ziele nur in ihrem Zusammenhang einen Sinn erhalten.

Je nach den wirtschaftspolitischen Vorstellungen der Regierung kann eines der vier Ziele zum Hauptziel erklärt werden. Die übrigen drei Ziele und gegebenenfalls weitere Ziele erhalten dann den Charakter von Nebenbedingungen, die bis zu einem gewissen Grad erfüllt sein sollen.

3. Das ökolomagische Neuneck

Zu solchen weiteren Zielen gehören (mindestens) die folgenden fünf:

- Umweltschutz,
- Sicherheit,
- Wettbewerbsfähigkeit der Volkswirtschaft,
- Elastizität der Volkswirtschaft,
- Angemessene Verteilung des Volkseinkommens.

Sie seien im folgenden in Analogie zu (1) bis (4) als Minimierungs- bzw. Maximierungsprobleme formuliert:

(5) Maximiere den Umweltschutz bzw. minimiere die Umweltbelastung durch Wirtschaft und Technik,
(6) maximiere die Sicherheitsstandards für die technischen Systeme sowie für die Systeme der sozialen (Ver-)Sicherung bzw. minimiere die Eintrittswahrscheinlichkeiten und Gefahrenpotentiale von Ereignissen, wie sie von bzw. in diesen Systemen ausgelöst werden können,
(7) maximiere die internationale Wettbewerbsfähigkeit der Volkswirtschaft.

Jede dieser Aufgaben ist für sich allein, d.h. ohne Rücksicht auf die anderen (siehe auch (1) bis (4)) ökonomisch und/oder sozial unsinnig: Die Sicherheitsforderung (6) würde in ihrem technologischen Teilaspekt letzten Endes dazu führen, alle verfügbaren Ressourcen dafür zu verwenden, die Eintrittswahrscheinlichkeiten und Gefahrenpotentiale von Schadensmöglichkeiten zu verringern. Auf der anderen Seite würde die Wettbewerbsfähigkeitsforderung (7), für sich allein genommen, die Bedrohung der Volkswirtschaft durch das technische Risiko gefährlich erhöhen, wenn nämlich Sicherheitsstandards aus kurzsichtigem Wettbewerbsdenken heraus vernachlässigt würden.

Ähnliche Überlegungen werden weiter unten zu (5) angestellt.

Generell kann man sagen, daß oberstes Sicherheits- und Umweltziel sein muß, die Verwundbarkeit und Verwundung unserer Wirtschaft, Gesellschaft und Umwelt möglichst gering zu halten.

Wann sind Volkswirtschaft, Gesellschaft und Umwelt besonders verwundbar? Wenn sie nicht in der Lage sind, auf Störungen *elastisch zu reagieren*. Wir formulieren deshalb als Elastizitätsforderung:

(8) Maximiere die Elastizität der Volkswirtschaft, d.h. gestalte die Volkswirtschaft so, daß sie auf zeitliche, örtliche oder sachliche Störungen im folgenden Sinne bestmöglich zu reagieren in der Lage ist: Die Wirkung der Störung auf das Erreichen der anderen Ziele soll möglichst gering sein.

Der Begriff Elastizität wurde übrigens in freier Übersetzung des Begriffs "resilience" gewählt, der in der Theorie der biologischen Systeme eine wichtige Rolle spielt.[2]

Es ist bemerkenswert, daß man die Elastizitätsforderung, wenn man sie nur rechtzeitig und einsichtig genug beachtet, in weiten Bereichen und in vielerlei Hinsicht mit geringen bis gar keinen Kosten erfüllen kann.

4. Das Elastizitätsziel

Eine Volkswirtschaft verletzt die Elastizitätsforderung zum Beispiel dann, wenn sie so stark von einer Energieform, einem Rohstoff oder einem Nahrungsmittel abhängig ist, daß ein länger andauernder Ausfall dieser einen Quelle zu ernsteren Konsequenzen für die Bevölkerung führt.

Im Hinblick auf die Energie- und Rohstoffversorgung ist das Elastizitätsziel wohl am besten erreicht, wenn

- einerseits ein möglichst breites Spektrum von Primärenergieträgern und sonstigen Rohstoffen aus möglichst vielen unabhängigen Lieferländern importiert wird, wobei der Ausfall selbst des führenden Lieferlandes noch kein ernstes Problem bedeuten darf,
- andererseits für die Umwandlung der Primärenergie in Sekundär- bzw. Nutzenergie und der Rohstoffe in Zwischen- und Endprodukte möglichst viele weitgehend unabhängige Technologien verwendet werden unter der Nebenbedingung, daß die Abhängigkeit von jeder einzelnen dieser Technologien nicht zu groß wird.

Offenbar sind wir in dieser Hinsicht in der Bundesrepublik Deutschland bis heute gut gefahren. Wie es scheint, ist dieses Ergebnis der weitgehenden Unabhängigkeit von einzelnen Ländern und einzelnen Technologien, das im Zuge zahlreicher teilweise unkoordinierter Einzelentscheidungen und -genehmigungen entstanden ist, mit vergleichsweise geringen volkswirtschaftlichen Kosten erzielt worden.

5. Das Ziel der angemessenen Verteilung des Volkseinkommens

Bei allen Überlegungen, wie wir sie bisher durchgeführt haben, darf nicht aus den Augen verloren werden, daß alles Wirtschaften letzten Endes darauf gerichtet ist, die Wohlfahrt zu mehren. Wird die Wohlfahrt in einer Volkswirtschaft allein dadurch gemehrt, daß das reale Bruttosozialprodukt wächst? Ganz sicher nicht. Von einer Wohlfahrtssteigerung wird man aber dann sprechen können, wenn zum Wachsen des realen Bruttosozialprodukts noch folgendes hinzukommt:

- Wahrung oder Verbesserung der Umweltqualität und
- Verbesserung der Verteilung des Volkseinkommens.

Was soll man unter einer verbesserten (Volks-) Einkommensverteilung verstehen? Das geht aus der folgenden neunten Forderung, dem letzten (aber nicht unbedeutendsten) Eckpunkt unseres ökolomagischen Neunecks, hervor.

(9) Diejenige Verteilung des Volkseinkommens ist anzustreben, die für die betreffende Gesellschaft die maximale Wohlfahrt ermöglicht.

Auch bei dieser Forderung sieht man sofort, daß sie aus dem Kontext der übrigen acht Forderungen herausgelöst mehr Fragen aufwirft als sie Lösungsansätze nahelegt. Faßt man die Forderung als kurzfristiges Ziel auf, so hat man wegen des Gossenschen Gesetzes vom schließlich abnehmenden Grenznutzen sofort eine möglichst gleichmäßige Verteilung des Volkseinkommens ins Auge zu fassen. Das Prinzip der Entlohnung nach der Leistung muß dann zwangsläufig in den Hintergrund treten. Das wiederum würde sich negativ auf die meisten anderen Ziele auswirken, ja sogar auf die Forderung (9) selbst, wenn als mittel- bis langfristiges Ziel gemeint ist. Ist sie aber so aufzufassen, so ist sie im Grunde eine Aufforderung, erst einmal bei den übrigen Zielen für Erfolge zu sorgen.

6. Das ökolomagische Neuneck – ein Vektormaximierungsproblem?

Selbst bei einer kurzfristigen Betrachtungsweise darf die Formulierung (1) bis (9) für das ökolomagische Neuneck nicht als mathematisches Vektormaximierungsproblem mißverstanden werden.

Unter einem Vektormaximierungsproblem bei neun Zielen versteht man das Problem, diejenigen Systeme von Erreichungsgraden bezüglich der neun Ziele zu bestimmen, die in einem bestimmten Sinne optimal sind.

Schon die (zwangsläufige) Ungenauigkeit der Begriffe "Wirtschaftswachstum", "Umwelt schädigung", "Wettbewerbsfähigkeit", "Elastizität der Volkswirtschaft" und "Wohlfahrt bei einer bestimmten Einkommensverteilung" verhindert es, bis zu numerischen Spezifikationen bei den einzelnen Zielen vorzudringen, ganz zu schweigen von Problemen der Statistik bei der Bestimmung der Arbeitslosenzahl, des Preisindex, des Zahlungsbilanzsaldos und von Eintrittswahrscheinlichkeiten.

Im übrigen gilt selbst für die entwickelten Volkswirtschaften: Akzeptable, empirisch hoch bestätigte Theorien, die den numerischen Zusammenhang zwischen den in den Zielen (1) bis (9) auftretenden ökonomischen Größen beschreiben, stehen noch aus; selbst Erkenntnisse über qualitative Zusammenhänge zwischen diesen Zielen sind rar und umstritten.

7. Das ökolomagische Neuneck – ein Denkmodell

Obwohl also weder das magische Viereck, wie es üblicherweise in der ökonomischen Literatur formuliert wird, noch das hier eingeführte ökolomagische Neuneck einer mathematischen Behandlung mit den Methoden zur Lösung von Optimierungsproblemen bei mehrfacher Zielsetzung zugänglich ist, stellen diese magischen Vielecke dennoch nützliche Denkmodelle dar. So ist das ökolomagische Neuneck geradezu eine Herausforderung, die ökonomischen, ökologischen und sicherheitsspezifischen Ziele unserer Gesellschaft im Gesamtzusammenhang zu sehen. Dabei wird sofort folgendes deutlich:

a) Die meisten der Aufgaben (1) bis (9) sind *für sich allein genommen unsinnig.*

Dennoch hört und liest man beispielsweise die Forderung (5): "Maximiere den Umweltschutz bzw. minimiere die Umweltbelastung durch Wirtschaft und Technik" häufig losgelöst von jeder Beziehung zu anderen Forderungen. Wenn andere Forderungen nicht genannt werden, bedeutet "Minimum der Umweltbelastungen durch Wirtschaft und Technik", daß alle Räder stillstehen (müssen).

b) Je nachdem, welche der Forderungen (1) bis (9) man als Hauptforderung stellt (wobei dann die übrigen Forderungen zu Nebenbedingungen umzuformulieren sind, bei denen an die Stelle von Maximierungen bzw. Minimierungen die Einhaltung von Mindest- bzw. Höchstwerten tritt), ergibt sich eine andere "Lösung" für das ökolomagische Neuneck.

Das Wort Lösung steht in Anführungszeichen, weil es sich bei der Problemstellung, wie gesagt, selbst bei kurzfristiger Betrachtungsweise nicht um eine rein mathematische Optimierungsaufgabe handelt. Es geht nicht um die numerische Berechnung des minimalen bzw. maximalen Wertes einer exakt spezifizierten Zielfunktion unter Gleichungen oder Ungleichungen als Nebenbedingungen, sondern um eine gründliche Analyse der dem ökolomagischen Neuneck innewohnenden Spannungsverhältnisse zwischen den neun Zielen und der daraus erwachsenden Fülle unterschiedlicher Problemstellungen; je nach Gewichtung der Ziele hat man ein anderes Problem zu behandeln.

8. Das Umweltschutzziel auf kurze Sicht

Stellen wir beispielsweise das Umweltschutzziel (5) als Hauptforderung: "Minimiere die Umweltbelastung durch Wirtschaft und Technik".

Was bedeutet das, wenn wir unter den in unserer sozialen Marktwirtschaft gegenwärtig gegebenen institutionellen und rechtlichen Rahmenbedingungen auf kurze Sicht, das heißt für das folgende Jahr, zum Beispiel noch die folgenden erstrebenswerten Nebenbedingungen erfüllen wollen:

(1') Zahl der Arbeitslosen < 500 000,
(2') Lebenshaltungskostensteigerung < 2%,
(3') Zahlungsbilanzsaldo < 20 Mrd DM,
(4') Reale Wachstumsrate > 3% (4%, 5%),
(6') Sicherheitsstandards wie zur Zeit,
(7') internationale Wettbewerbsfähigkeit halten auf jetzigem Niveau,
(8') gegenwärtige Elastizität nicht reduzieren,
(9') Wohlfahrt aus der Verteilung des angestrebten Volkseinkommens (siehe (4')) nicht geringer als zur Zeit?

Die Antwort auf diese Frage kann nur heißen: höchstmögliche technische, wirtschaftliche und gesellschaftliche Anstrengungen zur Reduzierung der Umweltbelastung bei Beachtung der Rahmen- und Nebenbedingungen; solche Anstrengungen können sich sogar positiv auf das Erreichen einiger der Nebenbedingungen auswirken.

Ist man davon überzeugt, daß die Umweltbelastung, die als Ergebnis dieser kurzfristigen Aufgabenstellung Jahr für Jahr in Kauf genommen werden muß, zu groß ist, um unseren Kindern und Enkeln eine lebenswerte Zukunft zu ermöglichen, bleibt nur folgendes:

- Änderungen der institutionellen und rechtlichen Rahmenbedingungen

und/oder

- Änderungen der Nebenbedingungen

und/oder

- Änderungen der Aufgabenstellung.

Solche Änderungen werden im vorliegenden Band angesprochen. Es ist bemerkenswert, daß keiner der Autoren so weit gehen möchte, dabei die Grundprinzipien der sozialen Marktwirtschaft zu ändern bzw. zu ersetzen und damit für eine andere Wirtschaftsform zu plädieren; bisher haben offenbar die Marktwirtschaften noch am meisten für den Umweltschutz getan.

Eine Änderung der Aufgabenstellung läge zum Beispiel vor, wenn anstelle des Problems: "Minimiere die Umweltbelastung durch Wirtschaft und Technik im Folgejahr unter den Nebenbedingungen (1') bis (9')" eine Aufgabe der folgenden Art zu lösen wäre: "Halte im Folgejahr die Umweltschutznormen $N_1, \ldots, N_n$ ein". Sind diese Normen im Vergleich zum Istzustand sehr hoch angesetzt, so können Vorschriften zum kurzfristigen Einhalten dieser Normen zu einer kritischen wirtschaftlichen und gesellschaftlichen Situation führen. Andere Ziele des ökolomagischen Neunecks können derart weit verfehlt werden, daß Gefahren mit ähnlichem Bedrohungspotential entstehen wie wir sie bei der Umweltverschmutzung fürchten.

9. Das Umweltschutzziel auf mittlere bis lange Sicht

Offensichtlich existieren beim derzeitigen Stand der Technik, der Wirtschaft und der Gesellschaft mehr oder weniger gravierende Antinomien zwischen diesen Zielen. Wäre es anders, wäre der vorliegende Band nicht geschrieben worden.

Auf mittlere bis lange Sicht gibt es nach Meinung des Verfassers jedoch durchaus Auswege aus dem Dilemma "hie möglichst gutes Erreichen des Umweltschutzziels" und "hie möglichst gutes Erreichen der übrigen acht Ziele des ökolomagischen Neunecks".

Es ist zu hoffen, daß der gegenwärtig zu spürende Bewußtseinswandel der Gesellschaft weg von der skrupellosen Nutzung der Natur für wirtschaftliche Zwecke und hin zur Bewahrung unserer natürlichen Lebensbedingungen in einen evolutionären wirtschaftlichen Prozeß der folgenden Art einmündet: Das *quantitative*, das heißt undifferenzierte Wachsen der volkswirtschaftlichen Gesamtleistung wird mehr und mehr zu einem *qualitativen*, das heißt differenzierten Wachsen, also

– zu einem Ausweiten der Produktion solcher Güter, die einen geringeren Einsatz natürlicher Ressourcen erfordern und/oder eine gleichzeitige Reduzierung der Umweltverschmutzung ermöglichen und

– zu einer Verringerung der Produktion solcher Güter, die natürliche Ressourcen in relativ großen Mengen verzehren und/oder die Umwelt stark belasten.

Für diese Hoffnung spricht das ökonomische bzw. politische Faktum, daß wir schon seit einigen Jahren eine teilweise "Verlagerung der Investitionen auf energie- und rohstoffsparende und zum Teil auch bodensparende Investitionen"[3] beobachten können.

Für diese Hoffnung sprechen auch neue wissenschaftliche Ergebnisse und technische Möglichkeiten, zum Beispiel vor allem die durch die Mikroelektronik eingeleitete dritte industrielle Revolution; sie kann den Wandel des quantitativen Wachstums zum qualitativen Wachstum der Wirtschaft erheblich beschleunigen, und sie kann bei intelligentem Einsatz die Umweltverschmutzung durch den Konsum in der Volkswirtschaft stark reduzieren.

Für diese Hoffnung spricht schließlich das wachsende Umweltbewußtsein der Gesellschaft und der Verantwortlichen in den Parlamenten und Regierungen. Sie sind aufgerufen, so schnell wie möglich geeignete wirtschaftspolitische Maßnahmen zu ergreifen und es nicht nur bei Absichtserklärungen zu belassen.

Diese Hoffnungsschimmer lassen den Autor an die Chance glauben, daß eine Art Versöhnung des Umweltschutzzieles mit den übrigen Zielen des ökolomagischen Neunecks in absehbarer Zukunft möglich ist, und zwar jedenfalls dann, wenn der technische, wissenschaftliche, wirtschaftliche und gesellschaftliche Fortschritt bei allen seinen sonstigen Zielen stets den Schutz der Umwelt als wesentliches Ziel beachtet.

Anmerkungen:

1. Vgl. etwa A.E. Ott, Magische Vielecke, in: Fragen der wirtschaftlichen Stabilisierung, hrsg. von A.E. Ott, Tübingen (J.C.B. Mohr) 1967, 93-114.

2. Vgl. etwa C.S. Holling (Hrsg.), Adaptive Environmental Assessment and Management, New York (John Wiley) 1978.

3. Vgl. H.C. Binswanger, Von den arbeitssparenden zu den energie- und rohstoffsparenden Investitionen, Beitrag zur Lösung des Beschäftigungs- und Umweltproblems im Rahmen eines qualitativen Wachstums, in: Ökonomie und Ökologie in der Sozialen Marktwirtschaft, hrsg. von A. Glück und Karltheodor Huttner, Hans-Seidel-Stiftung e.V. 1983, S. 162.

Reiner Kümmel

STABILITÄT IN NATUR UND WIRTSCHAFT DURCH EINGRIFFSMINIMIERENDEN FORTSCHRITT

I. Wohlstandsmehrung und Umweltbelastung

Eine Phase beschleunigter technologischer, ökonomischer und sozialer Veränderungen setzte in der zweiten Hälfte des 19. Jahrhunderts ein. Heute als die (erste) industrielle Revolution bezeichnet ging sie von Großbritannien aus und ergriff bald die meisten europäischen Länder, Nordamerika und Japan. E.J.E. Hobsbawm bezeichnet sie als das vermutlich wichtigste Ereignis der Weltgeschichte seit der Entwicklung der Landwirtschaft und der Städte. Entscheidender Anstoß war die Entdeckung der Möglichkeit, mit Hilfe von Maschinen die von der Sonne auf der Erde angelegten Energievorräte zur Verrichtung von Arbeit zu nutzen. Damit schufen sich die Menschen im Laufe der Zeit einen gewaltigen Wohlstandsgenerator, dessen Leistungsfähigkeit vielleicht am ehesten der Vergleich mit einem Heer von "Energiesklaven" verdeutlicht. Betrachten wir das Beispiel des industriellen Sektors (Warenproduzierendes Gewerbe) der BR Deutschland: Wollte man dessen Energiebedarf (z.Zt. $1{,}5 \times 10^{12}$ kWh/Jahr) durch menschliche Arbeitsleistung abdecken, so müßte etwa die Hälfte der Weltbevölkerung dafür schwer (mit 2,9 kWh/Tag) arbeiten.

Die Grundaktivitäten des industriellen Produktionsprozesses sind Arbeitsleistung und Informationsverarbeitung, die im Zusammenwirken der Produktionsfaktoren Kapital, (menschliche) Arbeit und Energie erbracht werden. Dabei versteht man unter (Real-) Kapital alle Maschinen und sämtliche zu ihrem Schutz und Betrieb benötigten Gebäude und Anlagen. Diese Faktoren formen aus der Materie die Produkte, die wir konsumieren und investieren, und sie steuern und treiben die Material- und Informationsflüsse zwischen den am Wirtschaftsprozeß beteiligten Akteuren. Technischer Fortschritt in Form verbesserter Maschinen, Organisationsstrukturen und Kenntnisse machte es möglich, die natürlichen Ressourcen der Erde immer wirkungsvoller auszubeuten und immer mehr materielle Güter für eine schnell wachsende Menschheit bereitzustellen.

Erst seit kurzem erkennt man, daß für den industriellen Wohlstand ein Preis zu zahlen ist. Eingefordert wird er vom Zweiten Hauptsatz der Thermodynamik, demzufolge alle Prozesse, die nicht unendlich langsam ablaufen, Entropie[1] produzieren. Darum fließen aus den industriellen Produktionsprozessen ständig Entropieströme in die natürliche Umwelt und stören diese. Die Folge sind chemische, radioaktive und thermische Umweltverschmutzung. Durch Sonneneinstrahlung und Wärmeabstrahlung und die von diesen Energieflüssen angetriebenen biologischen und physikalisch-chemischen Umweltreinigungsprozesse wurden die Entropieströme in der Vergangenheit letztendlich und weitgehend in den Weltraum abgeleitet und hatten kaum spürbare Auswirkungen.[2] Heutzutage jedoch überwältigt die steigende Entropieflut insbesondere in der Form von Schadstoffströmen die natürlichen Entsorgungsmechanismen und wird zu einer unerträglichen Belastung für die Erde. Ein Beispiel mag das erläutern: In einem unserer wichtigsten Energieträger, der Kohle, ist Schwefel eingelagert. Die in der Kohle auf verhältnismäßig engem Raum konzentrierten Schwefelatome werden bei der Kohleverbrennung als der Schadstoff Schwefeldioxid freigesetzt. Dabei erhöht sich die Entropie im System der Schwefelatome. Wind und Wetter (und hohe Schornsteine) verteilen die SO_2-Moleküle in der Atmosphäre und verdünnten die Konzentration des Schwefeldioxids in der Vergangenheit auf ein scheinbar harmloses Maß. Inzwischen ist jedoch nach einer in der Süddeutschen Zeitung vom 16.09.88 besprochenen Studie der Weltgesundheitsorganisation der Schwefeldioxidgehalt der Luft für mehr als zwei Drittel der Großstadtbewohner der Erde auf ein gesundheitsgefährdendes Maß angestiegen. (Im übrigen wird das Schwefeldioxid aus dem "Zwischenlager" Atmosphäre durch nasse und trockene Niederschläge an die "Endlager" Wasser und Boden weitergeleitet. Auch dort steigt seine Konzentration stetig an und schädigt das Leben. Dieser Konzentrationsprozeß verringert zwar die Entropie der Schwefelatome gegenüber dem Zustand der atmosphärischen Verteilung. Insgesamt ist jedoch die Entropie des in Wasser und Boden verteilten Schwefels immer noch größer als die des in der Kohle konzentrierten.) Ein weiters Beispiel ist die drohende Klimakatastrophe: Die Verbrennung fossiler Energieträger und die Zerstörung der Wälder reichern Kohlendioxid (CO_2) in der Atmosphäre an. Zusammen mit anderen Spurengasen wie Methan aus Viehhaltung und Reisanbau und den Chlor-Fluor-Kohlenwasserstoffen aus Treibgasen und Kühlmitteln bildet CO_2 einen selektiven Strahlungsschild um die Erde, der zwar das Sonnenlicht ungehindert eindringen läßt, die Wärmeabstrahlung in den Weltraum jedoch behindert. Dieser "Treibhauseffekt" wird zu einem globalen Anstieg der Durchschnittstemperatur in Bodennähe führen. Gemäß einer 1987 veröffentlichten Warnung der Deutschen Physikalischen Gesellschaft und der Deutschen Meteorologischen Gesellschaft, die auf den neuesten Klimamodellrechnungen basiert, ist innerhalb der nächsten 100 Jahre in den gemäßigten Breiten ein Temperaturanstieg zwischen 1,5 und 4,5 °C zu befürchten, wenn die Produktionsrate von CO_2 um 1% pro Jahr zunimmt – diese Steigerung wird derzeit allein schon von China aufgebracht. An den Polen kann der Temperaturanstieg doppelt so groß ausfallen. Falls es deswegen zu einem Abschmelzen des Westantarktischen Eisschelfs kommt, würde allein die Überflutung der Küstengebiete nach Schätzungen von Chen und Schneider vom National Center for Atmospheric Reserarch in Boulder, Colorado, zu Schäden in Höhe von mehr als 2000 Milliarden $ (Wert 1971) führen.

Was die Gegenwart und unser Land betrifft, so kommt eine Studie des Karlsruher Fraunhofer Instituts für Systemtechnik und Innovationsforschung aus dem Jahre 1985 zu dem Schluß, daß allein die Luftverschmutzung durch das Energiesystem in der BR Deutschland Schäden an Bauwerken, Pflanzen und menschlicher Gesundheit in Höhe von etwa 10 bis 40 Milliarden DM jährlich verursacht.

Bis zu einem gewissen Grad kann Umweltverschmutzung mit technischen Mitteln bekämpft werden. Das erfordert jedoch (wegen des Zweiten Hauptsatzes) zusätzliche Energie, die letztlich irgendwann wie alle übrige eingesetzte Energie in Wärme endet. Auch für die Wärmeproduktion, die z.Zt. noch mildeste Form der Umweltbelastung, gibt es Grenzen, jenseits derer ernsthafte Klimastörungen eintreten können. Die von H.v. Buttlar 1975 in den "Physikalischen Blättern" als "Hitzemauer" bezeichnete Grenze liegt mit etwa 3×10^{14} Watt zwar noch um einen Faktor 30 über dem gegenwärtigen globalen Energieumsatz von 9×10^{12} Watt, wobei 90% der genutzten Energie aus fossilen Energieträgern stammen. Dennoch zwingen uns die Naturgesetze und die inzwischen vorliegenden Erfahrungen zu der unabweisbaren Schlußfolgerung: Verantwortbar ist nur noch die Inanspruchnahme von Energiedienstleistungen, deren Primärenergieeinsatz minimiert worden ist.

II. Unsicherheiten

Wann immer in letzter Zeit beim Auftreten schockierender Umweltschäden (Waldsterben, Fischsterben in Nord- und Ostsee etc.) an vermutete Verursacher die Forderung erhoben wurde, die Einleitung nachweislich schädlicher Stoffe in die Biosphäre einzustellen, wurde dies erst einmal mit der Begründung zurückgewiesen, daß ein Kausalzusammenhang zwischen der Schadstoffabgabe und den beobachteten Schäden mit letzter wissenschaftlicher Sicherheit noch nicht nachgewiesen sei. Auch wenn man inzwischen aus Erfahrung weiß, daß eine solche Zurückweisung oft nur die Funktion hat, Zeit zu gewinnen, um sich die Profitabilität des status quo möglichst lange zu erhalten und dabei zugleich die erforderliche Umweltschutztechnologie (z.B. den Katalysator) zu entwickeln, lohnt sich doch eine genauere Betrachtung der Möglichkeiten, die die Wissenschaft für den Nachweis völlig gesicherter Kausalzusammenhänge hat. Dadurch wird die herausragende Rolle des Vorsorgeprinzips und die zwingende Notwendigkeit seiner politischen und rechtlichen Durchsetzung deutlich.

Der Glaube an die im Prinzip vollständige Nachweisbarkeit und Vorhersehbarkeit von Kausalzusammenhängen beruht auf einem Verständnis der Naturgesetze, das dem 19. Jahrhundert angemessen war, heute jedoch nicht mehr haltbar ist. Seinen treffendsten Ausdruck fand es in einer gedanklichen Konstruktion des genialen französischen Mathematikers und Physikers Laplace, die davon ausging, daß alle Vorgänge im Kosmos nach ehernen Gesetzen ablaufen. Dann müßte es einem Supergehirn, dem sog. "Laplaceschen Dämon", möglich sein, die ganze Entwicklung aller Teile des Universums von Anfang bis Ende durch Lösen sämtlicher relevanter Differentialgleichungen in allen Einzelheiten auszurechnen, wenn ihm nur alle Anfangsbedingungen genau bekannt wären. Doch der "Laplacesche Dämon" ist tot. Und nicht erst die Quantenmechanik entzog ihm die Existenzgrundlage (s.u.), sondern er hat nie gelebt. So richtig herumgesprochen hat sich letzteres bei den Naturwissenschaftlern allerdings erst seit etwa 10 Jahren, obwohl Henri Poincaré es schon 1903 wußte.

Der zentrale Punkt ist dabei folgender: Makroskopische Systeme, aus deren Verhalten wir unsere Naturerfahrungen "des täglichen Lebens" gewinnen, genügen den deterministischen Gleichungen der klassischen Physik. Ihre Eigenschaften können daraus für alle Zeiten exakt berechnet werden, wenn die Anfangsbedingungen, d.h. die Orte und Geschwindigkeiten aller Teilchen zu einem Zeitpunkt, genau bekannt sind. Nun kann man diese Größen zwar niemals 100%ig genau messen, glaubte aber, daß kleine Fehler in ihrer Bestimmung auch nur zu kleinen Fehlern in der vorhergesagten Entwicklung führten. Obwohl diese Annahme durch das zuverlässige Funktionieren der Technik vielfach bestätigt wird, gilt sie doch nicht immer. Immer dann, wenn Ursache und Wirkung durch nichtlineare Beziehungen verknüpft sind, können kleine Unterschiede in den Anfangsbedingungen oder kleine Störungen nach hinreichend langen Zeiten zu riesigen Unterschieden im Systemverhalten führen. Die Systementwicklung wird unvorhersagbar. Man spricht vom deterministischen Chaos. Ein typisches Beispiel ist das Geschehen in unserer Atmosphäre – man wird wohl nie das Wetter länger als vier Tage vorhersagen können. (Bezeichnenderweise setzte die moderne Chaosforschung wieder ein mit den Arbeiten des amerikanischen Wetterforschers E.N. Lorenz aus dem Jahr 1963.) Ein weiteres, von Crutchfield u.a. im "Spektrum der Wissenschaft" vom Februar 1987 zitiertes Beispiel ist das Billardspiel: Ein Billardspieler, der die aus einer Folge von Kollisionen sich entwickelnden Bahnen reibungsfrei laufender, vollelastischer Kugeln voraussagen wollte, läge schon nach einer Minute völlig falsch, wenn er nur die Gravitationswechselwirkung mit einem Elektron am Rande der Milchstraße vernachlässigte.

Eine weitere prinzipielle Unsicherheit in der Bestimmung der Anfangsbedingungen eines Systems ergibt sich aus Heisenbergs Unschärferelation in der Quantenmechanik, derzufolge Ort und Geschwindigkeit eines Teilchens gleichzeitig nur mit Ungenauigkeiten gemessen werden können, deren Produkt größer als das Plancksche Wirkungsquantum ist. Doch die Quantenmechanik hat noch viel radikaler als durch Zerstörung der mikroskopischen Existenzgrundlage des Laplaceschen Dämons das deterministische Weltbild der Physik zerschlagen. Ihre Gesetze erlauben nämlich grundsätzlich nur Wahrscheinlichkeitsaussagen über das Eintreten von Ereignissen in der atomaren und subatomaren Welt. Statistisch auftretende Quantenprozesse können makroskopisch verstärkt werden und das Geschehen in der von den Kausalgesetzen der klassischen Physik beherrschten Makrowelt in prinzipiell unvorhersehbarer Weise einschneidend verändern. Darauf hat besonders Pascual Jordan, einer der Pioniere der Quantenmechanik, hingewiesen. Ein Gen einer Keimzelle z.B., die einer bestimmten Dosis radioaktiver oder kosmischer Strahlung ausgesetzt ist, mutiert mit einer Wahrscheinlichkeit zwischen Null und Eins. Aus einer mutierten Keimzelle entsteht ein neues Lebewesen, das die durch Mutation in einem Zufallsprozeß entstandene Körperbeschaffenheit an viele Nachkommen weitergeben kann.

Das System der natürlichen Lebensgrundlagen, in das der wirtschaftende Mensch eingebettet ist und das ihn trägt, ist gekennzeichnet durch vielfältige nichtlineare Beziehungen zwischen seinen Systemkomponenten, z.B. denen der Atmosphäre, der Ozeane, oder der Pflanzen- und Tiergemeinschaften, wobei in letzteren auch noch die Prozesse der Quantenverstärkung auftreten können. "Chaotische" oder statistische, auf jeden Fall nicht exakt vorhersehbare oder nachvollziehbare Reaktionen auf Eingriffe des Menschen dürfen hier grundsätzlich nicht ausgeschlossen werden. Behutsamkeit mit Eingriffen ist gerade auch deshalb geboten, weil oft die sichtbaren Folgen lange auf sich warten lassen, bis sie sich plötzlich in katastrophalem "Umkippen" manifestieren.

Wir müssen also davon ausgehen, daß unser Nichtwissen hinsichtlich der Auswirkungen menschlicher Eingriffe in den Naturhaushalt prinzipielle Ursachen hat und häufig erst als Folge meist leidvoller Erfahrungen einem besseren Verständnis der Zusammenhänge Platz macht.

Wir sind allerdings auch nicht völlig blind, sondern können durchaus alternative Entwicklungspfade des Systems "Mensch und Natur" aufzeigen. Das geschieht mit sog. Szenarien, in denen man sich in einem Modell die in Wirklichkeit nicht genau bekannten Anfangsbedingungen und Wechselwirkungen exakt vorgibt und dann die Systementwicklung berechnet. Derartige Szenarien sind als Orientierungshilfen nützlich. Die Zukunft vorhersagen können sie natürlich nicht. Ein Test ihrer Brauchbarkeit besteht im Nachvollziehen der Vergangenheit.

Die meisten dieser in letzter Zeit entwickelten Szenarien, wie z.B. die oben schon angesprochenen Klimamodellrechnungen, legen zusammen mit dem Wissen um unser Nicht-Wissen den Schluß nahe: Wir dürfen rationale Erwartungen bezüglich einer Erhaltung des dynamischen ökologischen Gleichgewichts nur hegen, wenn wir die Eingriffe des Menschen in den Naturhaushalt der Erde minimieren.

So pauschal gemacht ist diese Aussage jedoch wenig wert. Schließlich kommt es darauf an, unter welchen Nebenbedingungungen die Eingriffe in die Natur zu minimieren sind. Das absolute Minimum – die Aufgabe von Industrie und Landwirtschaft – kommt trivialerweise nicht in Frage. Es bestünde in einer Natur fast ohne Menschen. Das Minimum muß daher auf einem Eingriffsniveau gesucht werden, das berücksichtigt, daß einerseits die Stabilität der natürlichen Lebensgrundlagen unverzichtbare Bedingung der biologischen Existenz des Menschen ist, daß andererseits jedoch auch der Stabilität sozialer Strukturen als Voraussetzung geistiger und kultureller Entwicklung ein vergleichbar hoher Rang gebührt. Nur wenn soziale Strukturen verhärten und parasitäre Konsumeliten privilegieren, kann ihre Zerschlagung einem Fortschritt dienen, dessen Ziel der in Freiheit und Verantwortung handelnde, schöpferische Mensch ist. Der Preis dafür jedoch ist hoch. Oft besteht er in Übergangszeiten des Chaos und der Barbarei. Darum gilt das Paradigma der Eingriffsminimierung für das natürliche und das soziale Gefüge. Beide tragen den Menschen.

Geordnete ökonomische Verhältnisse sind Voraussetzung sozialer Stabilität. Die Menschen eines Gemeinwesens empfinden die Verhältnisse als richtig geordnet, wenn sie den Eindruck haben, daß die wirtschaftlichen Güter zumindest insofern gerecht verteilt werden, als die (mit steigendem Entwicklungsstand einer Gesellschaft steigenden) Bedürfnisse der großen Mehrheit der Bevölkerung befriedigt werden. Daß diese Empfindungen und Eindrücke propagandistisch beeinflußt werden können, ändert nichts an ihrer stabilisierenden Wirkung. Wolfgang Eichhorn beschreibt in seinem Beitrag die Ziele, die wirtschaftspolitisches Handeln anstreben sollte, um dem sozio-ökonomischen System ein Maximum an Stabilität zu verleihen.

Die Stabilität der Industriegesellschaften, insbesondere der westlichen, beruhte bisher darauf, daß durch immer stärkere Ausbeutung der natürlichen Ressourcen, speziell der Energiequellen und der Schadstoffaufnahmekapazität der Umwelt, breiten Bevölkerungsschichten eine ständig wachsende Gütermenge angeboten werden konnte, die sie bei abnehmender eigener individueller Arbeitsleistung auch erwerben und konsumieren konnten. Die Bedrohung dieser so gewonnenen Stabilität wurde während der beiden Energiekrisen in den siebziger Jahren empfunden. Die Ereignisse im Zusammenhang mit den plötzlich eintretenden, unvorhergesehenen weil politisch bedingten, temporären Verknappungen der Basisressource Energie zeigten dabei deutlich einen weiteren Faktor prinzipieller Unsicherheit in der Entwicklung von Systemen, an denen der Mensch teilhat: Die menschliche Freiheit bzw. die Unvorhersehbarkeit menschlicher Entscheidungen. Zugleich lehrten die Energiekrisen eindrucksvoll, daß eine plötzliche Änderung ökonomischer Rahmenbedingungen (in diesem Fall die Energiepreis"explosionen") schwere wirtschaftliche Einbrüche und gesellschaftliche Instabilitäten nach sich ziehen können, besonders dann, wenn die wirtschaftlichen Akteure in Verfolgung partikulärer Interessen falsch reagieren: Während der ersten Energiekrise 1973-75 fielen in der deutschen Industrie (Warenproduzierendes Gewerbe) die Investitionen von 90 auf 50 Mrd. DM pro Jahr, die Produktion sank um mehr als 6%, und die Zahl der Beschäftigten ging um ca. 12% zurück. Ähnliche oder schlimmere Reaktionen müssen wir bei ökologischen Zusammenbrüchen befürchten, wenn den Menschen, womöglich schockartig, bewußt wird, daß die bisherige Intensität und Qualität von Produktion und Konsum zur Existenzbedrohung wird, weil die Schadstoffaufnahmekapazität der Umwelt erschöpft ist. Mit Recht weist Willi Koll in seinem Beitrag darauf hin, daß in einer solchen Situation die Not der Betroffenen die "starke Hand" fordern könnte, "auch wenn dabei freiheitliche und demokratische Strukturen unterdrückt und außer Kraft gesetzt werden müßten".

Damit sind wir beim Kern des Problems industriegesellschaftlicher Entwicklung: Wie kann man die naturwissenschaftlich gebotenen Eingriffe in die Natur minimieren, ohne zugleich die bisherige gesellschaftliche Stabilität zu zerbrechen, die nicht zuletzt auf Bedürfnisbefriedigung durch wachsende industrielle Produktion beruht; und wie kann verhindert werden, daß die Regelmechanismen von Produktion und Konsum mangels Anpassung an die immer härter werdenden ökologischen Nebenbedingungen sich selbst zerstören und Wirtschaft und Gesellschaft ins Chaos stürzen? Das Problem verschärft sich noch, wenn man die Länder der Dritten Welt mit ihrem Bevölkerungswachstum, ihren unbefriedigten elementaren materiellen Grundbedürfnissen, ihren sozialen Disparitäten und ihren Welthandelsschwierigkeiten in die Betrachtung miteinbezieht.

III. Bedürfnisse und ihre ethische Bewertung

Für eine Diskussion des ökonomischen Stellenwerts und der ethischen Bewertung von Bedürfnissen fehlt mir als Physiker die Fachkompetenz. Als Staatsbürger möchte ich dennoch einige Fragen stellen, von denen ich glaube, daß sie der ethischen Klärung bedürfen. Das Risiko, verkürzt und damit irritierend zu fragen, gehe ich ohne allzu schlechtes Gewissen ein, da andere Autoren in diesem Buch, z.B. Bernhard Irrgang, etliche der angesprochenen Probleme nochmals und ausführlich diskutieren.

1.a) Ist es gerechtfertigt, in den hochindustrialisierten Ländern auf Bedürfnisse einzuwirken, deren Befriedigung zur Zerstörung der natürlichen Lebensgrundlagen führt? Wenn ja, welche Formen der Einwirkung, z.B. auf das Bedürfnis nach größtmöglicher Mobilität, sind zulässig? (Keineswegs besteht ein gesellschaftlicher Konsens darüber, daß mit Lustgewinn verbundene Selbstzerstörung zu verhindern sei. Das zeigt die immer noch weitverbreitete Akzeptanz des Rauchens).

1.b) Ist es gerechtfertigt, eine Einschränkung von Bedürfnissen um einer möglichst großen Artenvielfalt willen zu fordern, auch wenn die "Gaia"-Hypothese noch keineswegs gesichert ist, derzufolge eine große Artenvielfalt der ökologischen Stabilität der Biosphäre dient? Kann man andererseits, wie es bisweilen geschieht, ein uneingeschränktes Eigenrecht der Natur und all ihrer Lebewesen postulieren angesichts der Existenzbedrohung von Menschen durch Heuschreckenschwärme, Wanderameisen, Cholerabakterien oder Aidsviren?

2. Welche Bedürfnisse der Menschen anderer Weltgegenden sehen wir als gleichrangig mit unseren eigenen an? Falls deren Befriedigung bei Erhaltung einer global noch halbwegs intakten Natur die Absenkung der eigenen Bedürfnisse erfordern sollte: Ist der Versuch, solches politisch durchzusetzen, auch unter dem Risiko sozialer Unruhen, ethisch gerechtfertigt?

3. Die Befriedigung welcher Bedürfnisse billigen wir den Menschen der Zukunft zu? Müssen wir heute massiv in die Entwicklung von Technologien investieren, die diese Bedürfnisse auf möglichst hohem Niveau absichern, ohne die Umwelt zu zerstören, auch wenn dies mit einer Einschränkung der eigenen Bedürfnisse verbunden sein sollte? Oder haben wir das Recht, für uns optimal zu sorgen und es den Generationen der Zukunft zu überlassen, sich an die Lebensbedingungen anzupassen, die sie dann vorfinden?

4. Birgt der Versuch, Antworten auf die vorhergehenden Fragen zu geben, die Gefahr der Ideologisierung individueller Wertvorstellungen in sich, deren Durchsetzung nur in einer Erziehungsdiktatur möglich wäre? Sollte man es daher den Preisen überlassen, die Strukturierung und Entwicklung von Bedürfnissen zu steuern?

IV. Technische Wege der Eingriffsminimierung

Politiker und Wissenschaftler, die im Markt den effizientesten Mechanismus sehen, Angebot und Nachfrage ins Gleichgewicht zu bringen und die Güterverteilung optimal zu steuern, werden verlangen, daß eine Eingriffsminimierung in den Naturhaushalt neben Befriedigung der (wie immer verstandenen) "essentiellen" Bedürfnisse auch die Funktionsfähigkeit des Marktes als Nebenbedingung zu beachten hat. Sofern die Bevölkerung durch ihr Wahlverhalten dies Verlangen unterstützt, sollte man das Potential marktwirtschaftlicher Problemlösungen voll ausschöpfen. (Nicht irritieren darf dabei, daß Interessengruppen versuchen werden, durchaus adequate Instrumente als nicht marktwirtschaftlich abzuqualifizieren, wenn ihre Partikularinteressen dadurch verletzt werden.) Wenn Umwelt als knappes Gut durch geeignete Rahmenbedingungen in den Marktprozeß mit einbezogen wird und zu einem angemessen Preis nachgefragt werden muß, sollte zumindest theoretisch das Umweltproblem über einen richtig verfaßten Markt bewältigt werden können. Die Rahmenbedingungen, die dabei dem Markt gesetzt werden und die ökonomischen Steuerungsinstrumente, die ihre Einhaltung erzwingen, müssen sich dabei an der Natur des Umweltproblems orientieren, um möglichst wirkungsvoll zu greifen.

Auf der tiefsten, der physikalischen Ebene hat das Umweltproblem seine Wurzel in dem schon oben angesprochenen fundamentalen Naturgesetz von der Entropieerzeugung in Systemen, deren Energie- und Materieströme nicht unendlich langsam fließen. Solange die Entropieproduktion nur zu Wärmeströmen und nicht auch Schadstoffströmen in die Umwelt führt, ist sie (vorläufig) zu ertragen. Die Sonne als extraterrestrische und damit für unseren Lebensraum immaterielle Energiequelle ist in diesem Sinne der umweltfreundlichste Energielieferant.

Technische Wege der Eingriffsminimierung gehen daher in folgende Richtungen:

1. Vermeidung von Produktionsverfahren und privaten Aktivitäten, die Schadstoffströme freisetzen. Dazu gehört die Wahrnehmung aller Substitutionsmöglichkeiten; das gilt besonders für den Energiesektor, der umso schadstoffärmer sein wird, je größer der Anteil nicht fossiler Energieträger, z.B. der Solarenergie, am Primärenergieverbrauch ist. In der ökologischen Gesamtrechnung muß allerdings der Flächenbedarf der Solaranlagen sowie der für ihre Herstellung und Wartung erforderliche Energie- und Materialbedarf berücksichtigt werden: Bei den z.Zt. realisierbaren Wirkungsgraden der Energieumwandlung nennt die Studie "Energy in a Finite World" des Internationalen Instituts für Angewandte Systemanalyse (IIASA) etwa $1m^2$ pro 20 Watt Ausgangsleistung und 50 kg Stahl pro m^2, wenn die Solarenergieanlagen in den sonnenbegünstigten ariden Zonen der Erde zentralisiert würden. Günstigere Verhältnisse infolge Wirkungsgradverbesserungen sind im Prinzip möglich. Die Energiedichte der Sonnenstrahlung ist jedoch der limitierende Faktor terrestrischer Solarenergiegewinnung. Über dem subtropischen Wüstengürtel beträgt sie rund 250 Watt pro m^2.
2. Lassen sich schadstofffreisetzende Prozesse aus volkswirtschaftlichen Gründen nicht vermeiden, müssen die Schadstoffströme an der Quelle in Wärmeströme umgewandelt werden.[3] Das ist machbar mit Hilfe von Filtern, Rauchgaswaschanlagen, Katalysatoren sowie Kompaktierung und Entfernung aus der Biosphäre. Letzteres könnte Versenkung ins Erdinnere oder beim Vorliegen hinreichend sicherer und sauberer Transportsysteme, z.B. elektromagnetischer Beschleuniger, auch Verfrachtung in den interstellaren Raum bedeuten. Diese Form der Eingriffsminimierung kostet Energie und Kapital (was jeder Betreiber eines Katalysatorautos an der Benzin- und Wagenrechnung merkt).
3. Energieoptimierung. Je effizienter Energie genutzt wird, desto weniger belastet sie die Umwelt. Abwärmenutzung durch Wärmetauscher, Nutzung der Umgebungswärme durch Wärmepumpen und die gleichzeitige Erzeugung von Strom und Wärme in Heizkraftwerken sind neben verbesserter Wärmeisolation die Standardinstrumente des Energiesparens. Ihr optimaler Einsatz kann bei vorgegebener Energienachfragestruktur unter Beachtung möglichst realistischer technischer Vorgaben mathematisch bestimmt werden.

Diese Überlegungen zeigen, daß sich das Umweltproblem im wesentlichen auf ein Energieproblem reduzieren läßt. Zugleich weisen sie auf die Janusköpfigkeit der Energie hin: Sie wird zur Umweltreinigung benötigt, und zugleich kann bei der Wahl "falscher", z.B. fossiler, Energiequellen ihre Bereitstellung zu schweren Umweltbelastungen führen. Falls die Solarenergie das hält, was ihre Befürworter versprechen, und sich auch vom Preis her auf dem

Energiemarkt durchsetzt, kann uns der Januskopf noch längere Zeit sein lächelndes Gesicht zuwenden.

V. Politische Durchsetzbarkeit von Strategien der Eingriffsminimierung

Systemanalytisch gesprochen handelt es sich bei dem Problem der Eingriffsminimierung in Umwelt und Wirtschaft um ein Vektoroptimierungsproblem mit den Zielfunktionen "Stabilität des ökologischen Systems" und "Stabilität des ökonomischen Systems". Die größte Schwierigkeit für eine angemessene wissenschaftliche Behandlung liegt in der präzisen begrifflichen und quantitativen Beschreibung dieser Ziele. Hier ist interdisziplinäre Forschung entschieden gefordert.

Vorausgesetzt es gelingt in der Wissenschaft, eine Strategie der Eingriffsminimierung mit breiter Akzeptanz zu entwickeln, so kann diese nur auf dem Wege des Rechts verwirklicht werden. Die entsprechenden Gesetzgebungsverfahren beginnen mit der Anhörung der betroffenen Interessengruppen. Die Vertreter der Umweltinteressen sollten dabei wegen der oben beschriebenen Unsicherheiten "Eingriffe in den Naturhaushalt" weniger von der (fraglichen) Wirkung her sondern hauptsächlich über die eindeutig feststellbaren Ursachen definieren und auf der Basis des Vorsorgeprinzips argumentieren.

Eingriffsursachen sind neben Überbauung, Ausräumung und Versiegelung der Landschaft die Emission von Schadstoff- und Wärmeströmen in die Umwelt.

Ein Maß für den Landschaftsverbrauch sind die (im weitesten Sinne) bebauten Quadratmeter, die ggf. mit einem Qualitätsfaktor verlorenen natürlichen Lebensraums zu gewichten wären. Einen begrifflichen Rahmen hierfür findet man in den Landschaftsschutzgesetzen. Eine Bewertung der Schadstoffströme sollte möglich sein über die Wärmeströme, die entstehen würden, wenn man die Schadstoffströme durch technische Maßnahmen unterbände. In einem z.Zt. bearbeiteten Forschungsvorhaben wird daher versucht, die Wärmeäquivalente der wichtigsten Schadstoffe zu bestimmen.[4] Diese Wärmeäquivalente könnten einem gesetzlichen Maßnahmenkatalog zugrunde gelegt werden, in dem auch die durch ethische Einstellung und Risikobereitschaft geprägten Werthaltungen der Bevölkerung ihren Niederschlag fänden.

Die derartig oder in anderer geeigneter Weise quantifizierten Eingriffe in den Naturhaushalt wären per Gesetz mit angemessenen Sanktionen zu belegen. Angemessene Sanktionen sind dabei solche, die die angestrebte Schutzfunktion mit einem Minimum an Eingriffen in das wirtschaftliche und soziale Gefüge verwirklichen. Steuern und Abgaben gehören sicher dazu. Bedeuten sie doch nichts anderes, als daß für das knapp gewordene Gut Umwelt endlich ein Preis zu zahlen ist. Emissionsstandards und Grenzwerte, evtl. in Kombination mit handelbaren Zertifikaten, kommen zusätzlich in Frage.

Das technische und ökonomische Instrumentarium der Eingriffsminimierung ist also im Prinzip vorhanden. Aussichten auf seine Anwendung bestehen vorerst allerdings wohl nur in den wohlhabenden Industrieländern. In der von Massenarmut bedrängten Dritten Welt wird – auch in Reaktion auf Nachfrage aus den Industrieländern – die Natur als der scheinbar schwächste Partner im ökonomischen Prozeß wahrscheinlich so lange schonungslos ausgebeutet werden, bis sie zurückschlägt. Auch in den Industrienationen wird man die mit dem eingriffsminimierenden Fortschritt verbundenen kurzfristigen Zusatzkosten beklagen. Doch Ausnahmesituationen wie Naturkatastrophen oder die Verteidigung gegen einen Agressor zeigen, welche Belastungen Bürger eines Gemeinwesens zu tragen bereit sind, wenn sie einsehen, daß sie damit ihre Zukunft sichern. Diese Einsicht wird gefördert durch Schockerfahrungen, charismatische Führer mit dem Großen Entwurf und systematische, geduldige Aufklärungsarbeit, verbunden mit Demonstrationen der Machbarkeit in Pilotprojekten. Worauf sollen wir hoffen?

Anmerkungen:

1. Entropie ist ein Maß für die in einem System herrschende Unordnung. Sie ist umso größer, je gleichförmiger Energie und Materie in dem System verteilt sind. Quantitativ ist die Entropie S definiert als $S = k \ln W$, wobei k die Boltzmann Konstante, ln der natürliche Logarithmus und W die Zahl der dem System zugänglichen Zustände sind. Ein Systemzustand ist gekennzeichnet durch die Positionen und Geschwindigkeiten sämtlicher Systemmoleküle.

2. Die natürliche Entsorgung "durch die Sonne in den Weltraum" kann man an einem einfachen Modell erläutern, das in der Wirklichkeit so kaum realisiert ist aber das Wesentliche der i.a. sehr komplexen Prozesse erkennen läßt: Das Schwermetall Kadmium, das als Nierengift wirkt, wird mit den Abwässern eines metallverarbeitenden Industriebetriebs in einen Fluß geleitet, der dadurch so verschmutzt wird, daß er zur Trinkwasserbereitung nicht mehr herangezogen werden kann. Dabei stellt die Kadmiumatomausbreitung im Flußwasser einen entropieerhöhenden Prozeß dar. An der Flußmündung befinden sich große Muschelbänke. Die Muscheln filtern das Kadmium aus dem Wasser heraus und konzentrieren es in ihrem Fleisch. Sie sterben ab, sinken in eine tiefe, unbelebte Spalte im Meeresgrund und zerfallen, wobei sich die Kadmiumkonzentration auf dem Boden der tiefen Spalte ständig erhöht, ohne dem Leben weiter schaden zu können. (Als menschliche Nahrung stellten die Muscheln jedoch ein Gesundheitsrisiko dar.) Die mit der Kadmiumkonzentrierung einhergehende Entropieverminderung wird letzten Endes durch die Sonne bewirkt, ohne die die Muscheln nicht leben könnten. Die nach dem 2. Hauptsatz der Thermodynamik unvermeidliche Entropieerhöhung für den Gesamtprozeß findet im System Sonne – Weltraum statt und tangiert die Erde nicht.

3. Entropieproduktion in Form von Wärmeströmen ist zwar die derzeit noch risikoärmste Umweltbelastung. Wegen der eingangs erwähnten Hitzemauer und der CO_2 Problematik darf allerdings auch die Wärmeproduktion nicht beliebig gesteigert werden.

4. Nach einer von O. Rentz vom Institut für Industriebetriebslehre und industrielle Produktion der Universität Karlsruhe im Jahre 1984 durchgeführten Schätzung werden zur Entstickung von Steinkohlekraftwerken durch selektive katalytische Reduktion unter Vollast etwa 3,5 Kilowatt elektrische Leistung pro Megawatt abgegebener elektrischer Leistung benötigt. Diese 3,5 kW dividiert durch den Wirkungsgrad des erzeugenden "sauberen" Kraftwerks ergibt die zur Entstickung benötigte Primärenergie pro Zeiteinheit, die letztendlich als Wärmestrom in die Umwelt fließt. Dazu muß noch die Wärme aus der zur Ammoniakherstellung erforderlichen Energie hinzuaddiert werden, denn zur Reduktion von NO_X auf N_2 und H_2O werden 0,3 kg Ammoniak pro thermische Megawattstunde gebraucht. Wollte man aus den Rauchgasen von Steinkohlekraftwerken das CO_2 unter Druck ausfrieren, so müßte man nach Berechnungen meines Mitarbeiters Uwe Schüßler bei einem CO_2 Rückhaltegrad von 90% je nach Größe der Reinigungsanlage zwischen 14% und 32% der urprünglichen Kraftwerksleistung dafür aufwenden. Dieser Energieaufwand liegt in derselben Größenordnung wie der von M. Steinberg im Brookhaven National Laboratorium für CO_2 Reduktion durch Alkanolamin-Absorption berechnete.

Dieter Meschede

BEITRÄGE VON NATURWISSENSCHAFTEN UND TECHNIK IN UMWELTKONFLIKTEN

In einem interdisziplinären Versuch sollen die von der Natur gesetzten Grenzen menschlichen Wirtschaftens von verschiedenen Seiten beleuchtet werden. Die Existenz solcher Grenzen ist uns schon seit geraumer Zeit bekannt, und daß ihr Überschreiten möglicherweise verheerende Auswirkungen auf unsere Kultur und Zivilisation haben wird, wissen wir ebenfalls. Seit einiger Zeit erfahren wir die natürlichen Grenzen auch sehr eindringlich im Auftreten weiträumiger oder sogar globaler Bedrohungen wie dem Waldsterben, dem "Ozonloch" oder dem "Umkippen" von Nord- und Ostsee.

Es besteht kein Zweifel, daß Naturwissenschaft und Technik an dieser Entwicklung ursächlich beteiligt waren und sind. Zu den ursprünglichsten Triebfedern zählt das Bemühen von Naturwissenschaft und Technik, menschliches Leben von allgegenwärtigen Umweltbedrohungen unabhängiger zu machen. Diese positive, optimistische Zielsetzung wird aber seit jeher von dem ebenso erfolgreichen Streben nach Konsum, leichten Gewinnen oder auch Macht begleitet, Phänomenen, die wir in diesem Zusammenhang als Ausbeutung der Natur bezeichnen.

Die Vielschichtigkeit und die Ambivalenz, mit der Naturwissenschaft und Technik in das Umweltgeschehen eingreifen, wird damit bereits deutlich. Oftmals sind sie bei Umweltproblemen, die wenigstens an der Oberfläche aus einem Konflikt zwischen ökonomischen und natürlichen Gegebenheiten und Interessen entspringen, gleichzeitig auf allen Seiten beteiligt, wodurch eine glaubwürdige Argumentation erschwert wird.

Aus der Sicht der betroffenen Naturwissenschaftler und Techniker gibt es unter diesen Aspekten eine ganze Reihe von Fragestellungen, die für eine interdisziplinäre Verständigung und Zusammenarbeit von Interesse sind. Dazu zählen einmal die Fragen, welchen Rang, welche Qualität und welche Perspektiven wir unserem Wissen über die natürliche Umwelt beimessen können; zum anderen konkrete Fragen nach der Rolle von Naturwissenschaften und Technik in ihrer Teilnahme an den gesellschaftlichen Prozessen, in denen unser Verhalten gegenüber der Umwelt bestimmt wird.

1. Unser Wissen über Natur und Umwelt ist Stückwerk

1.1 Analytische Modellierung der Umwelt

Das Gesamtsystem der Umwelt, das unsere Kultur umschließt, ist an Komplexität nicht mehr zu überbieten, es wird in der Tat sogar jeden Tag noch komplexer. Naturwissenschaft und Technik erheben auch gar keinen Anspruch darauf, ihm in seiner Gesamtheit gerecht zu werden, und insofern ist es offensichtlich, daß unser Wissen bruchstückhaft ist.

Bei näherer Betrachtung wird darüberhinaus schnell offenbar, daß nicht einmal das den Naturwissenschaften zugängliche Teilsystem, weder die anorganische, noch die belebte Natur, auch nur annähernd vollständig erfaßt werden kann. Im wissenschaftlich-technischen Sinn richten wir die Frage nach der Beschaffenheit unseres Wissens von vornherein nur an gewisse Teilsysteme und verengen sie im Hinblick auf die Umweltproblematik häufig weiterhin auf die Untersuchung der Vorhersageleistung analytischer Modelle. Wir fragen zum Beispiel, wie genau können wir die dynamische Emntwicklung eines (Unter-)Systems, etwa des globalen Klimas, vorhersagen?

Naturwissenschaft wie Technik haben grundsätzlich empirischen Charakter, das heißt, sie entwickeln und korrigieren ihre Modelle mit Hilfe von Beobachtungen, die insbesondere im fortgeschrittenen Zustand im allgemeinen an speziell präparierten Systemen erworben werden. Die Beobachtungsinstrumente sind im Laufe der Zeit immer mehr verfeinert worden, ständig neue und stärkere Mikroskope und Teleskope entworfen und benutzt worden, so daß wir heute in der Tat detaillierte Kenntnis von Phänomenen besitzen, die weit jenseits der unmittelbaren Beobachtungsfähigkeit unserer Sinne liegen (zum Beispiel in der Elementarteilchen-Physik, der Kosmologie oder der Molekulargenetik). Es wird dabei im allgemeinen versucht, Ursache-Wirkung-Zusammenhänge von fundamentaler Bedeutung herauszustellen, die gelegentlich die Form sogenannter Naturgesetze erhalten. Der Erfolg solcher Bemühungen ist jedoch vielfach nicht mehr nur ursprünglichen wissenschaftlichen Kriterien unterworfen, sondern auch eher sozialen Einflüssen wie zum Beispiel Schulenstreit und Modetrends.

Naturwissenschaft und Technik bemühen sich gegenwärtig sehr engagiert, ihre wenn auch lückenhafte Kenntnis in möglichst aussagekräftige analytische Modelle zu kleiden. Die Untersuchung und Beschreibung komplexer Systeme an Hand solcher Modelle ist unter anderem wegen des gewachsenen Interesses an Umweltfragen und globalen "Szenarien" sehr fortgeschritten, an ihren Resultaten gemessen aber vermutlich noch immer im Anfangsstadium. Die Erdatmosphäre ist ein wichtiges Beispiel aus den Naturwissenschaften für ein Teilsytem, an dessen Modellierung sehr intensiv gearbeitet wird. Sogenannte "Global Circulation Models" stellen die Atmosphäre gegenwärtig in ihrer dreidimensionalen Struktur mit einer Maschenweite bis herab zu 100 km auf der Erdoberfläche dar. Sie enthalten die geographischen Besonderheiten und sind in der Lage, die globale Klimasituation qualitativ richtig wiederzugeben. Der Einfluß vieler Phänomene, zum Beispiel der Zusammenhang zwischen Sonnenzyklus und antarktischem "Ozonloch", wird aber nach wie vor kontrovers diskutiert.

Es scheint vermessen anzunehmen, daß wir uns irgendwann einmal sicher wähnen könnten, ein Teilsystem unserer Umwelt, wie zum Beispiel die Atmosphäre, so vollständig zu verstehen und langfristige Vorhersagen über seine dynamische Entwicklung mit so großer Genauigkeit treffen zu können, daß wir allein darauf wichtige Entscheidungen stützen könnten.

Unser Nicht-Wissen im engeren wissenschaftlich-technischen Sinne ist teilweise absoluter Natur. Im Prinzip könnten wir zwar mit viel Mühe die Zusammenhänge Stück für Stück aufklären und der Mangel hätte dann nur durch die schiere Größe des Systems grundsätzlichen Charakter. Unser Nicht-Wissen liegt aber auch in einer Eigenschaft vieler (wahrscheinlich der Mehrzahl) natürlicher Systeme begründet, die in den sogenannten nichtlinearen Eigenschaften der entsprechenden Modelle reflektiert wird: Selbst bei genauester Kenntnis aller Wirkungszusammenhänge wird die dynamische Entwicklung derartig kritisch von den Ausgangsbedingungen beeinflußt, daß trotzdem keinerlei detaillierte, langfristige Vorhersage möglich ist. Ein beliebtes Beispiel für diesen Mechanismus ist der häufig zitierte Flügelschlag eines Schmetterlings in der Sahara, der einige Zeit später die Großwetterlage in Hamburg mitbestimmt.

1.2 Empirische Umweltforschung. Was ist der natürliche, ungestörte Zustand?

Man kann sich um empirische Auswege aus dem theoretischen Dilemma bemühen. Experimentelle Simulationen globaler Veränderungen sind aber nur in Einzelfällen möglich, da die meisten Systeme bei Verkleinerung auf Labormaßstäbe ganz andere Eigenschaften zeigen und ihre Dynamik anderen Gesetzen folgt, wenn man ihre Entwicklung im Zeitraffertempo untersucht. Immerhin kann man einige wertvolle empirische Informationen aus geologischen und klimahistorischen Untersuchungen gewinnen, die uns die Umwelt in einem per definitionem "ungestörten" Zustand zeigen. Dabei lernt man, daß es ein absolutes Umweltgleichgewicht nicht gibt, lediglich einen auf der Zeitskala eines menschlichen Lebens quasi-stationären Zustand. Es ist auch deshalb gar nicht möglich, einen natürlichen Umweltzustand allein mit wissenschaftlich-technischen Kriterien zu normieren, und deshalb können beispielsweise Grenzwertfestlegungen für Abweichungen von diesem Gleichgewicht nur ein Behelf sein.

1.3 Welche Arten von Umweltproblemen gibt es ?

Diese Frage könnte möglicherweise wichtig sein, wenn man um eines möglichst effektiven Umweltschutzes willen den Kräfteeinsatz konzentrieren muß. Man ist versucht, wichtige und unwichtige, einfachere und schwierigere Umweltprobleme zu unterscheiden, muß aber wahrscheinlich gleich hinzufügen, daß sich außerdem noch Umweltprobleme einstellen werden, die wir heute nicht einmal erahnen.

Um es an Beispielen zu zeigen: Das Problem der Fluorkohlenwasserstoffe (FCKW) ist ein gegenwärtig sehr aktuelles Problem, aber gleichzeitig wohl auch eines der einfacheren. Die FCKW, die technisch wegen ihrer großen Reaktionsträgheit so nützlich sind, gelangen eben deshalb in hohe Regionen unserer Atmosphäre und bedrohen dort die ihrerseits höchst reaktive Ozonschicht. Der Eintrag solcher chemischer Verunreinigungen läßt sich aber im Prinzip radikal untersagen, insbesondere da auch aus technischer Sicht Substitute ausreichend zur Verfügung stehen.

In diesem Fall liegen inzwischen einigermaßen eindeutige wissenschaftliche Befunde vor, die Interessenlage ist klar, und das Problem besitzt eine offensichtliche Lösung. Diese Gründe dürften für das Zustandekommen des Montrealer FCKW-Abkommens im Frühjahr 1988 beteiligt gewesen sein. Die vereinbarten Beschränkungen sind allerdings noch vollkommen unzureichend und bestenfalls halbherzig; das Abkommen zeigt aber, daß sich ein internationaler Konsens im Prinzip erzielen läßt.

Ungleich schwieriger ist die Umweltgefahr durch CO_2-Emission zu bewältigen, die zum sogenannten "Treibhauseffekt" führt, da CO_2 in großem Umfang bei der Produktion von Energie durch Wärmemaschinen und beim Hausbrand entsteht. Die Gesellschaften der Industriestaaten wie der Dritte-Welt-Staaten sind so sehr auf die Nutzung von Energie angewiesen, daß es zu diesem Problem keine offensichtlichen Lösungen gibt.

Man kann die These vertreten, daß die Energiefrage das Umweltrisiko Nr.1 ist, da die Probleme, die einen Konflikt zwischen Umwelt- und ökonomischen Interessen verursachen, fast immer, wenn auch manchmal verdeckt, mit der Produktion oder dem Verbrauch von Energie verknüpft sind. Zur überragenden Bedeutung der Energiefrage trägt auch bei, daß wir für die Beseitigung von akuten Umweltschäden aller Arten (Verseuchung von Boden, Luft und Wasser, Versiegelung der Landschaft etc.) erneut Energie aufwenden müssen und einen großen Spielraum im Energieverbrauch auch dafür offen lassen sollten.

Die nach physikalischen Prinzipien, d.h. im Sinne der Thermodynamik korrektere Formulierung benutzt hier den Begriff der Entropie, der ein hilfreiches Mittel zur Beurteilung von Umweltschäden aller Art sein könnte. Er erscheint dem Problem auch angemessen, da er von vornherein nur gewisse globale Eigenschaften des Systems beschreibt und keine detaillierte Kenntnis über die inneren Wirkungszusammenhänge voraussetzt. Im Beitrag von Reiner Kümmel sind diese Vorstellungen auf eine methodisch festere Grundlage gestellt worden.

2. Die Rolle von Naturwissenschaft und Technik in Umweltkonflikten

Was bleibt, wenn Naturwissenschaft und Technik die Vorhersagbarkeit und Kontrolle von natürlichen Phänomenen nicht gewährleisten können und damit zu einer – nach ihren ureigensten Kriterien gemessen – präzisen Aussage nicht imstande sind? Wie kann man die Rolle des trotz allen lückenhaften Wisssens kompetenten Warners erfolgreich wahrnehmen, ohne in die Position des beleidigten Besserwissers zu geraten?

2.1 Die Informationsaufgabe von Naturwissenschaft und Technik

Zunächst verdient es festgehalten zu werden, daß wir einige Bedrohungen der Umwelt sehr genau orten können: Einzelne Kausalstränge lassen sich sehr wohl begründen, wenn auch nicht immer in letzter Konsequenz beweisen. Wo wir die Grenzen überschritten haben, können wir es auch feststellen; unser Nicht-Wissen bezieht sich deshalb vor allem auf die nicht erprobten Grenzen der Belastbarkeit, auf das verträgliche Maß menschlicher Eingriffe in die Umwelt.

Naturwissenschaft und Technik sind zum wichtigsten Beobachter und auch Warner vor Umweltbedrohungen geworden, weil sie über die notwendigen Meßinstrumente verfügen, die Gefahren anzeigen, lange bevor wir sie mit unserem Sinnen erkennen. Aber auch weniger faßbare Gründe spielen eine Rolle, zum Beispiel Schuldgefühle, nachdem Umweltschäden im allgemeinen erst durch den Einsatz von Technik verursacht worden sind.

Zum Vorteil von Wissenschaft und Technik ist das damit verbundene Engagement zur Untersuchung der natürlichen Lebensbedingungen über die Grenzen gesellschaftlicher Gruppen mit verschiedenen Interessen hinweg akzeptiert. Öffentliche Information prägt diese Arbeit, sie ist relativ wenig umstritten, aber eben auch häufig folgenlos. Anders ist die Situation dort, wo Umweltkonflikte unmittelbar ausgetragen werden, und wo der Sachverstand von Naturwissenschaft und Technik eingesetzt wird. Als Gutachter vor Gericht im kleinen Maßstab wie als Berater bei politischen Prozessen im größeren Rahmen werden Wissenschaft und Technik selbst Teil der Auseinandersetzungen.

2.2 Die Gutachterrolle

Wissenschaftlich-technische Gutachten sollen in Umweltkonflikten dazu dienen, gerichtliche oder ähnliche bedeutsame Entscheidungen auf eine sachliche Grundlage zu stellen. Es soll zum Beispiel beurteilt werden, ob ein technischer Eingriff noch verantwortet werden kann, ob die Haftung in einem Schadensfall nach dem Verursacherprinzip geregelt werden kann, oder wie künftig Schäden vermieden werden können.

Die Voraussetzungen für solche Entscheidungen sind häufig in mehrfacher Hinsicht nicht von der gewünschten, gerichtsfesten Eindeutigkeit. Individuelle Verursacher lassen sich selten feststellen, häufig nicht einmal eine überwiegende Verursachergruppe, da die Probleme durch synergistische Wirkung vieler Komponenten entstanden sind. Oder die Suche nach einem Verursacher ist problematisch, weil die Umweltprozesse sehr langsam ablaufen und die Schäden erst sehr viel später auftreten, wie zum Beispiel bei der Freisetzung von Fluorkohlenwasserstoffen, deren Wirkung sich im Laufe von Jahrzehnten entfaltet. Die Problematik besteht in diesem Zusammenhang weniger in mangelndem Wissen über Wirkungszusammenhänge, eher in einem zu engen Verursacherbegriff.

Strenggenommen sind umweltgefährdende technische Eingriffe nur dadurch zu entschärfen, daß sie unterbleiben. Die Interessengegensätze, die zu den Umweltkonflikten führen, verhindern aber diese ultimative Minimierung, da diese ihrerseits die Stabilität gesellschaftlicher, ökonomischer Systeme bedroht. In realen Auseinandersetzungen kommt es deshalb zu einem zähen Kampf um Verbote und Grenzwerte, der allerdings nach Regeln und Bewertungen ausgetragen wird, die dem Wissenschaftsbetrieb, gemessen an seinen eigenen Kriterien, eher fremd sind. An dieser Nahtstelle könnte ein interdisziplinäres Gespräch ansetzen.

2.3 *Stabilisierungs-Mechanismen*

Es ist der industriellen Gesellschaft gelungen, die Lebensbedingungen des Individuums weitgehend von natürlichen Umweltbedrohungen wie zum Beispiel Naturkatastrophen zu entkoppeln. Was wir als Bedrohung empfinden, muß aber vom Standpunkt des gesamten Systems Umwelt als ein natürlicher Regelmechanismus aufgefaßt werden; durch unsere technisch-ökonomischen Eingriffe haben wir diese Mechanismen ihrer Wirksamkeit beraubt.

In der vorindustriellen Zeit haben die natürlichen Regelmechanismen ihre Rolle auf eine für den individuellen Menschen zwar beängstigende, vom ökologischen Standpunkt her aber relativ sanfte Art und Weise erfüllt und die Umwelt im Gleichgewicht gehalten. Unser wichtigster Ersatz, die Kontrolle durch Grenzwerte, ist vergleichweise unvollkommen, weil die Reaktion erst auf eine deutlich meßbare Störung hin und außerdem diskontinuierlich geschieht. Es wäre interessant herauszufinden, ob man sich sich die Entwicklung gesellschaftlich-ökonomischer Mechanismen vorstellen kann, die eine höhere innere Empfindlichkeit für die Störungen natürlicher Gleichgewichte besitzen.

In diesem Zusammenhang könnte man auch die Frage diskutieren, wie sinnvoll es ist, eingetretene Umweltschäden nicht nur durch Relaxation zu korrigieren, das heißt durch Abwarten nach Beseitigung eines Störpotentials, sondern auch durch aktives Gegensteuern, das heißt zusätzliche technische Eingriffe. Letztere Methode könnte in manchen Fällen die Regenerierung wesentlich beschleunigen, birgt aber angesichts unvollständig bekannter Zusammenhänge möglicherweise neue Gefahren.

3. Schlußbemerkung

Die Bewältigung und Lösung von Umweltproblemen verlangt intensive Mitarbeit von Naturwissenschaftlern und Technikern. Der "Newton-Rat", den G. Maier-Rigaud erwähnt, ist allerdings auch aus seiner Sicht keine Alternative.

Neben den Funktionen des Gutachters und Beraters ist die vielleicht wichtigste Aufgabe von Naturwissenschaft und Technik die geduldige, schonungslose Aufklärung über die bruchstückhaften bekannten und befürchteten Umweltrisiken und deren Zusammenhänge. Diese Arbeit wendet sich an den betroffenen Laien und Staatsbürger und ist ihrem Wesen nach interdisziplinär. Sie muß von Naturwissenschaftlern und Technikern immer wieder neu ausprobiert und erlernt werden.

Michael Dippold

EINIGE GRÜNDE, WARUM WIR MENSCHEN DIE NATUR ZERSTÖREN

Die Erfahrung zeigt immer wieder, daß wirtschaftliche und politische Steuerungsmaßnahmen, die über den engen Rahmen der rein wirtschaftlichen Abläufe hinaus zielen, ihre Wirkung verfehlen oder sich nach einiger Zeit als kontraproduktiv erweisen. Ein Grund dafür ist wohl, daß die Zielgruppe (Entscheidungsträger, Verbraucher, Wähler) anders als erwartet reagiert. Häufig wird auf der Grundlage eines fatal einfachen Menschenbildes gehandelt, der Mensch als Bediener komplexer technischer Anlagen, Manövriermasse wirtschaftlicher Abläufe (z.B. "Anreize zur Steigerung des Konsums") oder gar als Störfaktor ("aufgrund menschlichen Versagens") gesehen. Nicht genügend berücksichtigt wird der Mensch als integraler Bestandteil der Natur, psychisch und physisch auf deren Gesundheit angewiesen, ausgestattet mit verschiedenen Fähigkeiten, Bedürfnissen und Unzulänglichkeiten.

In diesem Beitrag wird versucht, einige Aspekte anzusprechen, die häufig in der Diskussion um die weitere gesellschaftliche und wirtschaftliche Entwicklung zu kurz kommen. Es ist bemerkenswert, daß solche Auseinandersetzungen oft gar nicht mehr um wirkliche Ziele geführt werden, sondern nur noch um Verfahrensfragen. Technisches Denken ist zum gesellschaftlichen Maßstab geworden. Als Beispiel sei hier das Bruttosozialprodukt angeführt. Mehr oder weniger publikumswirksame Kämpfe werden um die Frage ausgefochten, wie es gesteigert werden kann, viel zu wenig aber wird diskutiert, wem eine solche Steigerung nützt, wem sie schadet und welche Größen dazu überhaupt beitragen.

Häufig erwartet man von der Wissenschaft die Rettung der Welt aus einer Situation, die zumindest äußerst bedrohlich ist. Ohne Frage sind unsere wissenschaftlichen Methoden höchst effiziente Werkzeuge. Werkzeuge sind jedoch immer zu einem bestimmten Zweck von bestimmten Personen in einem bestimmten Kontext entwickelt worden. So gibt es von vielen Seiten kritische Anfragen an unseren Wissenschaftsbetrieb in seiner äußersten Spezialisierung, in seiner Abtrennung vom Alltag der normalen Menschen. Gerade das Problem einer ganzheitlichen, dem Objekt gerechtwerdenden Betrachtungsweise scheint heute in der Wissenschaft nicht gelöst. Beleg dafür sind die großen Schwierigkeiten, denen sich interdisziplinäre Ansätze gegenübersehen. Aber Werkzeuge kann man umschmieden und weiterentwickeln. Daher scheint mir die Frage auch wichtig, ob wir denn überhaupt unsere Werkzeuge optimal zur Sicherung unserer natürlichen Lebensgrundlagen einsetzen können, beziehungsweise, wer das will und wer nicht, wer das überhaupt wollen kann und wer nicht. Es stellt sich also auch die Frage nach der Verfügungsmacht über dieses Werkzeug. Im folgenden möchte ich kurz auf einige Probleme eingehen, die bei der Diskussion um die Wege zu einem schonenderen Umgang mit der Natur oft zu wenig beachtet werden. Wie gut können wir die Folgen unserer Handlungen, gerade im technischen Bereich, vorhersagen, warum handeln wir zerstörerisch, auch wenn wir dies ziemlich sicher vorhersehen können? Im 2. Abschnitt werde ich darlegen, daß häufig irrationale Antriebe in uns wirksam sind und daß wir damit in einer Weise umgehen, die häufig direkt zur Zerstörung unserer Lebensgrundlagen führt. Anschließend wird kurz diskutiert, warum der Einsatz von Technik und politisches Handeln oft viel zuwenig zum Schutz der Natur beitragen.

Die Zerstörung der Natur kann als nur ein Aspekt einer außer Kontrolle geratenen Menschheitsentwicklung gesehen werden. Soziale und kulturelle Destruktion, Überbevölkerung und die in der ganzen Welt zu beobachtende Abkehr von den alten Religionen sind dann weitere Facetten dieser einen Entwicklung. Anstelle einer weiteren Diskussion soll hier aber nur auf ein Buch verwiesen werden, in dem die Verfasser eine Zusammenschau der Probleme aus westlicher und östlicher Denktradition heraus versuchen. Das Denken der Physik, die Erfahrung des Yoga und das uralte Phänomen der Religiosität werden zusammengesehen mit der Evolution und der weiteren Entwicklung der Menschen (C.F.v.Weizsäcker und Gopi Krishna: Die biologische Basis der religiösen Erfahrung. Suhrkamp 1988).

1. Erkennen schädlicher Folgewirkungen

Wo Menschen leben und arbeiten, greifen sie automatisch in die Natur ein. Diese Eingriffe können harmlos sein, wenn sich dadurch keine dauernde Störung natürlicher Gleichgewichtszustände ergibt. Sie können fatal sein, wenn dadurch ganze Ökosysteme für lange Zeit oder für immer zusammenbrechen. Obgleich inzwischen vielleicht die Zahl der Definitionen von Natur größer ist als die verbliebene Zahl der Tierarten in Deutschland, wollen wir doch kurz andeuten, was im folgenden unter "Natur" verstanden werden soll:

> Natur könnte die Gesamtheit der Pflanzen und Tiere bezeichnen, die in gegenseitiger Abhängigkeit ohne Zutun des Menschen lebens- und fortpflanzungsfähig sind, sowie die Gesamtheit der stofflichen Grundlagen dieses Lebens. Ebenfalls einzuschließen ist auch der Mensch, wobei die Frage der Überlebensfähigkeit ohne menschliche Konstrukte Anlaß zu weiteren interessanten Fragen gibt, was aber hier nicht vertieft werden soll. Umwelt würde dann Natur einschließen und sich auch auf die vom Menschen eingeführten Veränderungen und auf sein kulturelles und soziales Umfeld erstrecken.

Es ist offensichtlich, daß im Lauf der Zeit die Eingriffsmöglichkeiten des Menschen in die Natur sehr zugenommen haben. Mit der steigenden Bevölkerungszahl und der Verbreitung der abendländischen Zivilisation haben sich diese Eingriffe intensiviert und über die ganze Erde erstreckt. Wir wollen in diesem Abschnitt untersuchen, wie es mit der Möglichkeit steht, die Wirkung solcher Eingriffe in das natürliche Gefüge zu erkennen. Trotz des ständig gewachsenen Detailwissens scheint das klassische Sokrateszitat "Ich weiß, daß ich nichts weiß" für die große Entwicklungslinie der Menschen noch immer gültig zu sein. Wieviele und welche Tierarten dürfen, jenseits aller ethischen Bedenken, aber unter dem Gesichtspunkt langfristiger Überlebenssicherung ausgerottet werden, wie sehr sind wir auf das Bodenleben für die langfristige Ernährung angewiesen, wie wirken unsere unzähligen Chemikalien, noch dazu in Kombinationen, auf Organismen, Boden, Luft und Wasser? Schon solche rein naturwissenschaftliche Kenntnisse fehlen. Noch weniger wissen wir zu komplizierteren Zusammenhängen, etwa derart: Welches sind die Umweltbedingungen für psychische Gesundheit? Warum handelt der Eine gewissenhaft, der Andere gewissenlos? Wir konstatieren nur, daß die Zahl der Suizide und schweren psychischen Erkrankungen im Steigen begriffen ist. Offensichtlich ist der Prozeß der Wissensakkumulation von eher materialistischem Erkenntnisinteresse geleitet.

1.1 Prinzipielle Möglichkeiten

Prinzipiell stellt sich die Frage, inwieweit der Mensch Veränderungen eines Systems, dessen Bestandteil er selbst ist, erkennen kann. Offensichtlich besteht ja eine Verbindung zwischen seinem Denken und Handeln, das die Umwelt verändert und der Umwelt, die Bedingungen seines Denkens enthält. Es könnte sich so verhalten, wie im bekannten Beispiel, daß man die Geschwindigkeit eines geschlossenen Fahrzeugs, auf dem man mitfährt, nicht messen kann. Zur Bestimmung der Geschwindigkeit ist man auf einen außenliegenden Bezugspunkt angewiesen. Eine weitere Schwierigkeit resultiert daraus, daß es sich immer um Auswirkungen in der Zukunft handelt. Eine Zukunftsprognose kann aber immer nur die Angabe von Wahrscheinlichkeiten für bestimmte Entwicklungen sein. Diese lassen sich anhand eines irgendwie gearteten Modells erstellen. Modelle entsprechender Komplexität scheinen aber schlichtweg nicht beherrschbar. Doch selbst wenn man ein die Wirklichkeit genau genug beschreibendes Modell hätte, müßte es auch Störterme enthalten, die Zufallsereignisse repräsentieren. Damit aber wäre die Vorhersagbarkeit der Auswirkungen größerer Natureingriffe auf die Angabe einer Unzahl von "wenn-dann"-Kombinationen mit bestimmten Auftrittswahrscheinlichkeiten beschränkt und damit nicht handhabbar. Wie man am Beispiel der Störfallbetrachtungen zu Atomanlagen sieht, verlieren sehr kleine Wahrscheinlichkeiten für große Katastrophen jede Aussagekraft.

Auf einen weiteren Punkt gilt es hier hinzuweisen: Da, wo Modelle und Prognosen an sich ausreichende Ergebnisse liefern, beginnt das Problem der Glaubwürdigkeit. Zuviele Wissenschaftsfälschungen, zu viele politische Betrugsmanöver sind bekannt, als daß man ohne weitgehende Sicherungen auf solche Aussagen aufbauen könnte.

Wenn auch die Möglichkeit, hinreichend genaue und umfassende Folgeabschätzung – zumindest bei Eingriffen im großen Maßstab – durchzuführen, wenigstens zweifelhaft ist, so scheint diese Frage zunächst von sekundärer Bedeutung. Und zwar deshalb, weil immer wieder auch die klare Einsicht in schwerwiegende Folgen bestimmte Handlungen nicht verhindert. Also ist allein die Einsicht keine hinreichende Bedingung für die Unterlassung von Naturzerstörung.

1.2 Praktische Möglichkeiten

Naturzerstörung wird im großen und im kleinen Maßstab sehenden Auges betrieben. Kann man spätere Folgen nicht überblicken, werden sie häufig "dem Zufall" überlassen. Wir müssen uns fragen, wer denn die Folgewirkungen einer bestimmten Handlung für die Natur erkennen können soll und wer es überhaupt will. Wenn wir etwa die Stationen eines technischen Produktes verfolgen, läßt sich aus der Sicht des Einzelnen folgendes Bild skizzieren:

Forschung/Entwicklung: In der Grundlagenforschung gibt es natürlich noch kein klares Bild von den späteren Anwendungen (obwohl heute immer häufiger Grundlagenforschung mit einem später zu erwartenden wirtschaftlichen Nutzen begründet wird).

In der angewandten Forschung sind hochqualifizierte Fachkräfte damit ausgelastet, die Anwendung von Grundlagenkenntnissen für Produkte und Verfahren zu ermöglichen. Zeitdruck, Konkurrenzdruck und fehlender Überblick verbieten eine Abschätzung der Folgen. Prinzipiell vorhersagbare Folgen werden nicht erkannt, weil das vorhandene Grundlagenwissen nicht erweitert oder nicht einmal angewendet wird. Es besteht in der abgegrenzten Sphäre eines Betriebes keine Veranlassung, ja es besteht aus betriebswirtschaftlichen Gründen nicht einmal die Möglichkeit dazu. Dabei muß noch berücksichtigt werden, daß der Löwenanteil der Forschungsgelder heute in Privatbetrieben umgesetzt wird. Und auch die Unabhängigkeit universitärer Forschung ist aus verschiedenen Gründen zumindest begrenzt.

Schon in diesem Stadium haben die mit der Entwicklung Befaßten ein Eigeninteresse am Weiterverfolgen der Produktidee. Genau das möchte ja auch moderne Personalführung erreichen. Dieses Interesse besteht ja nicht nur darin, daß der eigene Arbeitsplatz an den Erfolg des oder der Produkte geknüpft ist, sondern auch in dem Wunsch, etwas zu verwirklichen und Erfolg zu haben. Hinzu kommt noch, daß bei der heutigen hohen Innovationsgeschwindigkeit das Wissen gerade ausreicht, um die Funktion sicherzustellen, oft aber nicht, um noch komplexe Wirkungsabschätzungen vorzunehmen.

Herstellung/Verkauf: Auf dieser Stufe fehlen evtl. schon wieder detaillierte Kenntnisse der Wirkungszusammenhänge – man denke z.B. an chemische Produkte –, gleichzeitig tritt das Interesse an der Vermarktung des Erzeugnisses in den Vordergrund.

Anwender/Betroffene: Oft dauert es sehr lange, bis schädliche Wirkungen überhaupt einem bestimmten Produkt zugeordnet werden, manchmal ist es unmöglich. Häufig sind auch gerade solche Menschen betroffen, die nicht die Mittel haben, Mißstände öffentlich zu machen und auf Abschaffung zu drängen. Man denke nur an die Ansiedlung stark verschmutzender Industrien in der Nähe von Elendsvierteln oder global in der Dritten Welt. Wo Eingriffe in die Natur erfolgen, die nicht unmittelbar die Betroffenheit von Menschen erkennen lassen, will u. U. überhaupt niemand mögliche Folgen erkennen. Die Anwender sind oft ja auch Nutznießer des Produktes und befinden sich in einer ähnlichen Interessenlage wie die Verkäufer. Meist erstreckt sich die Möglichkeit einer Erkenntnis sowieso nur auf die direkte Sinneswahrnehmung, da an diesem Punkt notwendige Methoden und Hilfsgeräte fehlen.

Schädliche Auswirkungen einer neuen Technologie oder eines neuen Produktes werden bei der Komplexität der Verfahren auch deshalb oft nicht erkannt, weil die Zeitkonstanten sehr lange sein können oder Kombinationswirkungen nicht zu durchschauen sind.

Man sieht, unsere ganze Arbeitsorganisation ist überhaupt nicht auf die Existenz unbeabsichtigter Nebenfolgen vorbereitet. Solange es kein entsprechendes Rahmenwerk gibt, das heißt keine in ihrer Einhaltung kontrollierten Gesetze und Verordnungen, liegt die Folgenabschätzung außerhalb des Zielbereiches eines Unternehmens. Das heißt, solange kann es nur insoweit Fortschritte geben, als Einzelne sich engagieren und auch u.U. schwere Nachteile in Kauf nehmen. Dies ist angesichts der Mächtigkeit moderner Technik ein unhaltbarer, anachronistischer Zustand. Hier müssen offensichtlich erst die Rahmenbedingungen geschaffen werden, damit technische Entwicklungen von der menschlichen Gesellschaft kontrollierbar werden.

1.3 Folgen erkennen ohne Konsequenzen

Wir haben weiter oben gesehen, wieviele Gründe es geben kann, warum man nicht genügend über die Folgen bestimmter Handlungen wissen kann. Für unendlich viele Dinge aber, von der Atombombe bis zur Autobahn durch die Feuchtwiese, sind von vorneherein soviele negative Auswirkungen klar, daß ein Erkenntnismangel als Grund für die Durchsetzung ausscheidet. Einige Gründe für das Inkaufnehmen auch katastrophaler Folgen für die Umwelt sind:

- Fehlende Betroffenheit. Wenn die Wirkung sich fern (zeitlich und räumlich) von den für die Entscheidung Verantwortlichen vollzieht, reicht das reine Wissen nicht aus, um eine andere Entscheidung zu treffen, es fehlt die Betroffenheit. Dies ist ein Preis, den wir für zentralisierte Entscheidungsmechanismen und (relative) Verwaltungseffizienz bezahlen.
- Differierende Wertordnung. Die Folgen einer Handlung werden bewußt in Kauf genommen. Dies bedeutet, daß die Gruppe mit einer solchen Wertordnung im gesellschaftlichen Prozeß durchsetzungsfähig ist. Die momentane Interessenlage der an einem Prozeß Beteiligten ist also weit wirksamer, als der gute Wille, für das Allgemeinwohl einzutreten (selbst wenn dieser vorausgesetzt werden kann). Hier könnte man auch das Stichwort persönliche Profilierung einreihen. Es sind genug Beispiele bekannt, wo ein naturzerstörendes und nicht allgemein als notwenig erkanntes Großprojekt durchgeführt wurde, weil ein hoher Ministerialbeamter dies als Höhepunkt seiner Karriere empfunden hat. Man darf dies nicht als Einzelfälle abtun. Denn in jeder Organisation gibt es solche oder ähnliche Mechanismen.
- Unterdrücken von Erkenntnissen. Werden die Auswirkungen eines technischen Verfahrens nicht der Öffentlichkeit zugänglich gemacht oder gehen sie in der sprichwörtlichen Informationsflut unter, kann es auch keinen politischen Prozeß geben, um sie zu verhindern. Es ist klar, daß die weitgehende Verplanung der Freizeit durch alle möglichen Organisationen und das mit wissenschaftlichen Methoden raffinierte Medienangebot in direkter Konkurrenz zur Entwicklung von Problembewußtsein und zu politischer Willensbildung stehen.
- Sachzwänge. Darunter fällt die materielle Abhängigkeit der an einem Produkt oder Verfahren Arbeitenden ebenso, wie die "Eigendynamik" großer Organisationen, oder die Erwartung, daß eingesetztes Kapital in einem bestimmten Zeitraum eine Rendite zeigen soll. Firmen, Holdings etc. besitzen natürlich kein Gewissen und auch keine institutionelle Entsprechung. Sie arbeiten nach einem eigenen Wertsystem, das dem unserer Verfassung zugrundeliegenden in vielen Punkten widerspricht.

Bisher haben wir einige Gründe diskutiert, warum trotz aller Evidenz die Naturzerstörung ungehindert fortschreitet. Es gibt aber vermutlich noch eine zweite Wirkungsebene, welche die Stellung des Menschen zur übrigen Natur betrifft. Sie ist ungleich schwerer zu fassen. Unbestreitbar ist der Mensch Teil der Natur, und damit stellt sich die Frage, wie er in wesensfremder, unnatürlicher Umgebung reagiert. Wie wirkt es sich auf die seelisch/geistige Verfassung aus, wenn der Mensch in unbelebter Umgebung aufwächst, wenn natürliche Harmonie und Schönheit im Erfahrungsfundus fehlen? Was bedeutet das für die Maßstäbe für "human", "gesund", "krank"? Inwieweit hat körperliche Arbeit eine wesentliche Funktion zur Erhaltung des seelischen Gleichgewichtes? Gibt es sich selbst verstärkende Mechanismen derart, daß Menschen, die ohne engen Kontakt mit der pflanzlichen und tierischen Natur aufwachsen, auch nicht deren Erhaltung für wertvoll/notwendig erachten? Wieweit fließen Aggressionen eines Menschen in seine "Sachentscheidungen" ein?

In dieser Richtung scheint es noch ein großes Defizit an Wissen zu geben, vor allem aber auch an Methodik, um solche Erkenntnisse in praktische Politik umsetzen zu können. Leider ist gerade die Forschung (und ihre finanzielle Förderung) in dieser Richtung verschwindend gering im Vergleich mit der Forschung zu technischen Fragen.

Einige zusammenfassende Thesen:

Die Abläufe in der Natur sind prinzipiell nicht vollständig modellierbar. Es scheint unmöglich, Prognosen genügend genau zu erstellen, um katastrophale Entwicklungen aus dem Einsatz mächtiger Technologien ausschließen zu können.

Zur drastischen Begrenzung der Naturzerstörung ist es notwendig, das prinzipiell Erkennbare gegen alle anderslautenden Interessen auch zu erforschen und öffentlich zu machen.

Unsere Arbeits- und Wirtschaftsorganisation erlaubt nicht die systematische Suche nach schädlichen Nebenwirkungen irgendwelcher Produkte oder Verfahren. Die Konsequenzen aus dem Wissen um die Folgen zerstörerischer Eingriffe in die Natur werden heute nicht immer gezogen, da dies vielen verschiedenen Interessen zuwiderläuft. Daher muß nach Wegen gesucht werden, um dem Interesse an einer lebensfähigen Natur Geltung zu verschaffen.

Es fehlt an Wissen, inwieweit die vom Menschen künstlich geschaffene Umwelt seine typischen Handlungs- und Reaktionsmuster verändert und vor allem an Methoden, solches Wissen in politische und wirtschaftliche Handlungsweisen zu übersetzen.

2. Urbedürfnisse und Surrogate

Trotz offensichtlicher weltweiter Naturzerstörung fehlt es immer noch häufig an Handlungskonsequenzen. Viele Beispiele können belegen, daß der Mensch nicht immer, vielleicht sogar selten, rational handelt. Unglücklicherweise beruhen viele Entscheidungen auf der stillschweigenden Annahme einer von rationalen Kriterien geleiteten Handlungsweise. Die Verhaltensforschung weist darauf hin, daß es andere, mächtige Triebkräfte für unser Handeln (oder Nichthandeln) gibt. Bedürfnisse, (rudimentäre) Instinkte, vererbte Verhaltensweisen und das Phänomen der Prägung sind Fakten, die in der Diskussion um die Folgen wirtschaftlichen Handelns zu wenig berücksichtigt werden. Nur einige Schlagworte sollen hier aufgeführt werden:

Bedürfnis nach Funktionen einer engen Gruppe (Sicherheit, Anforderung, Anerkennung).
Rangordnung und Dominanzstreben,
Befriedigung körperlicher Fähigkeiten (Bewegung, körperliche Arbeit, Sexualität),
Funktionslust (immer wieder tun, was erfolgreich getan wird),
Wettbewerbslust und Spieltrieb, kollektive Aggression,
Ruhebedürfnis (Kraftsparen für den Fall großer Forderung).

Konrad Lorenz z.B. weist darauf hin, daß solche Verhaltensweisen und Antriebe stammesgeschichtlich notwendig und sinnvoll waren, daß sie aber unter den Bedingungen, wie das menschliche Zusammenleben heute organisiert ist, zum Teil stark destruktiv wirken. Wie immer die Wirksamkeit dieser Mechanismen eingeschätzt wird, sie besitzen auf jeden Fall eine große Streubreite über die Individuen, d.h. sie sind bei jedem Einzelnen unterschiedlich stark wirksam.

Man kann ein duales Schema angeben, wie diese nicht-rationalen Antriebskräfte auf die gesellschaftlich-wirtschaftlichen Abläufe einwirken:

a) Einmal wirken sie einfach als Triebfeder des Handelns. Wer setzt sich durch? Bestimmte Prozesse laufen also nicht nach der besten Einsicht aller Beteiligten oder nach sachlichen Erfordernissen ab, sondern auch so, daß sie zur Mehrung von Rang, Einkommen, Ansehen der Durchsetzungsfähigen beitragen usw. Und ebenso spiegeln die "Sachentscheidungen" zum Teil eventuelle seelische Defizite und Neurosen der Beteiligten wieder.
b) Andererseits können aber viele der oben angedeuteten Bedürfnisse nicht befriedigt werden. Es fehlt dafür an Gelegenheit und Mitteln. Durch die fortschreitende Vereinheitlichung der Lebensbedingungen infolge der Gültigkeit industrieller Standards im gesamten Lebensbereich ist kein Platz für individuelle Ausformungen. Als Folge davon erhalten Surrogate einen hohen Stellenwert. Sie sind meist materiell gebunden und tragen damit unmittelbar zum Umsatz von Ressourcen und Energie in Produkte und Abfall bei. Ganz deutlich werden solche Surrogatfunktionen wieder in der Werbung, wo ein materielles Produkt mit der Aktivierung unterschwelliger Antriebe beim Verbraucher verkauft werden soll. Aber das gilt natürlich nicht nur in diesem Bereich.

Die beiden gerade angeführten Aspekte passen soger zusammen, wie die zwei Backen einer Schere: Wenn eine Gruppe gemäß a) handelt, und damit etwa die entsprechenden Möglichkeiten einer anderen Gruppe einschränkt, so kann diese zweite Gruppe durch Surrogate, b) scheinbar zufrieden gestellt werden. Eventuell ist sogar a) damit verbunden, die materiellen Bedingungen für b) bereitzustellen. Technisch gesehen handelt es sich um einen Rückkopplungsprozeß, der aber durch seine großen Zeitkonstanten selten direkt als solcher erkannt wird. Ein Beispiel soll einige dieser Abläufe vereinfacht erläutern:

Ein großer Konzern will in einer naturnahen, ländlichen Gegend ein großes Testgelände errichten. Die Bevölkerung leistet Widerstand. Schon steht das Prestige der Verantwortlichen in der Firma auf dem Spiel. Die Durchsetzung der Pläne kann jetzt schon zu deren persönlichem Problem geworden sein. Sind sie erfolgreich, wird ein großes Stück Land betoniert und alle damit verbundenen Möglichkeiten der Lebensentfaltung und der Naturerfahrung sind verloren. Die Bauern (bzw. deren Kinder) wandern ab und sind auf einmal potentielle Arbeitskräfte. Es entsteht ein zusätzlicher Bedarf nach den Produkten eben jener Firma zur Befriedigung der neu entstandenen Prestigebedürfnisse. Wohnungen und neue Straßen werden gebaut, Arbeitsplätze müssen gefunden werden. Das Ansehen und die Karriere der Firmenverantwortlichen wären gesichert (" Projekt trotz widriger Umstände durchgezogen"), das Bruttosozialprodukt steigt. Sachliche Notwendigkeit? Vielleicht; notwendig wofür?

Bekanntermaßen ist in unserer Gesellschaft das Geld das Universaltauschmittel. Es wird die Fiktion aufrechterhalten und gefördert, daß sich das auch auf nicht erfüllte Bedürfnisse bezieht, denn scheinbar kann man alles kaufen: Liebe, Ansehen, Natur. Die Ausrichtung und Organisation der gesamten Gesellschaft hat sich sozusagen in stiller Übereinkunft immer mehr auf das eine Ziel hin verschoben: Geld Verdienen. Alles andere ist nachgeordnet, weil ja angeblich mit Geld zu erreichen. Dieser Ansatz fordert einen unbezahlbaren Tribut, im Bereich der Natur wie bei den Einzelnen: Permanente Steigerung der Zahl psychischer Erkrankungen, eine hohe Suizidquote, wachsender Alkohol- und Drogenmißbrauch; die Liste der Probleme mit steigender Tendenz in unseren Industriegesellschaften ist lang.

Ich glaube, das häufig in diesem Kontext gebrauchte Argument der Überbevölkerung unseres Planeten sticht (noch) nicht. Denn unser Wirtschaften ist ja nicht direkt auf die Erzeugung materieller, lebensnotwendiger Güter optimiert, sondern auf deren abstrakte Entsprechung, nämlich auf die Rendite allen irgendwo investierten Kapitals. Denkt man über eine Verbesserung der Lebensbedingungen der natürlichen Umwelt nach, so zeigt sich ein vermutlich beträchtlicher Spielraum bis man an den Punkt gelangt, wo man die Natur nur noch auf Kosten der Erzeugung von Dingen des Grundbedarfs schonen kann. So ist die weltweit erzeugte Nahrungsmenge rechnerisch leicht ausreichend für die Versorgung der ganzen Menschheit. Schonung der Natur konkurriert also zunächst nicht prinzipiell mit der Produktion für die Grundbedürfnisse wie Nahrung, Kleidung, sondern zuerst mit der Erzeugung der sogenannten zivilisatorischen (Luxus-) Güter.

Dies soll noch ein Beispiel illustrieren: Wenn das Drittweltland X, das seine eigene Bevölkerung nicht vollständig ernähren kann, Erdbeeren für den Export in Industrieländer anbaut, dann kann das für den Anbauer durchaus sehr rentabel sein, aber zur Produktion von Gütern für den Grundbedarf der einheimischen Bevölkerung wird praktisch nichts beigetragen. Dazu kommen noch die ganzen übrigen Probleme wie der Import von Saatgut, Pflanzen, Dünger, Chemikalien, Monokultur etc. Auch hier verdienen wieder die Beteiligten in den Industrieländern, und verglichen mit traditionellen Produktionsweisen werden mehr Energie verbraucht, Erosion gefördert, Gifte eingebracht, evtl. Wald gerodet usf.

Vor dem Hintergrund der bisherigen Diskussion scheint es unbedingt notwendig, daß mehr ganzheitlich orientierte wissenschaftliche Ansätze gefunden und gefördert werden. Wichtig ist ein dem Technologietransfer entsprechender Austausch zwischen Forschung im Sozialbereich und ihren Objekten, den Menschen in der Gesellschaft. Das öffentliche Interesse gilt jedoch vorwiegend technischen Fragen, hier fließen ungeheure Fördermittel in entsprechende Forschungseinrichtungen. Aber ebensowenig, wie man Gefühle kaufen kann, lassen sich soziale Probleme mit Technik lösen. Dieses Setzen auf technische Lösungen wird gefördert durch eine geringe Sensibilität im psychischen Bereich, durch Angst vor dem Unberechenbaren in mehr ganzheitlich orientierten Ansätzen.

Zusammenfassende Thesen:

Die Organisation unseres Zusammenlebens und Wirtschaftens wird nicht dem ganzen Menschen gerecht. Seine irrationale Komponente wird verdrängt.
Der immense Material- und Energiedurchsatz der Industriegesellschaften, der unmittelbar zur Naturzerstörung führt, hat auch seine Ursachen in der Surrogatfunktion materieller Güter.
Die Produktion der Güter des Grundbedarfs konkurriert weltweit zunächst nicht mit der Erhaltung der Natur, sondern mit der Erzeugung zusätzlicher zivilisatorischer Güter.

3. Einsatz der Technik

Technik wird als Möglichkeit gesehen, Umweltbelastungen durch ihren intelligenten Einsatz zu verringern, andererseits werden schädliche Eingriffe in die Natur natürlich erst durch den Einsatz technischer Mittel möglich.

Ohne auf die Bedeutungsunterschiede von Technik, Technologie usf. einzugehen, wollen wir hier unter Technik die Gesamtheit der Verfahren zur Herstellung von Gütern verstehen. Die komplexen Beziehungen von Mensch und Technik wurden schon sehr viel reflektiert. Weitgehende Übereinstimmung herrscht wohl unter vielen Autoren über einige Elemente dieses Verhältnisses:

- Technik ist Instinkt- und Organersatz des Menschen, der sich damit einen Vorsprung vor allen natürlichen Mitbewerbern um Ressourcen etc. sichert. Dies wird in einer schon weitgehend durch Technik umgestalteten Welt immer wichtiger.
- Damit verbunden ist der Aspekt, daß Technik als reines Instrument für verschiedene Zwecke eingesetzt wird, wie für die Mehrung von Nahrung, Schaffung von Luxusgütern, aber auch zum Erwerb und zur Sicherung von Machtpositionen, zur Befriedigung von Gewinnstreben etc.
- Technik ist Teil der Äußerung des menschlichen Wesens, Äußerung seines Spieltriebes, seines Gestaltungswunsches.

Viele große Erfindungen wurden sozusagen nebenbei gemacht, von Tüftlern, aus Spaß am Experimentieren. Sie sind damit unmittelbarer Ausdruck der Freude am Schaffen und Gestalten.

Erst durch die Technik hat sich das Verhältnis des Menschen zur Natur umgekehrt. War er zunächst immer von der Vernichtung bedroht, so ist er heute zum Vernichter geworden. Technische Mittel erlauben heute Naturzerstörung im großen Stil: Roden, Zubetonieren, Vergiften. Man darf allerdings auch nicht übersehen, daß mit ganz primitiven Mitteln wie Feuerrodung oder Überweidung katastrophale Veränderungen in natürlichen Systemen verursacht werden. Dies deutet darauf hin, daß die wirtschaftlichen und gesellschaftlichen Verhältnisse den Einsatz der Technik steuern. Allerdings gibt es wohl technische Produkte und Verfahren, die wegen ihrer Gefährlichkeit niemals falsch eingesetzt werden dürfen. Deren Entwicklung erscheint schlicht frevelhaft, da sachliche und moralische Unzulänglichkeit offenbar wesenhaft zum Menschen gehören.

Technisches Wissen, "know-how" wird aber heute immer mehr als Ressource im wirtschaftlichen Prozeß begriffen. Die Anwendung technischer Methoden wird langfristig geplant, entwickelt und erforscht. Gleichzeitig wird Technikeinsatz immer kapitalintensiver und bedingt immer mehr vorausgehende Forschung. Technologieforschung ist heute so teuer, daß sie vielfach als nationale Aufgabe verstanden wird und auf lange Zeit ungeheure Ressourcen an Geld und Intelligenz bindet. Offensichtlich dominiert unter diesen Bedingungen der instrumentelle Aspekt der Technik. Folglich werden auch immer häufiger nur Entwicklungen weiterverfolgt, die eine Rendite des eingesetzten Kapitals in einer bestimmten, relativ kurzen Zeit erwarten lassen. Will man die Entwicklung der Technik verstehen, so darf ein Aspekt nicht übersehen werden: Durch den Einsatz der Technik ist es möglich gewesen, fortlaufend natürliche Ressourcen in eine Steigerung des allgemeinen Wohlstandes zu transformieren und damit immer wieder die Frage nach der gerechten Verteilung einer begrenzten Menge von Gütern und Privilegien zu umgehen. Mit einer Erschöpfung bestimmer Ressourcen oder dem nicht akzeptablen Anwachsen der Transformationsprodukte (Abfall) sind neue Antworten auf die Verteilungsfrage gefordert. Man kann dies als Grundmuster für den Umgang mit Problemen in den Industriegesellschaften erkennen:

Suche nach technischen Problemlösungen anstatt Suche nach den Ursachen. Dies fördert natürlich den technischen Fortschritt, den Handel, das Bruttosozialprodukt, vermeidet schmerzliche Auseinandersetzungen mit Vergangenem, aber steigert auch den Energie- und Rohstoffverbrauch, das Abfallaufkommen, führt zur Entmenschlichung der sozialen Umwelt und zur Zerstörung der Natur. Homo faber! Betrachtet man heute unsere politischen Programme, so findet sich dieses Denken in erschreckendem Ausmaß.

Man kann natürlich die Technik auch für umweltfreundliche Produkte und Verfahren einsetzen. Die Möglichkeiten dafür sind sicher immens. Allerdings muß auch nach den Bedingungen gefragt werden, unter denen dies erfolgen kann. Gerade mit den oben genannten Charakteristika (hohe Kapitalbindung, lange Entwicklungszeiten) wird der Einsatz nur wieder unter dem Aspekt der finanziellen Rentabilität erfolgen. Das kann aber nur dann von Nutzen sein, wenn der Preis für Ressourcen und Naturzerstörung hoch genug ist.

Ein Beispiel für diese Zusammenhänge ist die Entwicklung von Solarzellen: Weil ihr Preis über dem anderer Energieträger liegt, sind sie trotz ihrer Umweltfreundlichkeit noch nicht konkurrenzfähig. Dies wiederum ist auch eine Folge der im Vergleich zu den Aufwendungen für andere Energieträger winzigen Forschungsaufwendungen in der Vergangenheit (neben der Vernachlässigung sozialer und anderer Kosten in der Preisbildung).

Das Beispiel Solarzelle zeigt aber auch unmittelbar, daß der Technik Grenzen gesetzt sind, um zur Minimierung des Rohstoffverbrauchs und der Naturzerstörung beizutragen. Einmal sind das natürlich die physikalischen Gesetzmäßigkeiten, die man im allgemeinen gut kennt. Das ist andererseits aber noch ein anderer Effekt, der sich einer direkten Abschätzung entzieht: Nämlich die längerfristigen Wirkungen auf das soziale und kulturelle Gefüge und das Verhalten der Menschen. Verhaltensänderungen infolge der Einführung eines neuen technischen Verfahrens können zum Beispiel leicht zunächst erzielte Energieeinsparungen wieder zunichte machen. So läßt sich beispielsweise durch eine Einschränkung des Aluminiumverbrauchs wesentlich schneller Energie sparen als durch den Ersatz von Glühlampen durch Kaltlichtlampen.

4. Verantwortlicher Umgang mit der Technik

Immer wird an das Verantwortungsbewußtsein des Forschers, des Technikers, des Ingenieurs appelliert, um damit Risiken und Gefahren bestimmter technischer Verfahren und Geräte auszuschließen und zu minimieren. So notwenig verantwortungsbewußtes Handeln ist, so kann dies unter den gegebenen Umständen jedoch nur einen kleinen Beitrag zum angegebenen Ziel leisten. Der Einzelne, vom Forschungsleiter bis zum Techniker, ist ja in seinen organisatorischen Kontext eingebunden, der praktisch immer auch ein hierarchischer ist. Wenn das Wahrnehmen von Verantwortung praktisch werden soll, muß der Einzelne im Konfliktfall mit seiner Firma, seinen Vorgesetzten Schutz genießen. Dies ist aber nicht der Fall, unbequeme Mitarbeiter, und das sind auch solche, die Verantwortung im Widerspruch zu den Firmeninteressen geltend machen, haben kein langes "Leben". Diese Problematik ist beispielsweise im Zusammenhang mit der "Challenger"-Katastrophe in den USA 1986 öffentlich diskutiert worden.

Daher müssen Wege gefunden werden, die den Einzelnen schützen, wenn er unter Berufung auf sein Gewissen bestimmte Informationen in die Öffentlichkeit bringen zu müssen glaubt, an bestimmten Prozessen nicht mitarbeiten kann etc. Auch wenn eine Technikfolgenabschätzung einmal institutionalisiert sein sollte, und dies ist überfällig, kann nicht auf das Engagement des einzelnen verzichtet werden. Deshalb muß es auch für ihn einen verläßlichen Schutz vor Sanktionen geben.

Es gibt aber auch technische Entwicklungen, denen die psychische Kraft eines Menschen nicht gewachsen ist, die Schichten im Menschen ansprechen, die vom Verstand nicht oder schwer kontrollierbar sind. Die besondere Schwierigkeit, mit solchen Fragen umzugehen, entsteht durch die große Verschiedenheit der Individuen. Dieses Problem ist u.a. von der Werbung her bekannt, erstreckt sich aber auch auf viele andere Dinge. Dies ist zu berücksichtigen, wenn von verantwortlichem Umgang mit der Technik die Rede ist. Und natürlich könnte man hier wieder nach den Bedingungen fragen, die ein Individuum befähigen, Verantwortung für das eigene Handeln wahrzunehmen bzw. wo die Grenze verläuft, an der ein "Aufpasser" – die Gemeinschaft, der Staat – eingreifen muß.

Einige Thesen:

> Technik kann eine wichtige Rolle spielen, um den Produktionsprozeß umweltfreundlicher (und sozialverträglicher) zu gestalten. Dem sind aber physikalische und wirtschaftliche Grenzen gesetzt, so daß diese Maßnahmen allein ohne Wandel im Verhalten nicht hinreichend sind.
> Verantwortlich kann mit Technik nur umgegangen werden, wenn die notwendigen strukturellen Voraussetzungen geschaffen werden (Unabhängigkeit, Wissen, Öffentlichkeit).

5. Politisches Handeln

Im politischen Bereich sollten Rahmen und Gesetze für die übrigen Lebensbereiche auf dem Boden der Verfassung festgelegt werden. Hier stoßen wir aber auf das Problem, daß es de facto heute nur noch sehr eingeschränkt möglich ist, den Bereich der Wirtschaft in politisch vorgegebene Rahmen einzupassen. Durch die weitgehende internationale Verflechtung und die Machtkonzentration bei einigen großen Wirtschaftskomplexen ist der nationalstaatliche Handlungsrahmen zu eng. Erschwerend kommt hinzu, daß das Subsystem Wirtschaft nach anderen als demokratischen Regeln arbeitet und damit im Spiel um die Macht teilweise weit erfolgreicher operieren kann. Ob es in Zukunft gelingt, den politischen Willen gegenüber solchen vielseitig verflochtenen Sachzwängen besser zur Geltung zu bringen, scheint mir der Kernpunkt der weiteren politischen Entwicklung zu sein. Diese Fragen können hier nicht weiter vertieft werden, sondern es sollen einige Forderungen an die Politik diskutiert werden. Nach den bisherigen Überlegungen könnte man zwei Problemkreise grob unterscheiden:

a) Wenn der Mensch mit den heutigen technischen Mitteln in die Natur eingreift, lassen sich weder alle Wirkungen im natürlichen System noch die sozialen und psychologischen Folgen für den Menschen genau vorhersagen. Außerdem besteht zwischen den wissenschaftlichen Erkenntnissen und den Subjekten des politischen Prozesses keine genügend enge Verbindung. Daher sind im Hinblick auf eine Schonung der Natur folgende Punkte zu bedenken:

- Jeder technische Prozeß wird so ausgelegt, daß er bei einer Störung des Systems auf der sicheren Seite zu liegen kommt. Diese grundlegende Ingenieurregel muß auch bei Eingriffen in das natürliche System sinngemäß angewendet werden. Das heißt, eine Maßnahme ist zu unterlassen, wenn ihre Wirkungen und Nebenwirkungen nicht mit großer Sicherheit (welches Maß an Sicherheit?) abgeschätzt werden können. Damit verbieten sich auch praktisch alle nicht lebensnotwendigen Handlungen mit nicht vorhersehbar irreversiblen Folgen (das sind solche, die in menschlichen Zeiträumen nicht mit den realistischerweise zur Verfügung stehenden Mitteln rückgängig gemacht werden können). Wer kann etwas wirklich verantworten, was auf Jahrtausende hinaus wirksam bleibt?

– Es muß sichergestellt werden, daß die Folgen technischer Eingriffe in die Natur im voraus so weit wie möglich von unabhängigen Experten untersucht werden. In Punkt 2 wurde schon auf die verschiedenen Interessenlagen hingewiesen, die es heute verhindern, daß alles Erkennbare auch erkannt wird. Diese Unabhängigkeit muß auf hoher Ebene verankert werden. Gleichzeitig muß eine enge Rückbindung an die Öffentlichkeit dafür sorgen, daß die Ergebnisse in die öffentliche Diskussion einfließen und die Untersuchungen von ihr angeregt werden. Bei dem hohen Stellenwert technischer Prozesse in unserer Gesellschaft und den tiefgreifenden Folgen für die gesamte Umwelt kommt dieser Institution fast das Gewicht einer "Vierten Kraft" im politischen Kräftefeld zu.

– Aus der nicht vollständig möglichen Modellierbarkeit der Wirklichkeit folgt auch die Forderung nach Freiraum für alle gesellschaftlichen Prozesse, um die Funktionsfähigkeit "natürlicher" Regelmechanismen zu erhalten. Analog zu technischen Systemen muß es auch hier Sicherheitsabstände geben; nicht alle materiellen und immateriellen Ressourcen dürfen voll ausgeschöpft werden. Industrielle Effizienzkriterien sind für gesellschaftliche Abläufe nicht am Platz. Soziale Anpassung, Lernprozesse, kulturelle Antworten auf Änderungen der Lebensverhältnisse sind nicht planbar und haben große Zeitkonstanten, brauchen also Zeit und Freiräume. Diese wieder neu zu schaffen bzw. zu erhalten ist eine wichtige politische Aufgabe, die notwendig auch die Erhaltung natürlicher Lebensräume einschließt.

– Es erscheint unmöglich, zumindest aber unklug, ethisch bestimmtes, verantwortetes Handeln durch Gesetze und Vorschriften ersetzen zu wollen. Damit aber ist es dringlich, die Bedingungen ethischen Handelns zu untersuchen und zu erfüllen. Dazu gehört auch die Schaffung einer institutionellen Möglichkeit, daß Arbeitnehmer ihre Verantwortung auf den verschiedensten Stufen auch wahrnehmen können und nicht durch ihre materielle Abhängigkeit daran gehindert bleiben. Verantwortetes Handeln aus der Sicht der Wähler bedeutet, daß es die Chance geben muß, nicht nur alle paar Jahre über ein ganzes Bündel politischer Ideen abzustimmen. Was macht der Wähler, der den außenpolitischen Kurs einer Partei, aber nicht deren umweltpolitisches Programm unterstützen will? Es muß also die Möglichkeit geschaffen werden, über kleinere Einheiten abzustimmen. Die Institution des Volksbegehrens in Bayern z.B. zeigt in diese Richtung.

– Wirtschaftliche Rahmenbedingungen müssen eine gewissenhafte Untersuchung und Veröffentlichung von Folgelasten erzwingen können. Eine Möglichkeit besteht darin, daß die Preise wenigstens alle abschätzbaren Folgekosten widerspiegeln (z.B. Beseitigung, Wiederherstellung). Haftung muß auch noch nach vielen Jahren möglich sein oder wenigstens Ausgleich für vorher nicht absehbare Schäden. Wie können aber soziale und übergeordnete Umweltschäden verrechnet werden? Sicher reicht eine rein monetäre Betrachtungsweise hier nicht aus (siehe Abschnitt 2). Es bestünde dann die Gefahr, daß wiederum rein technische Aspekte in den Vordergrund treten und die anderen seelischen, sozialen Aspekte noch weiter verdrängt werden.

b) Sachzwänge werden immer wieder zur Begründung zerstörerischer Entwicklungen angeführt. Allen voran ist es das Argument der internationalen wirtschaftlichen Wettbewerbsfähigkeit. Unter diesem internationalen Konkurrenzkampf kommt es auch zu einer stetig wachsenden Innovationsgeschwindigkeit. Diese ist zu hoch für die Anpassungsfähigkeit unserer politischen und sozialen Systeme und letzlich von uns Menschen. Sie läßt keine Zeit, die Folgen neuer Technologien zu untersuchen oder zu beobachten. Sie fordert gerade von den in diesen Bereichen Tätigen so hohen Einsatz, daß die Intelligenz, die Kreativität oder die intuitiven Beiträge oft gerade der Begabtesten für die kulturelle und soziale Weiterentwicklung der Gesellschaft verloren sind, da sie einseitig an technische Fragen gebunden werden.

Es scheint mir daher eine zentrale politische Aufgabe zu sein, hier in internationalem Rahmen eine Verlangsamung der Entwicklungen zu erreichen. Natürlich verlangt dies eine genaue Analyse der Möglichkeiten und Konsequenzen. Aber zunächst ist es wichtig, überhaupt einmal einzusehen, welche verheerenden Wirkungen in allen Bereichen eine nur von der Logik wirtschaftlicher Gesetzmäßigkeiten gesteuerte Entwicklung mit sich bringt.

Von der geistigen Haltung her nimmt der internationale Konkurrenzkampf durchaus kriegerische Züge an. Die Sprache kann hier als ein Indiz gelten ("Strategie und Gefecht, in Märkte vordringen, Stellungen ausbauen, Bastionen angreifen" u.s.w.). Die hohe Innovationsgeschwindigkeit hat natürlich den Zweck, daß der Überlegene nicht vom Unterlegenen eingeholt werden kann, und zwar technologisch (Unternehmen, Umsätze, Arbeitsplätze), weltwirtschaftlich (Industrie – Entwicklungsländer), militärisch (Technologie als Hauptfaktor militärischer Überlegenheit). Ich glaube, wir befinden uns hier an einem zentralen Punkt. Wesentliche technologische Fortschritte, gerade auch im Bereich der sogenannten Schlüsseltechnologien, beruhen auf militärischen Vorgaben.

Deshalb ist es ein wichtiges poltisches Ziel, hier das Analog zu Abrüstungsverhandlungen im internationalen Rahmen zu finden. Es müssen Möglichkeiten gefunden werden, daß bestimmte Umweltvorschriften, soziale Standards etc. weltweit eingehalten werden, um zu verhindern, daß die verschiedenen Länder und Standorte gegeneinander ausgespielt werden. Die Diskussion um die Einhaltung der Menschenrechte läßt die Probleme, die damit verbunden sind, nur ahnen; die amerikanisch-japanischen Halbleiterabkommen könnten ein erster Hinweis auf die einzuschlagende Richtung sein.

Das Hauptproblem bei dem Versuch, den internationalen Wettbewerb nicht als ruinösen Wettbewerb weiterzubetreiben, könnte sein, daß solche Verhandlungen auch die Frage nach der Gerechtigkeit des wirtschaftlichen Istzustandes einschließen. Aber wenn es nicht auf dem Verhandlungsweg gelingt, auch in der Frage des weltweiten Wirtschaftskampfes abzurüsten, wird der unabsehbar hohe Leidensdruck der Menschheit dies erzwingen. Die Zerstörung der Ozonschicht durch wirklich nicht lebensnotwendige FCKW-Gase ist ein inzwischen bekannter Meilenstein auf diesem Weg. Diesen Leidensdruck zu verhindern, ist aber wohl die vornehmste Aufgabe jeder Politik.

Zusammenfassende Thesen dieses Abschnitts:

Die Politik muß erreichen, daß der internationale Wettbewerb nicht ruinös auf Kosten der Umwelt ausgetragen wird und daß die Anpassungsfähigkeit des Menschen und unserer sozialen Systeme nicht überfordert wird.
Technische Kriterien dürfen in politischen Entscheidungen nicht überbewertet werden. Verantwortung für technische Ergebnisse zu übernehmen heißt, daß alle prinzipiell erkennbaren Folgen untersucht und veröffentlicht werden und daß der Einzelne in seiner konkreten Situation im Prokuktionsprozeß von der Gesellschaft nicht allein gelassen wird, sondern institutionellen Rückhalt findet. Dies zu erreichen, ist Aufgabe der Politik.

Hubert Grabitz

PSYCHOLOGISCHE ASPEKTE DES ALLTAGSHANDELNS ZWISCHEN ÖKONOMIE UND ÖKOLOGIE

Die seit Jahren in den Medien und in gesellschaftspolitischen Veranstaltungen intensiv geführte Umweltdiskussion läßt den Schluß zu, daß die Bevölkerung in ihrer Mehrheit ein globales Wissen um die Umweltwirkungen ihrer ökonomischen Handlungen, sei es als Verbraucher, sei es als Produzenten, besitzt.

Dieses Wissen kennt nicht alle biologischen, chemischen und physikalischen Verästelungen der Umweltwirkungen, sondern gemeint ist ein Wissen, das als popularisiertes Bescheid-Wissen (zwischen umweltbelastend und umweltschonend) immer abrufbar ist.

Es hat sich in der Bundesrepublik in den letzten 20 – 25 Jahren ein enormer Bewußtseinswandel in Umweltfragen vollzogen, ohne daß auch nur ein annähernd entsprechender Wandel in den Handlungen eingetreten wäre (öffentlich-kollektiv wie privat-individuell).

Daß dieser Wandel notwendig wäre, ist überdeutlich, da wir mit unseren jetzigen Handlungen die Zukunft beeinflussen: "So ändert sich die Zukunft bereits in der Gegenwart, und wir sind verantwortlich für diese Änderung. Diese Verantwortung fordert von uns, daß wir uns bemühen, die Zeichen der Zeit zu verstehen, Fragen zu stellen, Zweifel nicht beiseite zu schieben, ..." (*H. Bossel*, 1978)[1]

Philosophisch verdichtet sich diese Verantwortlichkeit zur "Perspektive, aus der sich die Zeitgenossen für den aktuellen Zustand als die Vergangenheit einer künftigen Gegenwart zur Rechnung gezogen sehen." (*J. Habermas*, 1985)[2] (S. a. *A. Köpcke-Duttler* in ds. Band: "Ein weiterer (Grundzug jenes Ethos) wird von der Frage nach den Rechten der heute noch nicht geborenen, nach den Pflichten gegenüber den kommenden Generationen gebildet."

An Appellen und Mahnungen hat es in der Vergangenheit nicht gefehlt. Doch bevor wir eine kollektive Verantwortungslosigkeit unterstellen, soll der Frage nachgegangen werden, ob es psychologisch aufweisbare Zusammenhänge gibt, die den unausgesprochenen – und damit unabgestimmten – Konsens, im Rahmen der vorgegebenen Ökonomie zu Lasten der Ökologie so weiterzumachen wie bisher, aufrechterhalten.

1. Alltagshandeln

Eine Zugangsmöglichkeit zur Beantwortung dieser Frage ergibt sich aus der Betrachtung der kognitiven und emotionalen Struktur des Alltagshandelns und entsprechender Eingriffe.

Der psychologische Rahmen des Alltagshandelns wird dadurch gebildet, daß jeder Mensch in einer "gemeinsamen Welt mit der Erwartung von gegenseitiger Normalität" lebt. (*H. Thiersch*, 1987)[3] Mit Normalität ist die Nähe zum spontan und unreflektiert angenommenen Durchschnitt menschlichen Verhaltens gemeint: "Jeder Mensch ist mir ähnlich, deshalb können wir uns miteinander verständigen; der andere deutet vergleichbare Probleme wie ich."

Das führt zu "Typisierungen der Deutungen" und "Routinisierungen von Handlungen",[4] die als Sicherungen und Leitplanken in der pragmatischen Erledigung von Natur aus komplexer Fragen zu betrachten sind.

Diese Typisierungen und Routinisierungen gehören zur psychischen Ökonomie eines jeden Menschen. D.h. wir können nicht bei jeder Alltagshandlung deren komplexe Bedingtheit bedenken und ein Gesamtmuster der Auswirkungen abschätzen, bevor wir zur Handlung schreiten. Der unmittelbare Entscheidungs- und Erledigungsdruck ist viel zu groß. *A. Schütz* meint: "Der Mensch des Alltagslebens ... sucht überhaupt nicht nach Wahrheit und fragt auch nicht nach Gewißheit."[5] – Er handelt so, als sei er sich gewiß und wüßte sich in der Wahrheit, könnte man ergänzen.

Eine immer schon vorausgesetzte Selbstverständlichkeit macht das Alltagshandeln in sich widersprüchlich:

- einerseits ist es authentisch in der Vertrautheit von Erfahrung, in der Zugehörigkeit und Offenheit seiner Pragmatik,
- andererseits ist es in den Routinen und Typisierungen als auch im Erledigungsdruck der Pragmatik borniert und führt zu oberflächlicher Geschäftigkeit.[6]

Gerät Alltagshandeln in eine Krise, so ist es daran interessiert, daß Normalität so lange wie möglich weitergeht.

Gerade in der Krise wird das andere, was die alten, eingespielten Regeln in Frage stellen oder bedrohen könnte, ausgegrenzt, isoliert oder verdrängt.

2. Strategien zur Herstellung oder Beibehaltung von Normalität

Das oben Gesagte gilt sowohl für individuelle psychische Krisen als auch für die Handhabung von Umweltkrisen.

Im letzteren Fall sind Politik und Verwaltung im großen Stil bemüht, die Unterstellung von Normalität aufrechtzuerhalten. Entsprechende Statements und politisch-administrative Aktivitäten zielen darauf ab, durch das Einsetzen von Grenzwertkommissionen oder das Einholen von Gutachten über die minimale Gefährlichkeit einzelner ökologischer Unfälle genau jene Atmosphäre von Vertrauen in die eingespielten Regeln des Alltagshandelns bei möglichst vielen aufrechtzuerhalten. Das Beschwören einer höchstens vorübergehend außer Tritt geratenen Normalität ist zu einer Routine im Alltagshandeln von Politikern geworden. Und ergänzend dazu "glauben" die Routinen der übrigen Alltagshandelnden nur zu gerne an die öffentlich festgestellte Normalität, weil man ohne diesen Glauben unter einen enormen Veränderungdruck geriete.

2.1 Typisierung

Eine in diesem Gesamtprozeß wichtige, innerpsychische Ausgrenzungs- und Verdrängungsstrategie zur Beibehaltung von Normalität ist die Verschärfung der bei jedem Menschen latent vorhandenen Typisierungstendenz. Es handelt sich hierbei nicht um Typen, die in den Persönlichkeitstypologien (z.B. der Extravertierte, die Introvertierte) entwickelt werden, sondern um eine individuell mehr oder weniger stark ausgeprägte Neigung, sich ein schnelles, inneres Bild von Menschen zu machen, das an Bekanntes anknüpft, so daß man mit ihnen zweifelsfrei umgehen kann.

Wird nun im Gefolge von Umweltschädigungen auch vom Einzelnen eine Verhaltensänderung angemahnt, so wird ein negatives, relativ scharf konturiertes Bild des Umweltbewußt-Handelnden entworfen, auch oder gerade wenn kein wesentlicher Kontakt zu solchen Menschen besteht.

Er wird dann als ein ängstlich-zwanghafter Mensch karrikiert, der nicht in die Fülle dessen greift, was das Leben zu bieten hat, ("Ich wußte gar nicht, daß auch Umweltschützer Calvados trinken.") aus Angst, es könnte ihn gefährden oder schaden. In diesen Vorstellungen ist er von ungeheuerem Mißtrauen allem Technischem gegenüber beseelt und traut dem allgemeinen Fortschritt nicht zu, die augenblicklichen Umweltschwierigkeiten zu überwinden und sucht daher nach Konzepten in der Vergangenheit. Ein rückwärts gewandter Träumer also, dem niemand ähneln möchte.

Solche, individuell als Abwehrmaßnahme produzierten Bilder werden zu gegebener Zeit von Seiten der Wirtschaft und Politik gefördert ("Steinzeit", "Mittelalter").

Mit der psychischen Herstellung dieser Typisierung wird eine Veränderung der eigenen Alltäglichkeit im Vorwege ausgeschlossen, ohne daß überprüft werden müßte, welche Aspekte ökologischen Handelns im eigenen Alltag integrierbar wären. (Eine ähnliche Vorauswirkung hat die resignative Haltung, die behauptet, alles eigene Bemühen habe keinen Sinn.)

Diese Neigung zu ausgeprägter Typisierung läßt sich aus sozialpsychologischer Sicht mit einer "allgemeinen Tendenz zur Vermeidung neutraler Einstellungen" (*P. Hofstätter*, 1966)[7] erklären. Wenn das Umweltproblem und das individuelle Verhalten im Spannungsfeld Ökonomie – Ökologie als ein hochwichtiges Thema betrachtet wird, gilt dies umso mehr, denn die Neigung, sich ein schnelles, ungeprüftes Bild über Sachverhalte oder Menschen zu machen und damit eine neutrale Einstellung zu vermeiden, "nimmt mit der subjektiven Wichtigkeit der vorgelegten Probleme zu".[8]

Im sozialpsychologischen Sinn wird der jeweils andere als Extremist charakterisiert, obwohl eigentlich das Problem (hier: Was mache ich mir für ein Bild von dem, der umweltbewußt handelt?) in der Schwebe gehalten werden müßte.

Doch diese Unentschiedenheitstoleranz ("ambiguity tolerance", *E. Frenkel-Brunswik*, 1949),[9] die hier als Bereitschaft, subjektive Entscheidungen offenzuhalten zu verstehen ist, verträgt sich nicht mit dem Streben nach Geschlossenheit des eigenen Weltbildes. *Hofstätter* sieht in der "ambiguity tolerance" eine Fähigkeit zum "Verzicht auf Etablierung eines Sinnzusammenhangs". Dieser Verzicht kann offensichtlich nur selten geleistet werden, da die "Geschlossenheit des eigenen Weltbildes"[10] eine wichtige Voraussetzung für ein stabiles, reibungsverlustfreies Alltagshandeln ist. Diese Geschlossenheit läßt sich nach *Hofstätter* aber nur mit der Akzeptierung von Scheinwissen erkaufen.[11]

(Siehe auch Untersuchungen zum "autoritären Charakter" von *Adorno, Frenkel-Brunswik, Levision* u. *Sanford*, 1950. Die autoritäre Persönlichkeit neigt dazu, voreilig Schlüsse zu ziehen und nachdem sie die Sache einmal auf eine bestimmte Weise interpretiert hat, sich einer Veränderung zu widersetzen.)

Es entstehen gleichsam automatisch mit der zunehmenden Wichtigkeit der Umweltproblematik und ihrer ausführlichen, öffentlichen Diskussion eine Überhöhung der Gegensätze und der Gegnerschaft; letztere darf aber angesichts der anerkannt großen Zukunftsträchtigkeit des Themas nicht offen formuliert werden. Daher verschiebt sich die psychologische Gegnerschaft in den sachlich-inhaltlichen Bereich vieler Diskussionen: Ausgangsdaten, Ergebnisse, Teilergebnisse bis hinein in Halbsätze von Gutachten werden gegensätzlich interpretiert und verwertet.

2.2 Positive Umwelttypen und stellvertretendes Handeln

Es entwickeln sich allerdings auch in der Vorstellung weiter Bevölkerungskreise "positive Umwelttypen", die einen Sympathie-Bonus genießen. Es sind dies die sog. Umweltschutzaktivisten (z.B. Greenpeace, Robin Wood).

Sie kümmern sich mit ihren Aktionen um klar definierte Einzelziele, die in einer größeren Allgemeinheit Zustimmung finden (z.B. Walfangverbot, Einleitungsverbot in Gewässer, ...). Das jeweilige Vorgehen (z.B.-Verhinderung von Dünnsäureverklappung) erscheint gut vorbereitet, macht das dahinterstehende Gesamtziel klar und ist durch persönlichen Einsatz und Mut der Aktivisten gekennzeichnet: es gibt keine anonymen Nacht- und Nebelaktionen.

Diese Mischung aus konsensfähigem Umweltanliegen, - welches durch die meist spektakuläre Aktion klar umrissen ist - und persönlichem Risiko schafft eine moralische Unangreifbarkeit verbunden mit großer journalistischer Wirksamkeit.

Auf diese Weise lassen sich in einem größeren Öffentlichkeitsbewußtsein psychologische Rahmenbedingungen schaffen, durch die auch die ausführende Gruppe in einem positiven Licht erscheint.

Darüber hinaus ist noch wichtig, daß Organisationen wie Greenpeace von außerhalb aller uns betreffenden und damit verdächtig gewordenen Alltagszusammenhänge (Berufs-, Nachbarschaftswelt, Parteien, Verbände, ...) zu kommen scheinen. Sie sind prinzipiell keine Verhandlungspartner und haben somit auch keine irgendwie definierte politische Macht, die sie in speziellen Interessenzusammenhängen mißbrauchen könnten. Allerdings verzichten sie auch weitgehend darauf, die Zusammenhänge der Umweltbelastung bis zum einzelnen Verbraucher hin aufzuschnüren und fordern somit von ihm auch kaum eine Veränderung. Das bietet dem Einzelnen und Institutionen (z.B. Gerichten über Bußgelder) die Möglichkeit, diese Organisationen als stellvertretend für eigenes Handeln zu betrachten und über Spenden an einer Art "ökologischem Ablaßhandel" teilzunehmen. Die Existenz der Umweltschutz-Aktivisten kann als Ventilfunktion für viele wirken, die wissen, daß sie eigentlich ihr tagtägliches Handeln ändern müßten.

2.3 Zukunftsangst gegen Zukunftsangst

Eine Strategie, die seitens der Vertreter ökonomischer Interessen in Umweltdiskussionen oft angewendet wird, ist diejenige, Zukunftsangst gegen Zukunftsangst zu setzen.

Werden mit der Argumentation hochgradig belasteter Ökosysteme eingreifende Forderungen nach Umweltschutz laut, die sich z.B. in einer Einschränkung oder gar einem Verbot bestimmter, chemischer Produktionslinien konkretisieren müßten, so wird dem sofort das Argument drohender Arbeitsplatzvernichtung entgegengestellt, da im Falle der Durchführung der Maßnahmen das Unternehmen auf dem Weltmarkt nicht mehr konkurrenzfähig sei.

Somit wird eine andere, sehr viel unmittelbarer wirkende Zukunftsangst ins Spiel gebracht, die gegenüber der ökologischen Angst den "Vorzug" hat, daß sie in ihrer vorgestellten ökonomischen Auswirkung für den Einzelnen viel konkreter und damit bedrohlicher ist. Das Bild von der zukünftigen Gefahr wird individualisiert – "Du verlierst deinen Arbeitsplatz" – die persönliche Bedrohung schiebt sich vor die allgemeinere, ökologische. Mit der Arbeitsplatzargumentation gewinnt man immer wieder Anschluß an die oben beschriebenen Eigenschaften des Alltagshandelns.

Zukunftsangst gegen Zukunftsangst, das ist die in vielen Diskussionen und Round-Table-Gesprächen festzustellende symmetrische Position. Die rationale Qualität der Argumente verfängt nicht mehr, die Standpunkte wirken zementiert, man kennt das Ende der Auseinandersetzung schon zu ihrem Beginn. Auch das ist eine Möglichkeit, Normalität immer wieder zu disziplinieren.

2.4 Werbung

Alltagshandeln, stünde es allein unter dem Verdikt der Borniertheit und Oberflächlichkeit, hätte nur geringe Chancen, sich in Richtung gesellschaftlicher Wünschbarkeit oder Notwendigkeit zu ändern. Eine solche Position läßt sich schon aus historischer Sicht nicht halten. Die Moderne, in deren philosophischem Zentrum Begriffe wie "Individuum" und "Vernunft" stehen, hat sich mit ihren Errungenschaften nur dadurch entfalten können, daß sie auch und gerade im Alltagshandeln und seiner Banalität Einzug hielt. Dies geschah seit der Aufklärung gegen die traditionellen Bindungen des Alltagshandelns in Familien–, Sippen– und Standesverpflichtungen und in der Religion.

Ein wesentliches Mittel, Alltagshandeln heute massenhaft zu beeinflussen, ist in der Werbung und ihrer Wirkung zu sehen.

Werbung versucht, Produkten sekundäre Attribute zu geben, die über die im Verwendungszusammenhang wichtigen Eigenschaften hinausgehen. Diese Attribute sollen beim potentiellen Käufer unbewußt Erwartungen wecken, daß sich bestimmte Wünsche, meist sozialer Art erfüllen, die mit dem Gebrauch der Ware oft so gut wie nichts zu tun haben. (S. a. *M. Dippold* in ds. Band: Urbedürfnisse und Surrogate) Diese Wirkrichtung zielt darauf ab, den Warenabsatz zu steigern.

Allerdings geht von der Gesamtheit der den Produkten beigegebenen Attribuierungen eine zweite Wirkrichtung aus, und zwar auf den Lebensstil der Umworbenen.

Werbung, z.B. für eine Scheckkarte, macht nicht nur für diese Reklame, sondern auch dafür, wie der – erfolgreiche und dynamische – Mann auszusehen hat und daß es überhaupt wichtig ist, erfolgreich und dynamisch zu sein, o. ä. Und die Werbung für eine Kaffeesorte betont neben der Qualität des Kaffees auch, wie eine – glückliche – Ehefrau oder eine – hochkarätige – Chefsekretärin sich in den jeweiligen Situationen zu verhalten haben.

Es wird also nicht nur für das Produkt selbst geworben, sondern auch für Lebensweisen und -zusammenhänge, die zumindest auf den ersten Blick erstrebenswert erscheinen – und tiefergehende Blicke ermöglicht und intendiert Werbung auch nicht.

Der Vermittlung dieser sog. unthematischen Information[12] über den Anmutungsweg kommt in der Werbung große Bedeutung zu, und diese ist für den aktuellen Lebensstil der Umworbenen in ihrer kumulativen Wirkung kaum zu überschätzen. Denn Werbung knüpft geschickt an jene Charakteristika an, die für das Alltagshandeln kennzeichnend sind:

> Werbung fördert den Eindruck von Normalität und Nähe zur eigenen sozialen Bezugsgruppe und vereinfacht Entscheidungssituationen kognitiver Art durch deren Emotionalisierung.

Damit macht sie die der Produktions- und Konsumsphäre schwer zugängliche Ressourcen "zwischenmenschliche Bedürfnisse und Impulse" nach Ziel- und Altersgruppen sortiert mit Hilfe psychologischer Techniken ausnutzbar. Der Käufer einer Ware glaubt sich durch deren Besitz einer Gruppe zugehörig, und er verzichtet somit auf die sozialen Aktivitäten, die allein eine lebendige Zugehörigkeit ermöglichen. Ob dabei eine "Plünderung" der sozialen Fähigkeiten (z.B. Qualität der Bindungsfähigkeit) vor sich geht, die der Ausbeutung der traditionellen Umweltgüter Luft, Boden und Wasser ähnelt, sollte zumindest einmal in Betracht gezogen werden. (S. a. *W. Koll* in ds. Band: "Wenn demnach die Zerstörung der Umwelt nur die Entsprechung zur Zerstörung der Innenwelt des Menschen ist, so müßte für die Therapie gelten, daß intakte äußere und innere Ökologie des Menschen einander bedingen.")

Heutiges Alltagshandeln steht massenhaft unter der ständigen Wirkung eines werbepsychologischen Trommelfeuers, wie der "moderne" Mensch im Sinne der Konkurrenz-Ökonomie auszusehen und zu handeln habe. So entsteht das Paradoxon, daß das Alltagshandeln, welches emotional eher konservativen Zuschnitt hat, glaubt fortschrittlich zu sein, wenn es der dauerhaften Suggestion "so bist du modern" zu modischem, schnellem Wechsel und hohem Verbrauch nachgibt. Dadurch konserviert es aber gleichzeitig politische und ökonomische Strukturen über den Einfluß als Verbraucher.

Werbung ist (im Verein mit der dazugehörigen Produktion) ein wesentliches Instrument, die Verbraucher ("Der Verbraucher will das so") in Zusammenhänge und Abhängigkeiten eines Lebensstils zu bringen oder zu halten, der über die ökonomische Seite dieses Lebensstils mit Umweltausbeutung assoziiert ist. In einer Art Umkehrschluß scheint es keine Frage zu sein, daß Werbung auch für einen ökologisch verantworteten Lebensstil werben und große Wirkung im Alltagshandeln erzielen könnte. Doch stehen dem die politisch-ökonomischen Rahmenbedingungen entgegen.

3. Exkurs: Untergangsstimmungen

Versuche, die "Borniertheit" und "Oberflächlichkeit" des dahintrottenden Alltagshandelns zu durchbrechen und eine ökologische Wende herbeizuzwingen, sind in dem Anheizen und unreflektierten Verbreiten von Fünf-vor Zwölf-Stimmungen und Untergangsvisionen zu sehen.

Eine derartige Vision von der brennenden, untergehenden Erde hat in dem erfolgreichen Schlager "Eiszeit" von Peter Maffay eine weithin popularisierte Verbreitung gefunden:

"Berge spucken Lava aus / in den silberklaren Mond / Aschenregen fällt auf uns / die Erde hat Milliarden Volt / und aus den Quellen schießt / Glut so hoch bis zum Saturn / ... / Eiszeit, wenn die Meere untergeh'n und die Erde bricht / ... / und der letzte Mensch bittet um den Tod."

Soweit Peter Maffays "Eiszeit", die als Mischung aus Apokalypsevorstellung und atomarem Super-Gau, gekleidet in eingängige Rhythmen die Hörer auf ein mögliches Ende einstimmen könnte. Es wird der in explosiver Dynamik sich gleichsam von selbst einstellende Tod der Erde beweint und betrauert. Oder könnte es sein, daß von diesem Bild der mit Milliarden Volt geladenen, untergehenden Welt auch etwas Faszinierendes, etwas Anziehendes ausgeht?

Wenn die Welt für expansiv-eroberndes Handeln unerträglich langweilig geworden zu sein scheint, wenn sich bei manchem der Verdacht einnistet, daß unser Leben nach und nach auf eine gigantische Intensivstation, abhängig von Schrittmachern, Monitoren und Grenzwertlisten verlagert wird, dann könnte diese Welt in ihrem explosiven Endzustand wieder attraktiv werden. Die Phantasie kann sich auf der zerbrechenden Erde als Held erleben, als untergehenden zwar, aber als Held.

Solche Phantasien haben einen tiefenpsychologischen Zusammenhang zu dem in der Psychopathologie bekannten Phänomen des erweiterten Selbstmordes. Sehr viel häufiger sind es Männer als Frauen, die, selbst lebensmüde geworden, ihre Familienangehörigen ermorden, bevor sie sich selbst töten. Die narzißstische Kränkung, mit dem Leben nicht zurechtgekommen zu sein, erträgt es nicht, daß gerade die geliebten Menschen weiterleben und das Leben meistern könnten.

Narzißmus paart sich mit Perfektionismus: "Die Welt ist nicht so, wie ich sie gut finde, also ist sie wert unterzugehen," im erweiterten Selbstmord die überschaubare Welt der Familie, in den apokalyptischen Untergangsvisionen die gesamte Erde.

Pauschale Katastrophen- und Endzeitstimmungen, die oft von einem starken, moralischen Impuls getragen sind,[13] sind Anzeiger für gefährliche Ermüdungserscheinungen und verweisen auf den pathologischen Zustand unseres Willens zu positiver Veränderung. Sie schüren eher Resignation und Apathie, als daß sie Verbesserungen schaffen, da das psychische Empörungspotential nach jeder tatsächlichen oder vermeintlichen Katastrophe abgenutzt wird, weil die physiologische Bereitstellung des Körpers zu Kampf oder Flucht leerläuft und lediglich individuell psychosomatische Spuren hinterläßt. (Unbehandelt bleibt an dieser Stelle das Problem, das als Frage bei *M. Dippold* in diesem Band auftaucht: "Welches sind die Umweltbedingungen für psychische Gesundheit?" Wie wirken die latenten Gefahrenstimmungen dauerhaft auf die seelische Gesundheit?) Das Verbreiten solcher Stimmungen signalisiert krisenhaft in eine Sackgasse geratenes Alltagsdenken. Es kann sich daraus befreien, wenn es sich entschließt, erreichbare, verdächtig gewordene Lebenszusammenhänge und -gewohnheiten anzugreifen und zu verändern.

4. Rahmen für Veränderungen

Auf vielfältige Weise unterliegt das psychische System Alltagshandeln ständigen kognitiven und emotionalen Eingriffen aus der öffentlichen und ökonomischen Sphäre, die es auf Kurs halten. Will es sich in Richtung Ökologie ändern, muß es dies z.Z. gegen jene mächtigen Beeinflussungen tun.

Die angedeuteten Strategien zur Veränderung, nämlich

- moralisierend Zukunftsverantwortung einklagen
- wissenschaftlich-rationales Argumentieren
- spektakuläres, stellvertretendes Agieren
- Verbreiten von Endzeitstimmungen

sind als je alleinige Elemente veränderten Alltagshandelns untauglich, denn dieses muß einigen Kriterien genügen, die sich aus seiner psychologischen Struktur ergeben.

Alltagshandeln muß

- weitgehend befreit sein von Reflexion
- auf Verständigung mit möglichst vielen angelegt sein (es darf den Handelnden nicht von der Gemeinschaft trennen)
- die ihm innewohnende Moral unmittelbar und konkret leben können.

Das lenkt den Blick auf andere gesellschaftlich-gemeinschaftliche Rahmenbedingungen, die eine Veränderung zulassen und unterstützen. (S. a. in ds. Band *M. Dippold*, der feststellt, daß die Arbeitsorganisation nicht auf die Existenz unbeabsichtigter Nebenfolgen von Produkten und Produktion eingestellt ist und folgert: "Hier müssen offensichtlich erst die Rahmenbedingungen geschaffen werden, damit technische Entwicklungen von der menschlichen Gesellschaft kontrollierbar werden.")

Wenn man mit *Sennett*[14] keine Orte öffentlichen Lebens mehr findet, in denen in gemeinsamen Problemlösungsversuchen neue Rahmenbedingungen geschaffen werden können, - es existieren nur noch "durchstaatlichte Pseudoöffentlichkeiten"[15] - so wird deutlich, daß ein neues Handeln zwischen Ökologie und Ökonomie nicht ohne die Wiedergewinnung öffentlicher Räume langfristig durchsetzbar ist. Es muß wieder ein "Publikum" existieren, von dem Kant sagt, es sei "beinahe unausbleiblich ... daß ein Publikum sich selbst aufkläre, ... wenn man ihm nur die Freiheit läßt ... Freiheit, von seiner Vernunft in allen Stücken öffentlichen Gebrauch zu machen."[16]

Oskar Negt spricht von der "Vergesellschaftung des Menschen von unten". Dadurch soll individuelles Handeln und Struktur öffentlicher Räume wieder in Kongruenz gebracht werden, denn er meint damit "etwas ganz Elementares in den Lebenszusammenhängen der Menschen: die Erweiterung der Formen, in denen die Menschen ihre durch Familiensozialisation, in Schule und Beruf erworbenen gesellschaftlichen Fähigkeiten auch praktisch bestätigen können. Die gegenständliche Tätigkeit der Nähesinne der Menschen, dort wo sie wohnen und arbeiten, wo sie ihre Ängste in politischen Demonstrationen öffentlich ausdrücken, wo sie Gefahren wahrnehmen und bekämpfen – diese Betätigung ist die Grundlage für die Entwicklung der Fernesinne, von sinnlich reflektierten Wahrnehmungen, die sich auf das Ganze der Gesellschaft unter dem Aspekt seiner Veränderbarkeit richten können."[17]

Erst wenn die Veränderbarkeit der Gesellschaft vom nahen Lebensumfeld aus möglich wird, dann gelänge die Vergesellschaftung des Menschen von unten zur Vermenschlichung der Gesellschaft. In diesem Sinne fährt *Oskar Negt* fort: "Erst die Gestaltung der eigenen Gegenstandswelt, in der die Menschen sich wiedererkennen, löst das Gespensterdasein der Dinge und der Verhältnisse."[18]

Ein solches Projekt könnte sich mit *Ivan Illichs* "Convivencialidad"[19], der Freude an der Fülle des Miteinanderlebens treffen. Eine Freude, die jeden Genuß vermeidet, der die persönliche Beziehung verdrängt oder verdirbt.[20] Mit der Fülle des Miteinanderlebens ist nicht jene romantisierte, rückwärtsgewandte Vorstellung von der feierabendlichen Zusammenkunft aller Dorfbewohner unter der Linde gemeint, sondern der Convivencialidad wohnt der Wille als Antrieb und die Vernunft als Fähigkeit inne, alle tagtäglichen "Werkzeuge" (*I. Illich*) wie Arbeit, Wohnen, Verkehr und Konsum zu prüfen und jene zu wählen, die den Zusammenhang persönlicher Lebensbeziehungen betonen und erweitern. Convivencialidad verwirklicht sich also im Gebrauch des konvivialen Werkzeugs, das drei Forderungen erfüllen muß:

- "Es schafft Leistung, ohne die persönliche Autonomie zu zerstören,
- es bringt weder Sklaven noch Herren hervor,
- und es erweitert den persönlichen Aktionsradius."[21]

Aus diesem Blickwinkel versteht *Illich* unter Konvivialität das Gegenteil von industrieller Produktivität. "Die industrielle Beziehung ist der konditionierte Reflex, die stereotype Reaktion des Individuums auf Botschaften, die von einem anderen Benutzer, den es nie kennenlernen wird, ausgehen. Die – stets neue – konviviale Beziehung ist das Werk von Personen, die an der Erschaffung des sozialen Lebens beteiligt sind."[22]

Im konvivialen Gebrauch der tagtäglichen Werkzeuge wird sich beides verdichten: die Wiedergewinnung öffentlicher Räume auf der Folie sozialer, nachbarschaftlicher Interaktionen.[23]

Alltagshandeln würde gleichsam im Nebenbei und absichtslos zum ökologischen Handeln, da ein Lebensstil, der die Fülle des Miteinanderlebens betont, auf die Ersatzwerte und -handlungen verzichtet, die zu oft im Zwischenmenschlichen angehäuft werden und mit einem umweltausbeutenden Lebensstil verknüpft sind.

Anmerkungen:

1. Bossel, H., Bürgerinitiativen entwerfen die Zukunft, Frankfurt 1978, zit. in: Michelsen, G. (Hg.), Die Zukunft der Bundesrepublik, Hamburg 1988, S. 7.
2. Habermas, J., Der philosophische Diskurs der Moderne, Frankfurt 1985, S. 73.
3. Thiersch, H., Alltagsnöte, Selbsthilfe, professionelle Therapie, in: Bergold, J., Faltermeier, T., u. a. (Hg.), Veränderter Alltag und klinische Psychologie, Tübingen 1987, S. 39.
4. Ebd., S. 40.
5. Schütz, A., Gesammelte Aufsätze, 3 Bde., Den Haag, 1971/72, zit. in: Thiersch, H., 1987, S. 43.
6. Ebd., S. 42.
7. Hofstätter, P., Einführung in die Sozialpsychologie, Stuttgart, 1966, S. 155.
8. Ebd., S. 156.
9. Frenkel-Brunswik, E., Intolerance of ambiguity as an emotional and perceptual personality variable, Journal of Pers. Psychology, 18, 1949.
10. Hofstätter, P., 1966, S. 163.
11. Ebd., S. 164.
12. Brückner, P., Die informierende Funktion der Wirtschaftswerbung, Berlin 1967.
13. Siehe auch Irrgang, B., in ds. Band: "Luhmann geht davon aus, daß die Gesellschaft wie nie zuvor sich selbst alarmiert, ohne über zureichende kognitive Mittel der Prognose und Praxisanleitung zu verfügen. Das Theoriedefizit wird mit moralischem Eifer kompensiert."
14. Sennett, R., Verfall und Ende des öffentlichen Lebens, Frankfurt 1983.
15. von Kardorff, E., Veränderter Alltag als Herausforderung der Psychologie, in: Bergold, J., Faltermeier, T., u.a. (Hg.) Tübingen, 1987.
16. Kant, I., Was ist Aufklärung 1784, zit. in: Greffrath, M., Das Öffentlichkeitsloch, Die Zeit v. 18.03.1988, S. 57.
17. Negt, O., Zur Dialektik der Vergesellschaftung des Menschen. Sechs Thesen über die Notwendigkeit der Selbstaufklärung der Aufklärung in: Akademie der Künste, Berlin: Der Traum der Vernunft. Vom Elend der Aufklärung, Neuwied, 1985, S. 237.
18. Ebd., S. 237.
19. Illich, I., Selbstbegrenzung – Eine politische Kritik der Technik – Reinbek 1975, S. 14.
20. S. a. Köpcke-Duttler, A. in ds. Band: "Die Sehnsucht danach, den Citoyen aus dem abstrakt-moralischen Jenseits in das Diesseits solidarischer Freiheit zurückzuholen, geht auch darauf, den Mitmenschen nicht mehr als Schranke der Freiheit des Menschen zu sehen, sondern als deren Verwirklichung."
21. Illich, I., ebd., S. 31.
22. Ebd., S. 32.
23. S. a. Köpcke-Duttler, A. in ds. Band: "Ethik ereignet sich in der Sehnsucht des leidenden Willens zum Leben, in Mitleiden, Mitfreude, scheiterndem und gelingendem Mitstreben, in der 'Unruhe einer niemals und nirgends aufhörenden Verantwortung' (Hans Lenk)".

Bernhard Irrgang

SOLIDARITÄT MIT DER NATUR?
– Eine Ortsbestimmung umweltethischen Denkens –

Ist eine Analyse der gegenwärtigen Umweltethik-Diskussion gefragt, so fällt eine Situation auf, die man nur als das Paradox der ökologischen Ethik zumindest bestimmter Provenienz bezeichnen kann. Denn einesteils ist eine Konjunktur der Umweltethik wie nie zuvor zu konstatieren, nicht zuletzt wegen des anwachsenden Umweltleidensdrucks. Aber andererseits wird meist in wohlmeinender Absicht der Ethik oft genug der Boden und das Fundament entzogen. Dies geschieht beispielsweise in ihrer naturalistischen Rekonstruktion im Rahmen einer Evolutionären Ethik, im systemtheoretischen Funktionalismus eines Niklas Luhmann und in den meisten biozentrischen oder physiozentrischen Versionen der ökologischen Ethik. Um dieses Paradox näherhin bestimmen zu können, ist der Einstieg über Luhmanns Verhältnis zur Umweltethik sehr erhellend.

1. Niklas Luhmann über die Wertlosigkeit von Umweltethik

Luhmanns Position läßt sich in dem aparten Satz zusammenfassen: Eigentlich hätte Ethik die Aufgabe, vor der Moral zu warnen. Da sie dies unterläßt, müsse die Soziologie in die Bresche springen.[1] Zur Begründung dient seine Gesellschaftsanalyse. Denn er geht davon aus, daß sich heute die Gesellschaft wie nie zuvor selbst alarmiert, ohne über zureichende kognitive Mittel der Prognose und Praxisanleitung zu verfügen (Luhmann, 11). Das Theoriedefizit wird mit moralischem Eifer kompensiert. Zudem stelle, wer auf eine neue Ethik hinauswolle, konsequent im historischen Rückblick auch die Schuldfrage (Luhmann, 19). Dabei lehrt uns doch die Evolutions – und die Systemtheorie, daß autopoietische Systeme endogen unruhig und reproduktionsbereit sind (Luhmann, 36) und daß die Fortsetzung der Autopoiesis ohne Rücksicht auf die Umwelt geschieht (Luhmann, 38). Gesellschaft ist zwar ein umweltempfindliches, aber operativ geschlossenes System. Sie könne sich letztlich also nur selbst gefährden (Luhmann, 63).

Dabei sind Luhmanns Befürchtungen nicht apriori von der Hand zu weisen. Seine Analyse setzt an bei hochkomplexen Gesellschafts-Systemen in Industriegesellschaften, in denen sittliches Handeln orientiert an überkommenen Mustern der Individualethik und der persönlichen Gesinnung prekär geworden ist. Das autonome Subjekt der aufklärerisch-emanzipatorischen Philosophie seit dem 18. Jahrhundert erweise sich unter den Gegebenheiten der Gegenwart als Illusion. Vielmehr ist das Subjekt zur Umwelt in Systemen geworden, die übergreifend sind. Daher ist bei größeren Einheiten anzusetzen: der Gesellschaft, der Wirtschaft, der Politik. Dann lassen sich für Luhman Komplexitäten reduzieren, vor denen ein bloß sittliches Verhalten kapitulieren müsse. Für Luhmann liegt z.B. der Schlüssel des Umwelt-Problems, was die Wirtschaft betrifft, in der Sprache der Preise (Luhmann, 122). Wenn man dagegen die Sprache der Normen setze, kommt es zu einer Überlastung der Politik (Luhmann, 124). Denn die Willkürkomponente nimmt bei umweltbezogenen Rechtsentscheidungen deutlich zu (Luhmann, 133). Schwellenwerte finden in der Natur keine feste Verankerung, weder in der Natur der Sache, noch im Grundlagenkonsens aller vernünftig und gerecht Denkenden (Luhmann, 144). So bedeute Verantwortung aufgrund des Verursacherprinzipes auch keine Kausalanalyse, sondern eine Entscheidung gegen Subventionen auf Kosten der Allgemeinheit, eine Konvention, was man als Ursache ansehen will (Luhmann, 28f). Daher sind für Luhmann zentral festgesetzte Risikoeinschätzungen und Risikotoleranzen unvermeidlich (Luhmann, 137). In der Sprache der Preise gesprochen: Gegen Bezahlung kann ich letztlich auch Todesrisiken in Kauf nehmen. Die eigene Entscheidung ist hier besser als ein bloß passives Ausgesetztsein (Luhmann, 141). Zu entschädigen sind Risiken, die man für andere erzeugt (Luhmann, 140). Finanzielle Ansprüche leiten sich dabei schon aus der Gefährdung her.

Es ist nicht das von Husserl beklagte Weltbild der idealisierenden Mathematik, auch nicht die von Habermas angegriffene technische Rationalität, die Haltlosigkeit statt gesellschaftlicher Orientierung erzeugt, sondern die nach innen und außen ins Leere fallende Welt (Luhmann, 164). Die Unerreichbarkeit letztbegründeter Rationalität und die Unfähigkeit der Gesellschaft als ganzer, das wissenschaftliche Weltbild zu übernehmen (Luhmann, 165), haben in diese Krise geführt. Vieles von dem, was vorher als Natur erfahren wurde, stellt sich durch die technischen Möglichkeiten als Entscheidung dar, die unter Begründungsdruck geraten (Luhmann, 211). Und das bewirkt eine Inflationierung des Kommunikationsmediums "Werte" (Luhmann, 213). Dabei gibt es keine übergeordnete Instanz, die hier für Proportionalität und Maß, keine Vernunft, die für Gerechtigkeit sorgen könnte (Luhmann, 222). Dies zieht einen neuen Stil von Moral nach sich, der sich auf ein gemeinsames Interesse an Angstminderung gründet. Angst wird zum funktionalen Äquivalent für Sinngebung (Luhmann, 238). Gegenüber einer Moral, die angstbezogene Unterscheidungen propagiert, haben theoretische Analysen einen schweren Stand. Die Gewißheit der Angst ist ein selbstsicheres Prinzip (Luhmann, 246). Damit hat Luhmann einen Teil der bestehenden moralinsauren Traktätchen zum Thema Natur und Umwelt erfaßt und entlarvend beschrieben, aber nicht Umweltethik in ihrem Anliegen erfaßt.

Für Luhmann läßt sich gesellschaftliche Rationalität nur als Systemrationalität denken (Luhmann, 256f). Vorbedingung aller Bemühungen um Rationalität ist, daß man begreift, warum sie unwahrscheinlich ist und bleibt: nämlich weil Systemrationalität zunehmend weniger in Anspruch nehmen kann, Weltrationalität zu sein (Luhmann, 257). Allerdings begründet Luhmann nicht, warum sie dieses leisten können muß, um einen Orientierungsrahmen begründen zu können. Luhmann transformiert die Ansprüche der klassischen Philosophie, ohne jedoch bereit zu sein, die zugrundeliegenden Konzepte anzupassen. Dann ergeben sich zwangsläufig Diskrepanzen, die in Luhmanns Konzept, aber nicht in der Sache begründet sein müssen. Der Umweltbezug wird immer gebrochener und komplexer. Moral – als Codierung durch das binäre Schema von gut und schlecht verstanden – muß der Ethik gegenübergestellt werden. Denn jede binäre Kodifizierung führt bei Selbstanwendung des Codes in Paradoxien (Luhmann, 259f). Zudem gerät derjenige, der moralisch angesprochen ist, leicht in eine Bindungsfalle und muß vorsichtig taktieren (Luhmann, 259f). Luhmanns Anwendung von Gregory Batesons Begriff des "double bind", mit dem dieser eine schizophrene Kommunikationssituation beshreibt,[2] ist nicht ungeschickt, trotzdem problematisch. In einem Punkt ist Luhmann jedoch zuzustimmen: Ethik ist die Reflexionstheorie der Moral und muß die moralischen Paradoxien bewältigen. Dies ist ein paradoxes Unternehmen, das Ethik häufig übersieht. Daher versäumt sie, vor Moral zu warnen. Luhmann fordert nun eine neue Form reflektierter Ethik. Von ihr ist allerdings nicht einmal ausgemacht, ob sie nicht an der Moralferne bestimmter Risiko-Probleme scheitert (Luhmann, 264). Solange es diese noch nicht gibt, kann Umweltethik im Kontext ökologischer Kommunikation nur die Funktion haben, zur Vorsicht im Umgang mit der Moral anzuleiten.

Luhmanns neue Version einer soziologischen Aufklärung geht davon aus, daß in den gesellschaftlichen Verhältnissen keine übergeordnete Vernunft mehr waltet, die für Maß und Proportionalität sorgen könnte. Gegen die Tautologie der Rationalität im Selbstbegründungsparadigma setzt Luhmann seine Systemrationalität. Die Verknüpfung von Soziologie und Biologie mittels des Systembegriffes läuft auf den Gedanken eines autopoietischen Systems hinaus, das sich seine eigene Umwelt schafft und seine Grenzen definiert. Hier ist der Verdacht nicht von der Hand zu weisen, daß sich mit diesem Begriff der Autopoiesis eine neue Form der Tautologie eröffnet. In Luhmanns Konzept sind Überschreitungen natürlicher Toleranzgrenzen nicht zu fassen, selbst wenn diese eine große Bandbreite aufweisen. Auch Ökologie ist bei Luhmann nicht mehr der klassische populationsbiologische Begriff. Vielmehr scheint er stärker von der Informationstheorie beeinflußt. Daher wird von der Seite der Radikalen Konstruktivisten Kritik an Luhmanns Position geübt. Aus ihrer Sicht sind soziale Systeme nicht selbsterhaltend, da sie die biologischen bereits voraussetzen.[3] Soziale Systeme lassen sich nicht nach Art überindividueller Supergehirne verstehen, sondern verlangen die Schaffung einer eigenständigen Modellklasse[4] phänomenologischer Beschreibung.

Von einer anderen Warte aus übt Jürgen Habermas an Luhmanns Systemtheorie grundsätzliche Kritik, die er als Nachfolger einer verabschiedeten Subjektphilosophie begreift.[5] Dabei interessiert Habermas, ob mit der Umwidmung des subjektphilosophischen Erbes auch deren Probleme auf die Systemtheorie übergegangen sind, die Zweifel an der subjektorientierten Vernunft als dem Prinzip der Moderne hervorgerufen haben (Habermas, 426). Für Habermas ist die Selbstrückbezüglichkeit des Systems der des Subjektes nachgebildet (Habermas, 427), was unter anderem die emergenten Eigenschaften im Rahmen der Autopoiesis-Konzeption verständlicher machen könnte. An die Stelle selbstbewußtseinsfähiger Subjekte treten dann sinnverarbeitende oder sinnbenutzende Systeme, die nur im Plural auftreten (Habermas, 427). Statt der einen transzendental begründeten Welt gibt es nun die vielen systemrationalen Umwelten (Habermas, 428). Damit kann Luhmann die Frage nach einer übergreifenden Rationalität methodisch nicht mehr beantworten und bräuchte sie daher auch gar nicht zu stellen. Zudem muß eine in Luhmanns Theorie nicht zu lösende Fragestellung noch kein schlechthin unlösbares Problem darstellen. Es ist eine funktionalistische Vernunft, die sich im ironischen Selbstdementi einer auf Komplexitätsreduktion geschrumpften Rationalität ausspricht (Habermas, 431).

Dies hat allerdings auch Folgen für den Ansatz von Moralität und Sittlichkeit. Weil nämlich mit der Umstellung vom Subjekt auf das System das "Selbst" der Selbstbeziehung entfällt, verfügt die Sytemtheorie über keine Denkfigur, die dem verletzenden und unterdrückenden Akt der Verdinglichung korrespondiert (Habermas, 433). Es ist dann ein ganz normaler Vorgang, daß ein System, indem es sich formiert, etwas als seine Umwelt auf Distanz bringt (Habermas, 433). Dies führt zu einer Veränderung im Ansatz des Kommunikationsbegriffes: In Luhmanns Konzept dürfen Systeme nur von außen kontingent aufeinander einwirken, ihrem Verkehr fehlt jede interne Regelung (Habermas, 438). Verständigung oder Dissens sind dann bereits qua methodischem Ansatz ausgeschlossen. Habermas faßt seine Kritik zusammen: "Luhmanns Theorie sehe ich als ingeniöse Fortsetzung einer Tradition, die das Selbstverständnis der europäischen Neuzeit stark geprägt [...] hat. Die kognitiv-instrumentelle Einseitigkeit der kulturellen und gesellschaftlichen Rationalisierung fand auch Ausdruck in philosophischen Versuchen, ein objektivistisches Selbstverständnis des Menschen und seiner Welt zu etablieren [...]. Solange Mechanik, Biochemie oder Neurophysiologie die Sprachen und Modelle geliefert haben, mußte es freilich bei allgemeinen und abstrakten Zuordnungen und Grundsatzdiskussionen über Geist und Körper bleiben. [...] Das ändert sich mit der Systemtheorie [...]. Wie Luhmanns erstaunliche Übersetzungsleistungen beweisen, kann diese Sprache so flexibel gehandhabt werden, daß sie auch für subtile Phänomene der Lebenswelt nicht etwa nur objektivierende, sondern objektivistische Beschreibungen hergibt. [...] Auf diese Weise wird die subjektzentrierte Vernunft durch Systemrationalität abgelöst." (Habermas, 443f). Nun wird Luhmanns Polemik gegen umfassendere Vernunftkonzeptionen wie gegen Ethik verständlicher. Argumentierende Vernunft wie die Subjektrückbezüglichkeit des Argumentierens fallen aus Luhmanns Ansatz qua Methode heraus. Obwohl er am Ende seines Buches eine neue Ethik zu fordern scheint, ist eine solche in seinem Paradigma nicht mehr durchzuführen. Es müßte eine Ethik ohne Subjekt sein. Das Schema hierfür bleibt er jedoch schuldig.

Zweifellos spricht Luhmann mit seiner Kritik an bestimmten Versionen ökologischer Ethik einen wichtigen Punkt in der gegenwärtigen Ethikdiskussion an. Er hätte mit seiner These zudem recht, wenn Moral nur auf emotivistischer Basis betrieben würde. Alasdair MacIntyre hat in seinem Buch "After Virtue" den Emotivismus als die Grundstruktur unserer gelebten Alltagsmoral herausgestellt. Nach dem Scheitern des Projektes der Aufklärung, rationale Rechtfertigung von ethischen Konzepten und sittlichen Normen zu leisten, habe sich eine Einstellung durchgesetzt, die der "emotiven Verkürzung der Moral auf persönliche Vorlieben sehr ähnlich ist"[6]. MacIntyre konstatiert, daß die Menschen heute in erheblichem Umfang so denken, sprechen und handeln, als wäre der Emotivismus wahr, gleichgültig was ihr erklärter theoretischer Standpunkt ist" (MacIntyre, 39). Wir leben in einem Milieu, in dem "die manipulative Art des moralischen Instrumentalismus triumphiert hat" (MacIntyre, 43), weil man in der sozialen Welt nichts als einen Treffpunkt individueller Willen sieht. Gesellschaftliche Rollen haben den Platz der klassischen sittlichen Charaktere eingenommen (MacIntyre, 47), deren hervorstechendste heute der Manager darstellt. Effektivität ist an die

Stelle moralischer Wahrhaftigkeit getreten (MacIntyre, 104). Was aber "das Expertentum der Manager als Bestätigung braucht, ist eine begründete Konzeption von Sozialwissenschaft als Lieferant gesetzesgleicher Verallgemeinerungen mit ausgeprägter Fähigkeit zu Voraussagen" (MacIntyre, 123), kurzum etwa beispielsweise eine Systemtheorie vom Zuschnitt Luhmanns. MacIntyre behauptet nun seinerseits, daß in dieser Wissenschaft "keinerlei gesetzesgleiche Verallgemeinerungen entdeckt werden" (MacIntyre, 123). Trifft dies zu, dann steht das Expertentum der Manager auf schwachen Füßen.

Autopoietische Systeme im Sinne Luhmanns verhalten sich natural. Es ist völlig verständlich, wenn sie ihre ökologische Nische bis zum fälligen Zusammenbruch des Systems erweitern. Abgesehen von der Fragwürdigkeit der zugrundegelegten Interpretation der Evolutionstheorie legitimiert Luhmann damit das ausbeuterische Verhalten des Menschen als naturgegeben. Zumindest läßt sich seine Position so verstehen. Zudem kann Luhmanns Konzeption das Problem der Haltlosigkeit, Leere und Sinnlosigkeit der Welt qua Ansatz nicht lösen, denn Systeme sind aus sich heraus nicht in der Lage, Schwierigkeiten zu bewältigen, deren Formulierung an das Subjektparadigma gebunden sind. Luhmann ist hier zumindest inkonsequent. Sein Programm der Reduktion von Komplexität und der Suche nach funktionalen Äquivalenten ersetzt Normen und Werte wie den traditionellen Zweck/ Mittel-Begriff. Eine konsequent funktionalistische Systemperspektive liegt jenseits der klassischen Werte und des Sinnbegriffs, sie bekämpft sie nicht, sondern neutralisiert diese schlechterdings.[7] Werte stellen eine an sich unhaltbare Konstanz in einem durch und durch dynamischen System dar. Und wer wertkonservativ auf einer gewissen Verwirklichung traditioneller Werte pocht, muß Leistungsminderungen in funktional differenzierten Gesellschaften hinnehmen. Werte sind Sand im Getriebe eines sozialen Systems, in dem Komplexität reduziert, aber nicht durch ethische Argumentation noch erhöht werden soll. Hochdifferenzierte Systeme können sich außer den eigenen keine anderen "Werte" erlauben.[8] Und Entscheidungs-Systeme funktionieren heute nur unter den Bedingungen der Entsubjektivierung, Rationalisierung und Reduktion von Komplexität. Dabei ist jedes System ein permanentes Problem, das in lösbare Probleme zu transformieren ist.[9] Daher komme es auf eine auf das programmierte Entscheiden spezialisierte Kontrolle an: Planungs- und Kontrollfunktion konvergieren weitgehend.[10] Luhmanns Position läßt sich damit in folgendem Satz zusammenfassen: "Zweckprogrammierung erfaßt und reduziert Komplexität und löst so, auf Zeit, ein unlösbares Problem, das Bestandsproblem von Systemen."[11]

Luhmann hat beachtenswerte Einsichten für die Ethik formuliert, wenn man seinen Ansatz als methodologisches Prinzip im strategischen Umgang mit der Struktur der Industriegesellschaften begreift. Allerdings wird bei Luhmann die funktionale Methode unter der Hand zu einem real vorfindbaren Prinzip.[12] Dann darf es keine Ausnahme von der Suche nach Reduktionsschematismen oder funktionalen Äquivalenten geben. Ethisch begründete Argumentation beugt sich dem Luhmann'schen Schema nun aber gerade nicht. Sie beharrt darauf, daß in bestimmten Fällen, die ihrerseits begründet sein müssen, eine Erhöhung der Komplexität in Kauf genommen werden muß, gerade um der Sachgerechtigkeit willen. Entzieht man der Luhmann'schen Konzeption die erschlichene ontologische Prämisse, so muß im einzelnen gerechtfertigt werden, unter welchen Bedingungen strategisches Verhalten einen größeren Erfolg verspricht als sittliches. Dann ist zwar nicht immer Luhmanns Methode im Vorteil, aber es entfällt jenes Ignorieren eines sittlichen Standpunktes, der sich wie Luhmann um Rationalität bemüht. Dieser hingegen kann von Luhmanns Versatzstücken zu einer Theorie des brauchbaren Entscheidens in bürokratischen Strukturen und gesellschaftlichen Institutionen lernen, daß eine herkömmliche Gesinnungsethik wie individuell ausgerichtete Verantwortungsethik größere Theoriedefizite angesichts der Komplexität der Industriegesellschaft aufweisen. Diese muß sich aufgerufen fühlen, eine Konzeption von Verantwortungsethik zu entwickeln, in der Verantwortung in Gruppen, Unternehmen, Institutionen mit Entscheidungs- und Handlungskompetenz verknüpft wird und gemäß dem Prinzip wechselseitiger Kontrolle mit Revisionsmöglichkeiten von Entscheidungen in unserer Gesellschaft angemessen verankert werden kann.

Einer der funktionalen Äqivalente für Werte in der gegenwärtigen Gesellschaft ist für Luhmann die Sprache der Preise, die wirksamer ist als die der Normen. Dies ist nicht unrealistisch, wenn es um die Beschreibung des Ist-Zustandes unserer gegenwärtigen Gesellschaft geht. Nun ist Wirksamkeit zwar ein wichtiger Gesichtspunkt auch für ethische Überlegungen, jedoch nicht der allein ausschlaggebende. Hier sind weitergehende Fragen zu berücksichtigen, etwa von der Art: Darf ich mich mit der finanziellen Entschädigung, die ich für andere erzeuge, zufrieden geben? Oder muß ich nicht vielmehr der sittlichen Maxime folgen: Vorbeugen ist besser als Reparieren und finanziell Entschädigen? Sicher ist ein finanzieller Ausgleich für erlittenen Schaden besser als nichts. Sinnvoller könnte es jedoch sein, den Schaden zu verhindern. In der Sprache der Preise wäre diese Strategie nur dann effektiv, wenn die Schadensvermeidung billiger ist als der Versicherungstarif. Die Sprache der Preise ist nicht unwirksam. Wenn ich entschädigungspflichtig bin für Risiken, die ich für andere erzeuge, werde ich vermutlich vorsichtiger mit ihnen umgehen, zumindest wenn sich dies deutlich auf die Bilanzen auswirkt. Hinzu kommt, daß sich bei der monetären Bewertung von Risiken Willkür nicht immer völlig ausschließen lassen wird. Zwar kann diese Art der Diskontierung der Zukunft unter den Bedingungen unserer Gesellschaft zur Durchsetzung sittlicher Verpflichtung sittliche Qualität gewinnen. Doch trägt sie nichts zur Lösung der Frage nach der Haltlosigkeit der Welt bei. Strategische Überlegungen greifen hier nicht mehr. Es ist die sittliche Argumentation gefordert, einen umfassenden Sinnhorizont und Handlungsrahmen abzustecken. Dieser soll im Umriß nun im Anschluß an den Begriff einer abgestuften Solidarität entwickelt werden.

2. Zum Ansatz einer ökologischen Ethik

In einem ersten Schritt wurde ökologische Ethik in der systemtheoretischen Außenperspektive eines Niklas Luhmann rekonstruiert. Dabei war es die systemtheoretische Perspektive im Horizont evolutionärer Überlegungen, die den Status des sittlichen Subjektes bedrohten. Letztere stehen auch im Zentrum der Überlegungen zu Versionen einer ökologischen Ethik, die nun stärker zu beachten sind. Frankena (1979)[13], Höffe (1981)[14], Meyer-Abich (1984)[15] und Teutsch (1988)[16] haben hier Klassifikationsversuche vorgenommen, die sich ohne allzugroße Reibungsverluste ineinander übersetzen lassen.

Frankena hatte acht Typen von Umweltethik nach dem Gegenstandsbereich der Geltung einer ökologischen Ethik rekonstruiert, Meyer-Abich unterscheidet acht Arten des Umfangs der Rücksichtnahme im Handeln. Ich selbst möchte mich an die Klassifikationen von Höffe und Teutsch anschließen, weil sie nicht nur nach Geltungs- und Gegenstandsbereichen der ökologischen Ethik klassifizieren, sondern auch methodologische Überlegungen mit einbeziehen. Diese sind unbedingt zu berücksichtigen, weil sonst Gegensätze zwischen den einzelnen Klassen unüberbrückbar werden. Es kann jedoch nicht Ziel der Umweltethik sein, nur bestimmte Gruppen anzusprechen, vielmehr muß sie bestrebt sein, möglichst intersubjektiv ihre Orientierungsregeln zu formulieren und zu rechtfertigen.

Otfried Höffe unterscheidet fünf Motivgruppen bzw. Argumentationsformen zur Legitimation des Umweltschutzes. Gemäß seinem Klassifikationsversuch geht es (1) um persönliche oder wirtschaftliche Eigeninteressen.[17] Der zweite Legitimationstyp unterstellt ein gesellschaftliches Eigeninteresse (2), das Interesse eines Gemeinwesens, funktionstüchtig zu bleiben. Die dritte fordert eine gerechte Verteilung gesunder Umwelt an alle Menschen (3). Ihr liegt ein Gerechtigkeits- und Solidaritätsinteresse zugrunde. Dem vierten Typ geht es um Gerechtigkeit gegenüber späteren Generationen (4). Erst die fünfte und letzte Position verläßt den Anthropozentrismus, postuliert ein Eigenrecht der Natur und fordert ein partnerschaftliches Verhältnis zu ihr (5).

In Anlehnung an Frankena und Höffe entwarf Gotthard M. Teutsch jüngst ein Schema, das darauf abzielt, umweltethische Konzepte nach ihrer Reichweite zu beschreiben.[18] Er geht davon aus, daß jede ökologische Ethik "anthroponom" im Unterschied zur Anthropozentrik sein müsse, eine wichtige methodologische Einsicht: "Anthropozentrismus heißt: den Menschen in den Mittelpunkt stellen, alles auf den Menschen hinordnen, alles ihm unterordnen; anthroponom heißt hingegen: das Seiende nur unter den Gesetzen menschlichen Erkennens beurteilen zu können."[19] An diese Einsicht werden meine späteren Überlegungen anknüpfen. Teutsch unterscheidet dann egoistische (1) von anthropozentrischen (2) Konzepten. Das pathozentrische Konzept (3) bezieht darüber hinaus alle leidensfähigen Mitgeschöpfe mit ein, während die biozentrische Konzeption (4) alles Leben, auch das pflanzliche, als schützenswert ansieht. Noch weiter geht das holistische Konzept (5), für das auch unbelebte Materie als schutzwürdig gilt. Teutsch weist noch darauf hin, daß trotz weit auseinander klaffender Konzepte sich der Theorienstreit in Grenzen hält und sich im wesentlichen auf die Vertreter von Anthropozentrik und Biozentrik beschränkt.[20] In diesem Schema ist von Teutsch der Gesichtspunkt der Pathozentrik, der Leidensfähigkeit der Tiere, entlehnt aus der utilitaristischen Ethik, neu eingeführt worden, der bei weiteren Klassifikationsversuchen auf jeden Fall Berücksichtigung verdient.

Anknüpfend an die oben explizierte These von Teutsch zur Anthroponomie möchte ich allerdings für eine Position argumentieren, in der Anthropozentrik und Anthroponomie nicht gegeneinander ausgespielt werden. Beide Perspektiven liefen in der Geschichte von Philosophie und Theologie immer ineinander.[21] Und Anthroponomie ist ein starkes Argument zumindest für eine abgemilderte Form von Anthropozentrik. Zudem zieht eine Zerstörung der Sonderstellung des Menschen in der Naturgeschichte eine Auflösung der Ethik nach sich. Und in diesem Falle wäre der Mensch wie in der Konzeption von Niklas Luhmann entschuldigt, wenn er sich etwas perfekter als intelligente Tiere als rationaler Egoist verhält, ohne sein Handeln an sittlichen Kriterien zu überprüfen. Das vermeintlich fortschrittliche ökologische Argument gegen Anthropozentrik kann sich so durchaus in sein Gegenteil verkehren.

Unterstützung erhält dieser Vorschlag von Kurt Bayertz. Er knüpft zunächst an eine genaue Beschreibung grundlegender Tendenzen in der ökologischen Ethik an. Nicht selten wird in dergleichen Konzeptionen das deskriptive Bild der Natur durch ein normatives ersetzt.[22] Dazu kommt häufig die Restituierung eines teleologischen Weltbildes (Bayertz, 164) und die Behauptung einer Heiligkeit der Natur (Bayertz, 171). Ökologische Ethik will die Beschränkung der Ethik auf zwischenmenschliche Beziehungen durchbrechen und fordert gegen die Anthropozentrik einen prinzipiellen Wandel in der Begründungsstruktur moralischer Normen (Bayertz, 161f). Diese Forderungen zerstören nicht nur im Ansatz die Diskussion um eine wissenschaftliche Begründung der Ethik, sondern gehen auch auf ein vormodernes Naturbild zurück, "in dem der Begriff der Natur noch eng mit dem der Unwandelbarkeit und Harmonie verbunden ist und in dem für das Konzept der (biologischen, kosmischen etc.) Evolution kein systematischer Ort ist" (Bayertz, 167). So verabsolutiert ökologische Ethik häufig den gegenwärtigen Beobachtungszeitraum und vertritt eine Ökologie ohne Evolution. Versteht man aber die Gesetze der Evolution, so ist Anthropozentrik unhintergehbar. Denn alle Tiere verfolgen ihre Art- und Fortpflanzungsinteressen maximal in durchaus kurzsichtiger Weise (Bayertz, 176). Verurteilt man daher das Wissen um die Sonderstellung des Menschen als Gattungsegoismus, so legitimiert man den sich natural-ausbeuterisch verhaltenden Menschen.

Allerdings hat die Kritik der ökologischen Ethik an der Anthropozentrik in einem Punkt ihre Berechtigung. Eine "pragmatische Relativierung menschlicher Interessen" (Bayertz, 178) sei durchaus möglich und wünschenswert. Dennoch gibt es dafür Grenzen, die auszuloten sind. Bayertz formuliert pointiert: "Wir können uns den Ausstieg aus der Anthropozentrik nur da leisten, wo die betroffenen Interessen relativ leicht wiegen (Beispiel Pelzmäntel); überall dort, wo unsere vitalen Interessen tangiert sind (wie im Beispiel der Pockenviren), bleibt uns keine andere Wahl, als diese über konkurrierende 'Interessen' anderer Teile der Natur zu stellen. Dies bedeute aber, menschliche Interessen zum entscheidenden Kriterium zu machen – freilich nicht mehr beliebige, aber doch eben menschliche Interessen" (Bayertz, 178). Nach Bayertz darf der Versuch einer metaphysischen Begründung der ökologischen Ethik als gescheitert betrachtet werden (Bayertz, 180), weil es unseren Kenntnissen der Evolution widerspricht, vom Menschen zu verlangen, sich als wesentlichen Teil der Natur zu sehen und seine Bedürfnisse zu beschränken. Sein lapidares Fazit lautet: "Es ist also seine Sonderstellung in der Natur, die ihn überhaupt erst befähigt, seine eigenen Interessen zu relativieren" (Bayertz, 180). Der Naturalismus der ökologischen Ethik widerstreitet so dem Verantwortungsprinzip (Bayertz, 181). Daher sei es nicht verwunderlich, daß positive Modelle eines wünschenswerten Umgangs mit der Natur, sofern sie überhaupt angeboten werden, "regelmäßig aus fernen (meist fernöstlichen) Regionen oder aus längst verflossenen Zeiten stammen" (Bayertz, 183). Doch übersehen derartige Vorschläge, daß kaum eine Hochkultur ohne ökologische Probleme war.

Anthropozentrik ist auch in einer ökologischen Ethik unhintergehbar: "Es zeigt sich nämlich hier, daß allem deklamatorischen Verzicht auf die anthropozentrische Perspektive zum

Trotz die Interessengebundenheit unserer Ethik unhintergehbar ist. Es gibt immer eine oberste Ebene, auf der entschieden wird, ob wir mit der Gleichberechtigung alles Existierenden Ernst machen können und wo nicht – und diese oberste Ebene ist anthropozentrisch."[23] Methodisch-systematisch ist gegen diese Einsicht kein Kraut gewachsen, allerdings könnte ein pragmatischer Einwand von Interesse sein. Er lautet: "Ich bin über diese Schlußfolgerung nicht sehr glücklich; sie läßt dem Menschen noch immer einen gewissen Raum für seinen Egoismus, seine Selbstgefälligkeit und Hybris."[24] Doch sind die Alternativen noch weniger attraktiv: eine Ignorierung evolutionär-ökologischer Erkenntnisse in einem nicht-naturwissenschaftlich motivierten Monismus oder die evolutionär begründete Systemperspektive Luhmanns, die zwar die Naturwissenschaft berücksichtigt, dafür der Ethik den Boden entzieht.

Ausgehend von dieser gerechtfertigten Einsicht bleibt nun die Aufgabe, Kriterien für die Einschränkung menschlicher Interessen zu entwickeln. Dies kann an dieser Stelle nicht geleistet werden. Allerdings ist es möglich, wenigstens im Umriß den methodischen Weg zu beschreiben, auf dem derartige Kriterien entwickelt werden können. Den methodischen Leitfaden zu diesem Unternehmen stellt dabei das Leib-Seele-Problem dar. Zu dessen Explikation ist es zweckmäßig, an Husserls Erkenntnistheorie und Ethik anzuknüpfen. In ihrem Zentrum steht der Gedanke der phänomenologischen Reduktion.

Dabei stößt die phänomenologische Reduktion zunächst einmal hinsichtlich des Leibes und der Realität auf die Unterscheidung einer "Innenperspektive" und einer "Außenperspektive". Von innen erscheint der Leib als "frei bewegliches Organ", "mittels dessen das Subjekt die Außenwelt erfährt", von außen "als ein materielles Ding von besonderen Erscheinungsweisen", als "Umschlagspunkt", "in dem die kausalen Beziehungen sich in konditionale zwischen Außenwelt und leiblich-seelischem Subjekt umsetzen". Das "in Außeneinstellung und das in Inneneinstellung Konstituierte ist miteinander da: kompräsent."[25] Zugrunde liegt dieser Unterscheidung das Ergebnis des methodischen Zweifels bei Descartes, den Husserl aufnimmt. Allerdings setzt er anders als der französische Rationalist nicht beim Selbstbewußtsein des "cogito-sum" an, sondern beim objektiven Leib (Ideen, 81), womit er den Solipsismus ohne den Rückgriff auf den ontologischen Gottesbeweis widerlegt. Genauer ist es das seelische Ich, "wobei die Seele als **mit der der Leibesrealität verbundene oder in ihr verflochtene Realität konstituiert** ist" (Ideen, 93). Dies dokumentiert sich in "Kinästhesien" (Ideen, 150), Bewegungsempfindungen, in denen ich zugleich meinen Leib als frei empfinde.

Die Kompräsenz von Innen- und Außeneinstellung meines Leibes ermöglicht in einem nächsten Schritt der Reduktion durch "Einfühlung" die Erfassung des Fremdpsychischen, nicht nur des anderen Menschen (Ideen, 162), sondern auch tieferer animalischer Schichten in mir. So ist es dem Menschen nach Meinung Husserls möglich, ein nachfühlendes Bewußtsein naturaler Ebenen auch in ihm zu erlangen, wenn er entsprechend vorsichtig dabei vorgeht. Diese Einfühlung in verschiedene "Schichten der Naturkonstitution" (Ideen, 170) ist jedoch von der "theoretischen Setzung der 'Natur'" (Ideen, 209) zu unterscheiden. Zur Umwelt sind verschiedene Einstellungen möglich, theoretische, technische, wertende (Ideen, 219), wobei theoretische, axiologische und praktische Einstellungen parallel laufen (Ideen, 7). Als Voraussetzung aller anderen Einstellungen und Perspektiven (Ideen, 375) fungiert dabei die "Lebenswelt" als die "natürliche Welt". Zugleich aber liegt hier der Einheitspunkt, in dem alle Einstellungen zusammenlaufen und aufeinander bezogen sind. Ohne es eigens zu betonen oder besonders darauf hinzuweisen, bietet hier Husserl eine Lösung der Sein-Sollen-Dichotomie an, indem er sie um die ästhetische Komponente erweitert und besagten Unterschied zu einem Methodenproblem werden läßt, zur Sache einer bestimmten Perspektive, wobei Menschen zu mehreren Einstellungen fähig sind, ja fähig sein müssen, wollen sie den Anspruch auf Personalität im Vollsinn erheben. Damit aber diese Perspektiven nicht in das postmoderne Potpurri kaleidoskopartiger Fragmente auseinanderfallen, bedarf es einer Klammer. Bei Husserl ist der erforderliche Einheitspunkt Vernunft. Sie darf jedoch nicht den grundlegenden Aspekt der axiologischen Perspektive vernachlässigen. Dieser artikuliert sich im Wissen um die Autonomie der Vernunft. Die Autonomie des sittlichen Subjektes und "die 'Freiheit' des personalen Subjektes besteht also darin, daß ich nicht passiv fremden Einflüssen nachgebe, sondern aus mir selbst mich entscheide" (Ideen, 269).

Husserl entwickelt nach meinem Dafürhalten jenen Gedanken, der für eine ökologische Ethik fundamental sein müßte. Es ist dies die Theorie der Einfühlung, der Selbstwahrnehmung des Menschen als Person, als etwas Organischem und etwas Natürlichem, von "Stufen der Konstitution der Seele als naturale Einheit".[26] Die Erfassung der "animalischen Erfahrung" frei von allen Vormeinungen, Deutungen und Theorien kann nur die Einfühlung leisten, die als Einfühlung zugleich beteiligt (Intersubjektivität, 78). Dabei ist in zwei Schritten vorzugehen: "Das erste Problem: die Klärung der Sachlage in der Inneneinstellung auf den eigenen Leib und die eigene seelische Subjektivität. Dann in der äußeren Einstellung: die Klärung der äusseren Einheit von Leib und Seele bei Anderen und bei mir selbst" (Intersubjektivität, 81). Für Husserl handelt es sich hierbei "um die Klärung des Ursprungs der 'Naturalisierung der Subjektivität" (Intersubjektivität, 81).

Entscheidend bei der Einfühlung ist die Herausarbeitung von "Erfahrungsverknüpfungen", einer anderen Art von Kompräsenzen: "Jede Näherbestimmung beruht selbst wieder auf Einfühlung; sofern ich z.B. in meiner Innenerfahrung eine assoziative Beziehung der Anzeige gestiftet finde zwischen heftigen Leibesbewegungen, schreiender Stimme und dergleichen und Zorn, so kann ich die Apperzeption der entsprechenden fremdleiblichen Äusserungen, die zunächst schon verstanden sind als Äusserungen einer Innenansicht dieser körperlichen Bewegungen etc., in der mitverbunden, apperzeptiv unbestimmten Innerlichkeit eine Näherbestimmung erfahren in dem Sinn: der Andere ist im Zornaffekt. Das setzt also voraus vielerlei schon gebildete **Erfahrungsverknüpfungen** zwischen inneren Vorgängen, zwischen Bewußtseinserlebnissen, etwa Affekten, Gefühlen, Gedanken und leiblichen Vorgängen, die letzteren als erscheinende" (Intersubjektivität, 83).

Das Leib-Seele-Problem wird so zu einem neuen Forschungsparadigma, in das auch über Husserl hinaus, tierische Organismen einrücken können, allerdings mit der methodischen Einschränkung, daß wir auch ihre Verhaltensäußerungen in der Außenperspektive mit einem noch größeren Unsicherheitsfaktor als bei anderen Menschen interpretieren müssen. Finden wir aber keine derartigen Erfahrungen in uns, dann wird die Deutung schwierig. Doch läßt die Evolutionstheorie zumindest vermuten, daß wir mit höheren Säugetieren Deutungsprogramme für Verhalten gemeinsam haben, die einen gewissen Austausch von Verhaltenserwartungen ermöglichen. Husserl formuliert den systematisch entscheidenden Gedanken zunächst wieder im Hinblick auf den Menschen: "Auf Natur, zunächst schon physische Natur, eingestellt sein, das ist eo ipso auf empirische Abhängigkeiten körperlichen Geschehens eingestellt sein, die hier den Titel physische Kausalität haben. Man kann also diese Einstellung auch für das Leib-Seele-Problem einnehmen, auf das Leibliche achten, inwiefern es Seelisches indiziert. [...] So ergeben sich für Leib und Seele neue Substanz- und Kausalauffassungen und entsprechende Forschungen analoger Art wie die naturwissenschaftlichen" (Intersubjektivität, 87).

So kommt es bei Husserl zu einer Verschränkung von Innen- und Außenperspektive, die methodische Konsequenzen zeitigt. Husserl benennt diese folgendermaßen und zeigt damit, daß phänomenologische Philosophie ihren wesentlichen Impuls von der Forschung her und nicht aus einem System von Sätzen bezieht: "Physiologie: genauere Feststellungen der Sinnesfunktionen, der Funktion der Netzhaut und ihrer Teile, die feinere und feinste Zergliederung unter Verfolgung der entsprechenden 'Abhängigkeiten' zu den Sinnesdaten und Sinnesfeldern, wodurch Unterlagen für immer neue Einfühlungen gegeben werden. Diese psychophysische 'Kausalität' oder Konditionalität wird genau studiert in jede Richtung, zunächst der Sinnessphäre mit Beziehung auf Sinnesorgane, Sinnesnerven, Verbindungen mit dem Zentrum. Dann aber auch auf die Beziehungen zu den Reproduktionen usw. Leib und Seele - 'Gehirn und Seele'" (Intersubjektivität, 88). Husserls Gedanke der "Einfühlung" und seine Fundierung der Ethik in einer "Gefühlslogik" bedeuten eine Wiedergewinnung der eigenen Erfahrung im Umgang mit der Natur, dem Lebendigen und dem anderen Menschen, der bei Husserl nicht irrational, unbegründet oder unkontrolliert erfolgt.

Im Zusammenhang mit dem Leib-Seele-Problem zeigt Alois Rust, daß es, so wie es uns heute vorliegt, eine spezifisch neuzeitliche Gestalt aufweist. Es ist abhängig vom Mechanismus-Konzept der Naturwissenschaften. Dabei unterscheide sich das Leib-Seele-Problem in der französischen und deutschsprachigen Tradition vom Mind-Body-Problem in der angelsächsischen Diskussion. Rust faßt zusammen: "Etwas schematisiert kann die These vertreten werden, das 'Leib-Seele'-Problem gehe auf Descartes zurück, das 'Mind-Body'-Problem hingegen auf Hobbes."[27] Er konstatiert, daß dieses Problem keine wissenschaftliche Auflösung haben kann[28], weder eine naturwissenschaftliche, noch eine philosophische. Trotzdem ist eine Annäherung möglich, weil hier gemäß Husserls Einsicht ein methodologisches Problem vorliegt. Die entscheidende Gemeinsamkeit von Descartes und Hobbes liege im Mechanismus, in der Mathematisierung des Problems. Damit wird ein bestimmtes Modell zugrundegelegt, in dessen Rahmen eine wissenschaftliche Erklärung nur zur Diskussion steht. Es ist dies bei beiden ein "methodologischer Materialismus", für den die Erklärung des Zusammenhangs von mentalen und physischen Vorgängen zum naturwissenschaftlich behandelbaren Gegenstand wird. In der cartesischen Tradition, in der auch Husserl steht, kommt allerdings ein weiteres Prinzip hinzu, die Subjektivität. Dabei steht Descartes eher für die Innen-, Hobbes eher für die Außenperspektive der Erkenntnis und der Entscheidung, die Husserl ja versucht zu vermitteln.

John Searle hingegen sieht in der Weiterführung des Leib-Seele-Problems seinen Beitrag zur Geist-Gehirn-Diskussion in einer nicht-ontologischen Identitätstheorie.[29] Für ihn bestand der Fehler der Empiristen - das Hobbes-Paradigma - darin, daß sie die Idee der Verursachung ausschließlich zugrundelegten, während der Mangel der Phänomenologen - das

Descartes-Paradigma – darauf zurückzuführen ist, daß sie ihre alleinige Erhellung der Intentionalität im Solipsismus verharren ließ. Demgegenüber will Searle Verursachung als intentionale Beziehung zugrundelegen[30] und das Netzwerk intentionaler Zustände und ihrer kausalen Erfüllungsbedingungen rekonstruieren.[31] Gemäß Searles Theorie ist Realität ein kausaler Begriff mit der Konsequenz, daß ein zur Wahrnehmung und Handlung fähiges Wesen Kausalität und intentionale Verursachung so nicht erleben könnte wie wir.[32] Für Searle gibt es mehrere Arten von Geist-Gehirn-Problemen. Entscheidend ist für ihn, daß geistige Zustände sowohl von den Aktivitäten des Gehirns verursacht als auch in der Struktur des Hirns realisiert sind.[33]

Die Grundlegung einer ökologischen Ethik ohne zentrale erkenntnistheoretische Fragen, die mit dem Leib-Seele-Problem verbunden sind, ist daher nicht möglich. Dabei ist der Aufweis der Kompräsenz von Innen- und Außenperspektive entscheidend. Gemäß der Forderung einer intersubjektiven Rechtfertigung ist dieses Verfahren in zwei Stufen zu entwickeln. Ohne den Dimensionsunterschied von Sein und Sollen zu leugnen, muß dabei ein methodisches Verfahren entwickelt werden, wie empirische Fakten in einer ökologischen Ethik berücksichtigt werden können. Dies geschieht abschließend für die methodologische Grundlegung im Anschluß an Nicholas Reschers Konzeption der Induktion[34] und John Henry Kardinal Newmans Entwurf einer ethischen Konvergenzargumentation im Hinblick auf eine "Zustimmungslehre". Gerade auch Husserls Kompräsenz wird hier in entscheidender Weise in das Konzept einer Konvergenz der Argumentationen zur Rechtfertigung einer sittlichen Entscheidung einbezogen werden.

Den ersten Schritt dieses Verfahrens markiert der induktive Sprung. In Reschers Sicht ist Induktion keine Erklärung, sondern eine Methode der besten Wahrheitsschätzung. Induktive Korrektheit hängt nicht von Wahrscheinlichkeitsurteilen ab, sondern von Erwägungen der Bestangepaßtheit. Endzweck der Induktion ist die Suche nach der "besterreichbaren" Antwort.[35] Sie ist ein Instrumentarium zur Problemlösung angesichts einer unvollkommenen Vorinformation, der Schritt von einer informationsmäßig geringeren Datengrundlage zu relativ weitergehenden Konklusionen[36], kurz der induktive Sprung. Rescher bestimmt dann Induktion als Bestanpassungsprozedur mit dem Ziel der optimalen Wahrheitsschätzung vermittels der besten, durch plausibilistische Triftigkeit abgesicherten systematischen Anpassung.[37]

Für Newman – Rescher hat mit seiner Konzeption durchaus an ihn angeknüpft – kann darüber hinaus Argumentation keine einfache Demonstration sein. "Vielmehr bringt eine jede von ihnen eine Anzahl voneinander unabhängiger wahrscheinlicher Argumente mit sich, die vereint für einen vernünftigen Schluß hinreichen."[38] In der Zusammenfassung der Argumente pro und contra, einer Erfassung des konkreten Falles ähnlich der "Summation der Plus- und Minus-Glieder in einer algebraischen Reihe" (Newman, 204) sieht Newman die wirkliche Methode des folgernden Denkens im Bereich des Konkreten. Die Fülle von Wahrscheinlichkeiten, die aufeinander korrigierend und bestätigend wirken, ermöglichen die Fokussierung der Argumentaion auf einen konkreten Fall (Newman, 205). Zugrundegelegt wird das Modell des Indizienbeweises (Newman, 226). Folgerichtigkeit ist nicht immer eine Garantie für Wahrheit. Es gibt für Newman Grade des Beweises, aber nicht Grade der Gewißheit (Newman, 227). Die Gradation liegt in den Umständen der Gewißheit, nicht in ihr selbst. So ist ein Erschließen der Wahrheit der Aussagen, eine gradweise Entdeckung der Wahrheit mit dem unbedingten Charakter der Wahrheit vereinbar (Newman, 229). Newman faßt zusammen: "Der Schluß, den der Richter hier im Auge hat, kann (...) als bewiesener oder gewisser Schluß angesprochen werden, das heißt als ein Erschließen der Wahrheit der Aussagen gegen den Angeklagten, oder der Tatsache seiner Schuld. Andererseits brauchten nach ihm daher die motiva, die diesen vernünftigen, rationalen Beweis und diese befriedigende Gewißheit konstituieren, nicht stärker sein als die, auf die hin wir besonnenerweise in eigenen Sachen von wichtigem Interesse handeln, das heißt wahrscheinliche Gründe unter dem Gesichtspunkt ihrer Konvergenz und Kombination. Und die Gewißheit wird von dem Richter als etwas betrachtet, das auf konvergierende Wahrscheinlichkeiten folgt, die einen wirklichen Beweis konstituieren, wenn auch nur einen vernünftigen, nicht einen formal-logischen Beweis" (Newman, 229f).

Husserls Parallelisierung von Ethik und Erkenntnistheorie trotz der methodischen Unterschiede wird also durch die Analysen von Rescher und Newman bestätigt. Husserl löst so die Sein-Sollen-Dichotomie auf in das methodologische Problem des Verhältnisses von theoretischer, praktischer und ästhetischer Vernunft, in dem nicht mehr ontische Gräben und Stufenordnungen überwunden werden müssen, sondern Konvergenzen in unterschiedlichen Argumentationen zu rechtfertigen sind. Verbunden mit dem Gedanken der Einfühlung in tiefere Sphären und der Suche nach funktionalen Parallelen für Schmerzempfindung, Wahrnehmung und Bewußtsein in der Physiologie des Zentralnervensystems von Organismen, womit ich mit Searle im Zusammenhang mit dem Leib-Seele-Problem die Außenperspektive stärker betone, die der empirischen Forschung und Objektivierung zugänglich ist, wurde damit ein erster methodischer Leitfaden für eine ökologische Ethik entwickelt.

Husserl, Searle, Rescher und Newman in ihren Grundkonzeptionen ergeben einen konvergierenden methodischen Leitfaden für begründete Vermutungen über unsere Verpflichtungen in der Behandlung der belebten und unbelebten Natur, in die sittlich relevantes Faktenwissen über Gesetzmäßigkeiten eingehen, ohne selbst normativ zu sein. Ausgangspunkt muß methodologisch eine Anthropozentrik sein, die einen gewissen höheren Respekt vor moralischen Wesen begründet, also eine eingeschränkte axiologische Anthropozentrik befürwortet. Der Mensch als sittliches Wesen ist in der Lage, sich weitgehend auf einen unparteilichen Standpunkt zu stellen, und ist aus Gründen der methodischen Verallgemeinerbarkeit sittlicher Grundprinzipien dazu auch verpflichtet. Leugnet man den Status des Menschen als eines sittlichen Wesens, so ist er wie die anderen Lebewesen berechtigt, rücksichtslos die ökologische Nische bis zum Zerbersten auszufüllen. Es ist aber gerade diese methodische Forderung der Generalisierbarkeit sittlicher Maximen, die einen radikalen Anthropozentrismus, Gattungschauvinismus und Egoismus als grundlos erweisen, da sie die naturalen Vorausbedingungen für ein humanes Zusammenleben der Menschen untereinander und in der Natur zerstören und Sittlichkeit untergraben.

Daher ist von einer methodischen Anthropozentrik auszugehen. Nur Menschen können die Einfühlung in tiefere Schichten ihrer Leiblichkeit vornehmen **und** Maximen formulieren. Zu deren Begründung sind Argumente zu suchen, die konvergieren, etwa der Art, daß es nicht unplausibel ist, eine gewisse Organisation des Gehirns mit Bewußtseins- und Schmerzempfindungen zu parallelisieren. Dabei ist die Schmerzempfindung wohl das basalere Kriterium, das wir auch leichter identifizieren können. Da wir auch chemisch-physikalischen Gesetzen unterliegen, kann die Einfühlung bis in den anorganischen Bereich ausgedehnt werden. Besonders sensible Positionen, biozentrische und physiozentrische beweisen dies, doch wird hier naturgemäß der Einfühlungsprozeß sehr vage und die Konvergenzen zu unserem Wissen über die naturalen Prozesse im Universum zu ziehen, als der präbiotischen oder der Evolution im Bereich der Organismen ohne Zentralnervensystem, wird äußerst schwierig. Intersubjektiv akzeptierbare Orientierungsregeln, gewonnen mittels konvergierender Argumentation, lassen sich hier zumindest in absehbarer Zeit kaum erwarten.

Gemäß der sittlichen Verpflichtung zu einem generalisierbaren, möglichst interessenfreien und unparteilichen Standpunkt ist es angemessen, wenn wir erhaltenswerte Kreisläufe der Natur, Bedürfnisse von Organismen oder Versuche von höher entwickelten Tieren, ein möglichst leidfreies Leben zu führen, mit unseren eigenen Nutzungsinteressen, Wünschen und Bedürfnissen abwägen. Daher bedeutet die Einnahme einer sittlichen Perspektive im Hinblick auf unseren Umgang mit der Natur, daß wir nicht mehr wie bisher ausschließlich von unseren Nutzungsinteressen und der Ausbeutung aller Ressourcen ausgehen dürfen. Ansatzpunkt ist der Gedanke der Humanität des Menschen und die Forderung nach zwischenmenschlicher Solidarität. Diese Solidarität ist nun zu ergänzen, und zwar in abgestufter Weise, durch die Berücksichtigung der Interessen zukünftiger Generationen, der Bedürfnisse leidensfähiger Tiere nach dem Kriterium der größeren Verwandtschaft mit uns bzw. ihrer Stellung in der Evolution des zentralen Nervensystems und letztlich auch der Natur als eines "Quasi-Subjektes" im Sinne einer Conditio sine qua non für die Entwicklung von Humanität und Solidarität.

Es ist also der sittliche Gedanke der Humanität und der Solidarität mit der uns umgebenden Natur in abgestufter Weise, der gegen die Verdinglichung des Menschen und ihm nahe verwandter Tiere durch instrumentelle und funktionale Rationalitäten begründet, wo systemtheoretischen Reduktionsmechanismen und der Suche nach funktionalen Äquivalenten Grenzen gesetzt sind.

3. Das CO_2-Problem und die erforderliche Konkretisierung ökologischer Ethik

Mit diesen Überlegungen dürfte eine methodisch tragfähige Ausgangsbasis für eine ökologische Ethik formuliert sein, mit der man eigentlich zufrieden sein könnte. Doch macht es sich nach meinem Dafürhalten eine ökologische Ethik, die in grundsätzlichen Überlegungen stecken bleibt, zu einfach. Denn eines der schlechthin zentralen Themen einer ökologischen Ethik müßte die durch die CO_2-Anhäufung bewirkten globalen klimatischen Veränderungen auf unserem Planeten darstellen. Doch sucht man bislang in der ökologischen Ethik häufig vergebens nach diesem Thema. Das muß verdächtig erscheinen und läßt zumindest vermuten, warum die meisten der vorliegenden Umwelt-Ethiken in ihrer Kategorisierung nach Gegenstands- oder Geltungsbereichen zu kurz greifen. Folgende Überlegungen sollen daher ein Plädoyer für ein neues Konzept zumindest im Umriß vorbereiten.

Da das Problem im wesentlichen bekannt ist, genügen hier einige schlaglichtartige Bemerkungen. Trotz aller Unsicherheiten insbesondere über den Zeitplan des Hereinbrechens der Folgen einer Verbrennung fossiler Energieträger, herrscht doch im Grundsätzlichen Einigkeit. Daher seien die Ausgangsdaten nur kurz erwähnt. Der gegenwärtige Wert des CO_2-Gehaltes der Atmosphäre liegt bei 350 ppm und wächst pro Jahr um 1 bis 2 ppm. Bis 450 ppm scheinen die Klimarisiken durch nationale und individuelle Anpassungsstrategien ausgleichbar zu sein. Ein gravierendes Risiko besteht bei 750 ppm (+/-15%), daß es zu einer Verschiebung der Klimagürtel um 600 bis 800 km zum Nordpol, weniger zum Südpol, und zu einem Meeresspiegelanstieg um 5 bis 7 Meter kommt.[39] In den nächsten 40 bis 50 Jahren bestehe dabei kaum eine unmittelbare Gefahr einer Klimakatastrophe, letztlich drohe jedoch eine unipolare Warmzeit zumindest auf der Nordhalbkugel.[40] Dennoch stehen wir unter Zeitdruck, weil nach der derzeit gültigen Überzeugung der Experten jeder Übergang zu einer grundsätzlich anderen Energiepolitik bis zu ihrer Wirksamkeit etwa 50 Jahre dauert.[41]

Nach Meyer-Abich ergeben sich durch den Anstieg des CO_2-Gehaltes Veränderungen auf fünf Ebenen: 1) der Klimatologie, 2) der Ökologie und Geographie, 3) der Ökonomie und Technologie, 4) der Psychologie und Soziologie und 5) der Politikwissenschaft.[42] Er berücksichtigt im wesentlichen die Auswirkungen auf die Nahrungsmittelproduktion und die Wanderungsbewegungen der von Nachteilen betroffenen Bevölkerungsschichten, nicht aber den Meeresspiegelanstieg. Vielleicht ist das ein Grund dafür, warum er das CO_2-Problem eher als marginale Verschärfung der gegenwärtigen ökologischen, sozialen und politischen Risiken ansieht. Es könnte aber auch sein, daß ihn die Verwendbarkeit dieses Argumentes in Händen von Kernkraftbefürwortern bedenklich stimmt. Doch sollte dies für den nüchternen Blick methodisch reflektierter ökologischer Ethik zunächst noch kein Argument sein.

Bleiben wir daher auf der Ebene der Klimatologie. Erwartet wird bis zum Jahr 2000 durchaus eine Erwärmung um 1 Grad, und einige Grade mehr, bis zu 5 im Polargebiet, bis in die Mitte des nächsten Jahrhunderts.[43] Eine Erhöhung des Meeresspiegels durch das Abschmelzen der Polkappen und die Ausdehnung des Wassers aufgrund der Erwärmung um etwa 5 Meter werden nach pessimistischen Schätzungen bis 2050 nicht für unmöglich gehalten.[44] Klimaänderungen, eine Erhöhung des Meeresspiegels, eine Änderung der Nahrungsmittelproduktivität, der Wasserversorgung und des Energieeinsatzes sind zu erwarten. Allerdings ist die Risikoabschätzung, damit die Kosten/Nutzen-Rechnung sehr schwierig. Unsicherheiten hinsichtlich des klimatischen Modells[45] werden ergänzt durch Unsicherheiten über Schnelligkeit und Umfang des Abschmelzungsprozesses der Kappen.[46] Ein Temperaturanstieg von mehr als 5 Grad könnte zudem die schnelle Destabilisierung der Antarktischen Eisplatte bewirken.[47] Was uns insgesamt erwarten kann, wird deutlich, wenn wir berücksichtigen, daß in Zwischeneiszeiten der Meeresspiegel zwischen 5 und 20 Meter höher war als heute. Legt man einen Anstieg des Meeres um etwa 5 Meter zugrunde, dann verlören die USA insgesammt 1,5 bis 2,1 % ihrer Gebiete, Florida immerhin schon 25 %[48] und Bangla-Desh, das Mündungs-Delta des Ganges ca. 35 %. Liegen auch die derzeit erwarteten Zahlen für das Jahr 2100 zwischen 1,44 und 2,17, eventuell bis 3,45 Meter, so ist in der Deutschen Bucht aufgrund der Strömungsverhältnisse bereits in absehbarer Zeit eine Deicherhöhung um einen Meter mit mehreren Milliarden Mark Kosten erforderlich. Nicht nur die Insel Sylt ist erheblich gefährdet.

Da aber die Verwendung fossiler Brennstoffe, die Abholzung insbesondere der tropischen Regenwälder und die globale Nutzung von Energie nicht zu stoppen ist ohne gewaltige Konflikte, für die Mechanismen zur Bewältigung bislang nicht vorliegen[49], schlagen die beiden Autoren ein Diskontierungsmodell künftiger Schäden dieser regionalen Bedrohung der Küstenländer – die Bedrohung durch Klimaänderungen mit ihren Auswirkungen für die Nahrungsmittelproduktion werden in dem Modell nicht berücksichtigt – in heutiger Währung vor.[50] Obwohl sie um die Problematik ihres Verfahrens wissen, kommen sie zu dem Schluß, es sei erforderlich, heute 75 Millionen Dollar zu investieren, um die Überflutungsschäden in 150 Jahren abzuwenden.[51] Diese Zahlen sind zwar vermutlich zu tief gegriffen, dennoch wird das Verfahren an der angesprochenen Argumentation deutlich. Da 75 Millionen für die USA in Dollar von 1971 jedoch weit unter dem heutigen Nutzen der Verbrennung fossiler Energieträger liegt, lassen sich wohl keine größeren gegenwärtigen politischen Folgen erwarten. Dies wäre anders, wenn die Katastrophe bereits in 20 Jahren einträte, weil dann die Verzinsungsrate viel ungünstiger wäre als bei 150 Jahren. Weder eine Kosten/Nutzen-Analyse noch eine Risiko/Nutzen-Analyse ergeben also einen dringenden politischen Handlungsbedarf. Daher ist das zentrale Problem für die beiden Autoren ein ethisches, nämlich die Frage: Ist es der gegenwärtig lebenden Generation sittlich erlaubt, den langsamen Aufbau von CO_2 zuzulassen, weil die Risikoabschätzung so ungewiß ist und die potentiellen Reparaturkosten möglicherweise erst in zwei, drei Generationen in verstärktem Maße auftreten?[52]

Eine einfache Frage, auf die nicht mit der in der Wirtschaft üblichen Diskontierungsmethode zu antworten ist. Was läßt sich überhaupt diskontieren? Monetarisierbar ist Schadensersatz, Kosten der Folgenbeseitigung, Verdienstausfall, entgangene Nutzung, Vermeidungs- und Ausfallkosten. Es geht um die Bestimmung des Preises eines Gutes, wenn es marktfähig wäre. Dies wiederum kann über die Bewertung der Nachfragerfunktion geschehen, also mittels eines Abfragens der Zahlungsbereitschaft, in die persönliche Präferenzen, Leitvorstellungen und Werte durchaus mit eingehen. Auf jeden Fall läßt sich festhalten, daß diese ökonomischen Diskontierungs-Modelle mit ihrer zweifelhaften Bewertung des Zinssatzes und der Zinseszinsberechnungen zu einem risikofreudigeren Entscheiden ermuntern, als dies eine ökologische Ethik basierend auf dem Gedanken der Humanität und der Forderung nach der Verallgemeinerbarkeit der Orientierungsregeln rechtfertigen würde.

Diese Ethik sollte bei intergenerationellen Entscheidungen relativ risikoscheu sein, wenn ihre Folgen von anderen getragen werden müssen.[53] Dieter Birnbacher schlägt hier das Modell des Vormundes für noch unmündige Kinder vor, der das vorhandene Geld in mündelsicheren Papieren anlegt.[54] In einer ethischen Betrachtung verletzt es den Gleichheitsgrundsatz, wenn den Küstenbewohnern z.B. erheblich höhere Lasten einer technologischen Nutzung zugemutet werden, selbst wenn sie Schadensersatz erhalten. Und es widerspricht der Fairneß, wenn nachfolgenden Generationen über Gebühren Kosten zugemutet werden, damit wir heute unsere Energie-Bedürfnisse mit fossilen Brennstoffen befriedigen können. Sittlich gesehen besteht das "Gebot der Vermeidung irreversibler Schäden"[55], wozu Wissen vorausgesetzt ist. Ohne Wissenschaft ist heute eine verantwortliche Energiepolitik nach diesen sittlichen Standards nicht mehr möglich. Umweltethik als akademische Diskussion im Elfenbeinturm läßt sich daher nicht rechtfertigen. Sie hat über die engen Fachgrenzen hinauszugehen und eine wissenschaftlich fundierte und ethisch abgesicherte Politikberatung vorzubereiten. Hinsichtlich der CO_2-induzierten Klimaeffekte sind hierbei drei Strategien denkbar: Vermeidung, Kompensation und Anpassung.[56] Kompensation ist derzeit im wesentlichen technisch noch nicht möglich, Anpassung mutet nach dem Diskontierungsmodell zukünftigen Generationen ungeheuere Lasten zu, so daß aus sittlichen Erwägungen heraus die Vermeidungsstrategie nach Möglichkeit des technisch Machbaren den Vorzug vor der Anpassung mit einer Option für die Suche nach Kompensationsmöglichkeiten verdient.

Der sittliche Primat der Schadensvermeidung vor der Nutzensteigerung[57] und die Ungerechtigkeit, die in einer unangemessen hohen Verknappung von Ressourcen für spätere Generationen liegt[58], verbunden mit der zu erwartenden Vernichtung von Arten und ökologischen Lebensräumen durch die wachsende Versteppung und Wüstenbildung sind weitere Argumente umweltethischer Art für ein Plädoyer für eine weitgehende Vermeidungsstrategie. Und in diesem Punkt muß sich ökologische Ethik zu einer ökologischen Wirtschaftsethik erweitern. Sie muß dafür argumentieren, daß der Marktpreis für erschöpfbare Ressourcen früh genug steigt[59], und im Rahmen wissenschaftlicher Politikberatung und öffentlicher Aufklärungsarbeit einen fiktiven Zukunftsmarkt etablieren[60] und zukunftsorientierte Marktteilnehmer erziehen[61].

Dem Diskontierungsmodell und dem Projekt einer Umwelthaftpflichtversicherung liegt der Luhmann'sche Gedanke einer Suche nach funktionalen Äquivalenten zugrunde. Geld soll ökologische Schäden kompensieren. Aber nicht alles ist reparierbar, vor allem nicht irreversible Schäden. Für eine weitmögliche Risikovermeidung in diesem Bereich ist die Luhmann'sche Sichtweise nicht ausreichend. Denn Geld als Entschädigung und Finanzierung von Anpassung ist oftmals die schlechtere Lösung für ein Problem im Sinne einer ökologischen Ethik. Zwar soll die Suche nach funktionalen Äquivalenten nicht in Bausch und Bogen verdammt werden. Solch moralischer Purismus ist in Gefahr, um eines nahezu unerreichbar anmutenden Zieles willen auch noch das Wenige zu verhindern, das getan wird. Dennoch müßten Entscheidungen nach Minimalbedingungen strategischen Verhaltens, wie sie hinter Umwelthaftpflichtversicherung, Diskontierung und der Suche nach funktionalen Äquivalenten steht, in wachsendem Maße wahrhaft sittlichem Handeln weichen, damit Verantwortliche mit Entscheidungskompetenz in steigendem Maße Risiken zu erkennen suchen in Bereichen, wo es finanziell attraktiv ist, sie zu übersehen. Und dieses Problem ist systemtheoretisch nicht zu lösen.

Dennoch hat die Ethik keinen Grund zum Jubel. Sie steht vor völlig neuen Fragen. Denn eine von Menschen induzierte Klimaveränderung hat eine andere Qualität als naturale Prozesse. Kann die Menschheit als ganze für den Temperaturanstieg verantwortlich sein? Oder ist es jeder nach seiner Verschmutzungskompetenz, denn jeder trägt bis zu einem gewissen Grad unvermeidbar dazu bei. Ein entscheidender Faktor ist das exponentielle Bevölkerungswachstum, das in Grenzen zu halten, ohne die Menschenwürde gravierend zu beeinträchtigen, noch erhebliche sittliche Anstrengungen erfordert. Die Industrieländer dürften leichter mit den Folgen von Klimaänderungen und Meeresanstieg fertig werden, vielleicht hätte die Bundesrepublik sogar Standortvorteile bei mittelmeerischem Klima? Rechtfertigt das ein zögerndes Herangehen an die Probleme? Aus pragmatisch-nutzenorientierter Perspektive fällt hier ein eindeutiges Nein schwer. Gewaltige Migrationen sind zu erwarten, eine Verschärfung des Nord-Süd-Konfliktes[62], umfangreiche Umstrukturierungen in Wirtschaft und Technologie. Andererseits müssen wegen der Internationalität des Klimas Kompensationsmaßnahmen im eigentlichen Sinn international koordiniert sein. Meyer-Abich erwartet diese Lösungen nicht, denn politische Entscheidungen weisen eine Tendenz zum kleinstmöglichen Nenner, zur geringstmöglichen Verhaltensänderung auf. Etwas resigniert empfiehlt Meyer-Abich darum Anpassungsstrategien, obwohl sie Symptome kurieren und daher nicht annähernd so wirksam wie Vermeidungs- oder Kompensationsmaßnahmen sind.[63] Die Ethik kann hier bei seiner berechtigten Skepsis nicht stehen bleiben, sondern muß Modelle einer ökologischen Ethik entwickeln, die nicht bei der netten Empfehlung zur "Ehrfurcht vor dem Leben" stehen bleiben, die einer Mücke das Leben rettet, so begrüßenswert eine solche Lebenseinstellung sein mag. Die Grenzen individualethischer Verantwortungs-Konzepte sind erreicht, wo es sich um unausweichlich globale Probleme wie das Wetter handelt. Erschwert wird die Abwägung durch Unsicherheiten bei der Überlagerung anthropogener und naturaler Prozesse, die wir nur halb verstehen, durch Grenzen der kausalen Zuordnungsmöglichkeiten und die Betroffenheit von fernen Ländern und zukünftigen Generationen. Zugegebenermaßen ist eine Politik orientiert an Legislaturperioden überfordert. Aber auch utopische Entwürfe, die Bedürfnisse kommender Generationen zum Maßstab erheben wollen, führen nicht weiter. Entscheidungen über zukünftige Entwicklungen fallen in der jeweiligen Gegenwart, sie werden von Menschen getroffen, auch wenn sie gerne dazu neigen, diese durch anonyme Superstrukturen zu rechtfertigen. Hier hat ökologische Ethik die Aufgabe, konvergente Argumentationen als Entscheidungshilfen anzubieten, sowie über die instutionelle Verwirklichungsmöglichkeiten umweltethischen Handelns nachzudenken.

Bislang vorliegende Konzepte zur Umweltethik sind völlig unzureichend. Darin hat Luhmann recht. Erforderlich ist eine Verschränkung von Umwelt-, Technologie- und Wirtschaftsethik im Sinne methodologisch reflektierter interdisziplinärer Forschung mit dem Ziel wissenschaftlicher Beratung von Politik, Wirtschaft und Öffentlichkeit. Zwar bedeutet diese Aufgabenformulierung eine Einschränkung der Autonomie der Wissenschaft, die diese sich selbst auferlegt[64], doch nur so dürfte sich eine diskursive Beratung an Stelle bloßer Nutzenkalkulation etwa nach dem Diskontierungsmodell etablieren.[65] Das Problem der utilitaristischen Kalkulation und der rationalen Entscheidungstheorien liegt darin, daß zugunsten einer erhöhten Berechenbarkeit wesentliche Faktoren der Sache ausgeklammert werden.[66] Leitender Maßstab bei sittlichen Überlegungen ist hingegen die Idee der Humanität, wobei sie inhaltlich nicht festgelegt werden darf. Denn materiale und operationale Unbestimmtheit ist hier die geforderte sachgerechte Genauigkeit.[67] Die Selbstverwirklichung der Menschheit, die gemäß den oben explizierten Überlegungen nicht ohne eine abgestufte Solidarität mit nachwachsenden Generationen, schmerzfähigen Tieren und der Natur als Quasi-Subjekt wie materialer Vorausbedingung für Humanität gelingen kann, ist das Ziel, wenn sich Humanität methodisch gesehen auch als negative und kritische Kategorie darstellt. Die Aufforderung, Barrieren für lebenswerte Gesellschaftsverhältnisse im Namen der Humanität zu beseitigen,[68] ist zu ergänzen um die Forderung, irreversible Schäden größeren Ausmaßes nach Möglichkeit gar nicht erst entstehen zu lassen. Dies ist nur durch eine Zunahme an Wissen zu erreichen, die zugleich ein Anwachsen von Verantwortlichkeit impliziert. Kommunikative Entscheidungsprozesse gemäß dem Ideal der Humanität und der abgestuften Solidarität können hier den Weg weisen, obwohl in der Energiepolitik dann erst die Schwierigkeiten beginnen, wenn nach Vermeidungsstrategien gefragt wird. Denn die Option für eine "asketische Weltkultur"[69] ist hier höchstens die halbe Miete. Vielmehr müssen hierzu konkretere Orientierungsregeln erarbeitet werden.[70]

Anmerkungen:

1. Niklas Luhmann; Ökologische Kommunikation. Kann die moderne Gesellschaft sich auf die ökologischen Gefährdungen einstellen?, Opladen 1986, 263; Im folgenden im Text abgekürzt als Luhmann
2. vgl. Gregory Bateson; Vorstudien zu einer Theorie der Schizophrenie, in: ders.; Ökologie des Geistes. Anthropologische, psychologische, biologische und epistemologische Perspektiven, Frankfurt 1985, 270-301
3. Peter M. Heijl; Konstruktion der sozialen Konstruktion. Grundlinien einer konstruktivistischen Sozialtheorie; in: Siegfried J. Schmidt (Hg.); Der Diskurs des radikalen Konstruktivismus, Frankfurt/M 1987, 323
4. Ebd. 325f
5. Jürgen Habermas; Der philosophische Diskurs der Moderne, Frankfurt ²1985, 426; im folgenden im Text abgekürzt als Habermas
6. Alasdair MacIntyre; Der Verlust der Tugend. Zur moralischen Krise der Gegenwart; Frankfurt/New York 1987, 37; im folgenden im Text abgekürzt mit MacIntyre
7. Vgl. hierzu Otto-Peter Obermeier; Zweck – System – Funktion. Kritisch konstruktive Untersuchung zu Niklas Luhmanns Theoriekonzeptionen, Freiburg/München 1988, 126
8. Vgl. ebd. 127
9. Vgl. ebd. 132
10. Vgl. ebd. 135
11. Ebd. 141
12. Vgl. hierzu ebd. 69
13. W. K. Frankena; Ethics and the Environment; in: K. E. Goodpaster, K.M. Sayre; Ethics and Problems of the 21st Century; Notre Dame, Indiana 1979, 21-35, bes. 21f
14. O. Höffe; Sittlich-politische Diskurse. Philosophische Grundlagen. Politische Ethik. Biomedizinische Ethik; Frankfurt 1981, 146-149
15. K. M. Meyer-Abich; Wege zum Frieden mit der Natur. Praktische Naturphilosophie für die Umweltpolitik, München 1984, 19
16. G. M. Teutsch; Schöpfung ist mehr als Umwelt; in: K. Bayertz (Hg.); Ökologische Ethik, München/Zürich 1988, 55-65; das Schema findet sich 59-61
17. O. Höffe, a.a.O. 147
18. G. M. Teutsch, a.a.O. 59
19. Ebd. 60
20. Ebd. 61
21. Vgl. meinen Aufsatz: Zur Problemgeschichte des Topos 'christliche Anthropozentrik' und seine Bedeutung für eine Umweltethik; in: Münchener Theologische Zeitschrift 37. Jg. (1986), 185-203
22. Kurt Bayertz; Naturphilosophie als Ethik. Zur Vereinigung von Natur und Moralphilosophie im Zeichen der ökologischen Krise; in: Philosophia Naturalis 24 (1987), 157-185, hier 160; im folgenden im Text abgekürzt als Bayertz
23. K. Bayertz; Technik, Ökologie und Ethik. Fünf Dialoge über die moralischen Grenzen der Technik und über die Schwierigkeiten einer nicht-anthropozentrischen Ethik; in. G. Bechmann und W. Rammert (Hg.); Technik und Gesellschaft. Jahrbuch 4, Frankfurt/New York 1986, 215-232, hier 231
24. Ebd.
25. E. Husserl; Ideen zu einer reinen Phänomenologie und phänomenologischen Philosophie Bd. 2; ed. Mary Biemel, Husserliana Bd. IV, Den Haag 1952, 161; im folgenden im Text abgekürzt als Ideen

26. E. Husserl; Zur Phänomenologie der Intersubjektivität. Texte aus dem Nachlaß, Teil 2 (1921-1928), Husserliana Bd. XIV, ed. I. Kern, Den Haag 1973, 81; im folgenden im Text abgekürzt als Intersubjektivität

27. Alois Rust; Ist das Leib-Seele-Problem ein wissenschaftliches Problem?; in: Studia philosophica 46 (1987), 113-134, zitierte Passage 113f

28. Ebd. 114

29. John Searle; Intentionalität. Eine Abhandlung zur Philosophie des Geistes, übers. v. H. P. Gavagai, Frankfurt 1987, 33

30. Ebd. 92

31. Ebd. 93f

32. Vgl. ebd. 169f

33. Vgl.ebd. 328

34. Reschers Ansatz kann hier nicht expliziert werden, es sei aber immerhin auf sein Werk verwiesen: Nicholas Rescher; Induktion. Zur Rechtfertigung induktiven Schließens; übers. von. G. Schaeffner, München/Wien 1987

35. Ebd. 19

36. Ebd. 21

37. Ebd. 38

38. John Henry Kardinal Newman; Entwurf einer Zustimmungslehre, übers. v. Th. Haecker, Mainz 1961, 204; im folgenden im Text abgekürzt als Newman

39. Hermann Flohn; CO_2-induzierte Warmzeit gefährlicher als Kernenergie; Umschau 80 (1980), 114-115, hier 114

40. Ebd.

41. Ebd.

42. Klaus M. Meyer-Abich; Was ist gegen eine CO_2-induzierte Klimaänderung zu tun? Keine Folgen für die Politik; in: Umschau 80 (1980), 108-112, hier 109

43. Stephen H. Schneider, Robert S. Chen; Carbon Dioxide Warming and Coastline Flooding: Physical Factors and Climatic Impact; in: Annual Review Energy (1980), 5, 107-140, hier 107

44. Ebd.

45. Ebd. 111

46. Ebd. 113

47. Vgl. ebd. 114

48. Vgl. ebd. 115, 117

49. Vgl. ebd. 125

50. Ebd. 126

51. Vgl. ebd. 127

52. Ebd. 135

53. Vgl. Dieter Birnbacher; Verantwortung für zukünftige Generationen, Stuttgart 1988, 146

54. Vgl. ebd. 145f

55. Vgl. ebd. 210

56. Vgl. ebd. 215

57. Ebd. 137

58. Vgl. hierzu ebd. 115

59. Vgl. ebd. 257

60. Ebd. 253

61. Ebd. 247

62. Meyer-Abich, a.a.O. 110

63. Ebd.

64. O. Höffe; Strategien der Humanität. Zur Ethik öffentlicher Entscheidungsprozesse, Frankfurt ^{2}1985 (^{1}1975), 280

65. O. Höffe; Sittlich-politische Diskurse, a.a.O. 129

66. Vgl. O. Höffe, Strategien..., a.a.O. 161

67. Vgl. ebd. 196

68. Vgl. ebd. 197

69. O. Höffe; Sittlich-politische Diskurse, a.a.O. 156

70. Einen ersten Versuch in dieser Richtung unternehme ich in meinem Aufsatz: Ethische Implikationen globaler Energieversorgung; in: Stimmen der Zeit Bd. 207 (1989), 607-620

Jörg Klawitter

VERANTWORTETER UMGANG MIT DER NATUR?

– Philosophische Hintergründe und gesellschaftliche Komplexität –

> Wir sind der Perfektion unserer Produkte nicht gewachsen; wir stellen mehr her als wir uns vorstellen und verantworten können; und wir glauben, das, was wir können, auch zu dürfen, nein: zu sollen: zu müssen ... . Wir sind unfähig, das einmal Gekonnte nicht mehr zu können, nicht an Können fehlt es uns also, sondern an Nicht-Können.[1]

Die pointierte und als unverhohlene Warnung zu verstehende Aussage von Aurelio Peccei, die er im 1. Bericht des Club of Rome niederschrieb, erhebt damals wie heute das Postulat einer kopernikanischen Wende im Denken: "Die Welt lebt bereits im Notstand: nur will dies niemand wahrhaben. Es sind keine Geister der Zukunft, die ich beschwöre, sondern ein Zustand, der bereits existiert. Wir gehen einer explosiven Interaktion aller unserer Sünden entgegen: der Sünden, die wir gegen unser geistiges und materielles Erbe begangen haben."[2]

Was ist das, um das wir uns nach Aurelio Peccei sorgen und für das wir meinen, jetzt und in Zukunft Sorge tragen zu müssen? Was bedeutet dasjenige, das wir z.B. mit dem Begriff "Umwelt" bezeichnen, ein Begriff, der heutzutage in aller Munde ist, ein buntscheckiger Modebegriff gar, mit dem sich manch einer verbalsuggestiv schmückt und der allem Anschein nach bei vielen Gelegenheiten schlicht paßt, offenbar geeignet ist, den Kern der Aussage zu verdeutlichen oder zu treffen; ein Sprachcode schließlich, der aus dem Munde desjenigen ausgesprochen, die Intention des Sprechenden kundtut und den möglicherweise intendierten Bedeutungszusammenhang aufzeigt.

1. "Umwelt" als Spiegel des Lebensgefühls

Der Begriff "Umwelt" entspricht dem griechischen Wort "peristasis", d.h. die Umgebung, der Ort, wovon man umgeben ist, worin man lebt, die Umstände mit denen man zu rechnen hat, die Umstehenden (die Menschen), mit denen man sich im Umkreis der eigenen Tätigkeit berührt.

Die französischen und englischen Materialisten des 17. und 18. Jahrhunderts diskutierten vor allem die Frage, ob und inwieweit der Mensch durch seine Umwelt bestimmt wird, wobei mit Umwelt zunächst die "natürliche" Umgebung, das geographische Milieu gemeint war (Montesquieu). Im Zuge der geistigen Verbreitung der französischen Revolution wurde jedoch unter "milieu" vor allem die soziale Umwelt verstanden (Holbach, Helvetius), in der die Quelle aller menschlichen Eigenschaften und Handlungen gesehen wurde.

Die beträchtlichen Bedeutungsüberschneidungen der nachstehenden Wortgruppen verdeutlichen dies heute noch bei ihrem täglichen Gebrauch:

"Umgebung, Umgegend, Umraum, Umwelt
environs, environment, milieu
alrededor, (medio) ambiente"[3]

Hierbei betonen "milieu" und "(medio) ambiente" die atmosphärischen und sozialen, "Umgebung", "environs", "alrededor" die physischen Ortsumstände. Die Wortneuschöpfung "Umwelt" ist zugleich mit ihrem dänischen Schwesterwort "omverden" zum ersten Mal um das Jahr 1800 nachweisbar. Der Ausdruck taucht im poetischen Zusammenhang bei dem Schriftsteller, Literaturkritiker und Professor für dänische Sprache und Literatur (1811-1913 in Kiel) Jens Baggesen auf. Dem feinen Gespür des Dänen für die geistigen Strömungen seiner Zeit entging es nicht, "wie das bis in seine Tage mit gleichem Sinngehalt benutzte Fach und Fremdwort 'milieu' seine Kontur verlor"[4]. Zwar mögen bei der Wortwahl ästhetische Momente eine mitentscheidende Rolle gespielt haben, jedoch stellt Baggesen die Umwelt als Kontrast zu dem erlebten Ich dar, sozusagen als das andere Dadraußen im Sinne von "environs" zur Abgrenzung gegen "milieu".[5] Seine Wortschöpfung wurde nicht nur bei Gebildeten bald bekannt, sondern kommt ebenso in seinem Epos "Parthenais" vor, das zur damaligen Zeit eine Art "Bestseller" war. Zum Beispiel läßt sich bei Johann Wolfgang Goethe der Begriff ab 1816 nachweisen.

"Umwelt" wie seine oben zitierten und oftmals synonym gebrauchten Ausdrücke veranschaulichen insbesondere ein ihnen allen gemeinsames Grundproblem: Das Dadraußen des Menschen oder des Lebens kennt keine innere wie äußere Grenze, keine durch Begriffe scharf voneinander separable Bereiche.

Sicherlich darf die Wortneuschöpfung "Umwelt" und deren rasche Verbreitung nicht als Zufall angesehen werden, denn es ist zu vermuten, daß ein Wandel des Lebensgefühls wesentlich mitgewirkt hat. "Umwelt gab es nicht, weil der Begriff nicht notwendig war: Man lebte in der Welt, sie war das unbegrenzte und ungeteilte Dadraußen und Gegenüber, vom Stein in der Hand bis jenseits des Horizonts. Ähnliches gilt z.B. nicht im Hinblick auf die Erde. Sie war – übrigens nicht nur im germanischen Sprachgebrauche! – sowohl die mit Händen greifbare Bodenkrume unter den Sohlen wie der noch unermessene Heimatplanet. – Dieses ganz andere, aber sicher ursprüngliche Verhältnis zum Dadraußen bestätigt sich wohl am klarsten in dem Wort Heimat im Sinne von Mitte der Welt. Sobald diese Welterfahrung zerfällt, zerfällt auch das bisher ungeteilte Dadraußen. Das Subjekt ist nicht mehr Mitte des Alls, sondern nur noch einem ungewissen Ausschnitt von ihm zugeordnet – seiner 'Umwelt'."[6]

2. Die Schlüsselstellung Jacob von Uexkülls

Bei dieser Wandlung der Welterfahrung nahm in der weiteren Geschichte des Wortes "Umwelt" der baltische Baron Jacob von Uexküll (1864-1944) über ein Jahrhundert später eine Schlüsselstellung ein. Infolge seiner Vordenkerrolle entwickelte sich eine ausgeprägte Umweltforschung, die den Terminus "Umwelt" in das Vokabular der Naturwissenschaften übertrug.

Umwelt wird von nun an als Wirk- und Merkwelt von der Innenwelt unterschieden und als der von den Sinnen erfaßbare Lebensraum einer Tierart bestimmt.[7] Umwelt wird demzufolge auf die Eigenwelt des Lebewesens reduziert, d.h. auf denjenigen Ausschnitt aus dem Weltganzen, an dem diese Kreatur teilhat. Jener (jeweils besondere) Funktionszusammenhang von Umwelt und Innenwelt wird als Funktionskreis bezeichnet, wobei zunehmende Umweltunabhängigkeit der Leitfaden für die natürliche Entwicklung ist. Uexküll strebte eine Naturforschung an, "die sowohl das forschende Subjekt als auch das erforschte Objekt als Angehörige eines für beide gemeinsam bestimmten Ganzen begriff"[8]. Es sind lediglich die artkennzeichnenden Besonderheiten, auf die sich die von Fall zu Fall verschiedenen Umweltbezüge gründen; d.h., zu unterschiedlichen Arten von Geschöpfen gehören spezifische, sie jeweils kennzeichnende Umwelten. Umwelt ist also der Ausschnitt aus der physischen Wirklichkeit, dem das Lebewesen durch seine biotischen Bedürfnisse und seine Sinne als einer Eigenwelt zugeordnet ist, denn: Leben beansprucht immer nur einen winzigen Ausschnitt des Vorgegebenen (oder des Kosmos), ist aber ohne diese ihm gemäße Umwelt (oder Eigenwelt) weder möglich noch denkbar. Gleichzeitig entfaltet und bewährt sich das Lebewesen im Wechselspiel mit der ihm eigenen und durch es geschaffenen und veränderten Umwelt.

Insofern stellt "Umwelt" von Anfang an nicht nur einen neuen, sondern auch einen befragbaren Begriff dar, besonders dann, wenn wir nach der Umwelt des Menschen fragen. Hierbei wären zumindest zwei Schichten angesprochen: der Mensch als Art und als Person. Diese beiden Aspekte decken sich keineswegs; anders wäre der Mensch ein Serienerzeugnis, dessen Individuen beliebig austauschbar sind. "Umwelt" ist für jeden einzelnen Menschen jedoch zugleich eine ihm jeweils eigene, ihn historisch bestimmende und von ihm "miterzeugte" geistige Wirklichkeit.[9]

Hieraus freilich die Schlußfolgerung zu ziehen, er besitze ein hohes Maß an Umweltfreiheit, wäre ein Fehlschluß. Sicherlich kann der Mensch (fast) alles, was er vorfindet, nach Belieben als "Rohstoff" für eigene "Konstruktionen" verwenden oder beseitigen. Was anderen Organismen Umwelt ist, stellt er sich gleichsam selbst maßgerecht her. Ebenso könnte die Ubiquität des Menschen darauf hindeuten, daß er in jedem irdischem oder diesem entsprechend erzeugten Lebensraume oder gar einem von Grund auf selbst hergestelltem Milieu seine "Umwelt" finde. Ermöglicht diese ihm allerdings seine "volle Selbstverwirklichung"? Eine solche Losgelöstheit von engsten ökologischen Nischen signalisiert ein vermeintliches Maß an (Umwelt-)Freiheit, das zumindest dann sehr schnell in selber produzierte (Umwelt-) Unfreiheit umschlägt, wenn menschliches Verhalten die eigenen Existenzgrundlagen gefährdet.

3. Das Faktorengeflecht "Ökologie" im Anschluß an Ernst Haeckel

Unabhängig von der Umweltforschung im Sinne Uexkülls, einer Konzentrierung auf das Wechselspiel Umwelt-Subjekt (=Lebewesen), wandte sich die wissenschaftliche Aufmerksamkeit nach der Mitte des vorigen Jahrhunderts einem komplexeren Faktorengeflecht zu. Gleichzeitig rückte der Begriff "Subjekt" aus dem zentralen Betrachtungsfeld jener Wissenschaft. Im Jahre 1866 führte Ernst Haeckel den Begriff "Ökologie" als die Wissenschaft von den Beziehungen der Organismen untereinander und der sie umgebenden organischen und anorganischen Umwelt ein.[10] Ökologie leitet sich von dem griechischen Wort "oikos" (Wohnhaus, Behausung, Heimat) ab und kann übersetzt werden mit Haushaltslehre.

Jedoch präzisierte z.B. Karl Friedrichs[11] im Jahre 1937 den Begriff Ökologie, indem er ihr die Aufgabe zuschrieb, den Sinn der Naturerscheinungen erfassen zu müssen. Demzufolge werden axiomatische Fragen der Einzelwissenschaften ebenfalls Forschungs"gegenstand" der Ökologie, die diese freilich als zusammengesetzte Wissenschaft zu einem Sinngewebe verarbeiten sollte. Das Wesen der Ökologie beruht also auf ihrem umfassenden Erkenntnis"gegenstand" und ihrer Methode, die in erster Linie im ganzheitlichen Denken besteht. Ökologie definiert Friederichs deshalb als die Lehre von den Wechselwirkungen der Naturerscheinungen, wobei für ihn außerordentlich wichtig ist: Der menschliche Geist ist nicht einfach den Naturerscheinungen zuzurechnen, indes handelt es sich in der Ökologie um die Rückwirkungen der Natur auf die Auswirkungen des Menschengeistes. Elemente des Naturschutzes als auch zukünftige Entwicklungschancen der Menschheit spielen daher bei der Ökologie als aus anderen Wissenschaften abgeleiteter wie daraus zusammengesetzter Wissenschaft eine zentrale Rolle.

Was für einen Haushalt nebst was für ein "Funktionsgefüge" bezeichnet dieser Terminus heute? Die moderne Ökologie als die Teildisziplin der Biologie erforscht jene Faktoren, Strukturen und Vorgänge, welche das Leben auf den Stufen der Populationen, Biozönosen, Ökosysteme und der Biosphäre charakterisiert. Insbesondere drei Teilbereiche werden unterschieden:

1. Die Autoökologie erforscht die Beziehung einzelner Arten oder Organismen zu ihrer Umwelt.
2. Unter Demökologie (Populationsökologie) versteht man die Erforschung der ökologischen Vorgänge auf der Ebene einzelner Populationen.
3. Die Synökologie (Ökosystemforschung, Biozönose) hat endlich das ganze Ökosystem und die Biosphäre zu ihrem "Gegenstand".

Mit dieser vermeintlich auf das Ganze schauenden ökologischen Betrachtungsweise wird der nicht scharf abgrenzbare, "unexakte", durch seinen Bezug auf das Subjekt belastete Begriff "Umwelt" transformiert. Der individualistische Forschungsansatz weicht einem auf alles Lebendige als Glied eines umfassenden Ganzen verstandenen Wissenschaftsgebäude. Das Faktorengeflecht zwischen Biotop und Biozönose klammert freilich das dergestalt kaum faßbare Subjekt aus, umgeht auf Grund dessen in der Forschung unbewältigte Sachverhalte (z.B. Subjektbezogenheit, Unabgrenzbarkeit von Innen– und Außenwelt) und richtet den Blick auf das Funktionsgefüge Ökosystem. Demgemäß präsentiert sich Ökologie als eine deskriptive und/oder nomologisch erklärende Naturwissenschaft, "die sich von anderen Naturwissenschaften, bedingt durch die Komplexität der von ihr beschriebenen Systeme, lediglich durch eine stark eingeschränkte Prognosefähigkeit unterscheidet"[12].

Ein derartiges von der Ökologie als Teildisziplin der Biologie aufgebautes Gesamtsystem "Welt" beinhaltet bloß einen "Schönheitsfehler": Der Mensch als Subsystem dieser Ganzheit aus Energie- und Stoffwechselbeziehungen wird als nicht notwendige Komponente für das Gesamtsystem angesehen. Allerdings verschleiert die ihm mittels bioökologischen Blickwinkels zugewiesene periphere Stellung völlig, daß der Homo sapiens teils planmäßig, teils unbewußt, teils ungewollt das Gesamtsystem "Welt" in allen Teilbereichen tiefgreifend stört, verändert, ja lebens- und existenzunfähig machen kann.[13]

Der Evolutionsbiologe und Philosoph Ernst Haeckel vermochte jedoch nicht zu ahnen, daß seine Begriffsprägung "Ökologie" zu einem vielschichtigen, schillernden, ideologisch-belasteten, politisch ge- und mißbrauchten, oftmals medienverbrauchten Schlagwort der Moderne werden würde: Sozialökologie, Humanökologie, Ökologisierung, Militärökologie, ökologische Forschung, ökologische Verantwortung, ökologisches Gemeinwesen, ökologische Elite, Ökolog, Ökologiebewegung, ökologische Knappheit, politische Ökologie, Ökosophie, ökologische Effizienz, Ökolyrik, Ökofaschismus, Ökokommune, Ökokosmetik, Ökodiktatur, ökologische Tragfähigkeit, ökologische Reifung, ökologische Strategie, ökologische Krise, ökologische Nische, ökologischer Zusammenbruch, ökologische Diskussion, ökologischer Ethos, ökologisches Bewußtsein, ökologisches Handeln, ökologische Schäden u.v.a.m..

Freilich soll es nicht Zweck der vorstehenden rhapsodischen Aufzählung sein, die gegenwärtige Bedeutungsvielfalt des Begriffs Ökologie aufzuzeigen und zugunsten einer präziseren wissenschaftlichen Aussage besagten Terminus kraft einer geschichtsorientierten Begriffsanalyse auf dem Diskussionsstand des Jahres 1866 einzufrieren.

Das Themenbündel, vermittels dessen wir Umweltkrise und Umweltleidensdruck nicht nur drastisch vor Augen geführt bekommen, sondern alltäglich sehen, wenn wir die (geistigen) Augen öffnen, öffnen wollen, erlaubt es, die Ökologie als eine synoptische Wissenschaft mit methodischen Grundlagen und Forschungsansätzen auf der Basis mannigfaltiger Wissenschaftsbereiche, z.B. Technik, Wirtschaftswissenschaften, Sozialwissenschaften, Medizin, Biowissenschaften, Geowissenschaften, Jurisprudenz[14] zu begreifen. Ökologie als Teilgebiet der Biologie, Zoologie oder Botanik wird unter diesem Blickwinkel heute lediglich noch als ein reduzierter Teilbereich dessen, was wir unter Ökologie verstehen, betrieben. Der ehemals klassischen biologischen Forschungsrichtung, der sog. Bioökologie im Sinne Haeckels, wird jetzt die Sozialökologie gegenübergestellt, welche primär die Aspekte des Wohnens und der Siedlungsstrukturen aus anthropogeographischer Sicht untersucht. Eine zusätzliche Erweiterung bzw. die dritte Säule bei der inhaltlichen Begriffsentfaltung der Ökologie repräsentiert die Humanökologie, da in zunehmenden Maße erkannt wird, daß ebenso soziale Faktoren die Umwelt der Menschen mitbestimmen. Demzufolge beginnt sich abzuzeichnen, daß eine Vielzahl von menschlichen Lebensbereichen in der Erforschung ökologischer Zusammenhänge berücksichtigt werden; Zusammenhänge, die früher z.B. Ökonomie, Naturwissenschaften, Geisteswissenschaften, Technologie, Jurisprudenz, Sozialwissenschaften als wissenschaftliche Repräsentanten von Erkenntnismodellen außer acht ließen, binden sie heute in ihre Überlegungen mit ein und beteiligen sich mit ihren Erkenntnisfähigkeiten und ihrem Wissen an der Ökologie im Sinne einer "ganzheitlich" angelegten Wissenschaft.

4. Zum "Verhältnis" Natur – Mensch: ein historisches Streiflicht

Bislang habe ich den Begriff "Natur" unreflektiert in den Raum gestellt; schlechterdings kann man nicht über Umwelt und Ökologie schreiben, ohne dessen verschiedenartige Interpretationsmöglichkeiten durch eine historische Betrachtungsweise aufzuzeigen. Es gilt, einen Rahmen für das stets vorausgesetzte, aber wenig präzisierte, Verhältnis von Natur – (Umwelt) – Mensch in bezug auf eine moderne Diskussion über Ökologie als inter–, multi– oder transdisziplinäre Wissenschaft abzustecken.

Entsprechend der terminologischen Bedeutung der griechischen Begriffe "von selbst Form gewinnen" und "das Werden eines Wachsenden"[15] wird im alltagssprachlichen Sinn derjenige Teil der Welt bezeichnet, dessen Zustandekommen, Erscheinungsform und Wirken unabhängig von Eingriffen des Menschen ist bzw. gedacht wird. Mit den Begriffspaaren "physis – nomos" und "physis – techne" tritt diese antithetische Verwendung des Naturbegriffs bereits in der griechischen Philosophie auf. Kraft des Nomos werden natürliche Orientierungen und Handlungsweisen eingeschränkt bzw. zu rechtlicher Geltung gebracht. Die Mittel der Techne indes schränken das natürliche Vermögen des Menschen im Sinne handwerklicher Fähigkeiten ein.

Maßgebend für die Geschichte des Naturbegriffs unter dem Gesichtspunkt einer Wissenschaft von der Natur ist jedoch der Naturbegriff der aristotelischen Physik und Metaphysik. Diese orientiert sich an einer Analyse natürlicher Dinge, welche bestimmt ist durch fundamentale Kategorien wie Dynamis und Energeia. Natur oder besser das natürliche Ding wird definiert als dasjenige, was einen Ursprung von Bewegung und Stillstand in sich selbst hat.[16] Das natürliche Ding schließt also auch in seinem Sein sein eigenes Ziel mit ein, ohne daß der Mensch in irgendeiner Weise hierin eingreift oder eingreifen kann, was des weiteren zur Folge hat: Erst im Wissen von den Dingen der Natur bildet sich ein Wissen (eine Kenntnis) von der Natur der Dinge.

Verständlicherweise entwickelte sich in den folgenden Jahrhunderten die Frage nach der ordnungsstiftenden "Gewalt" in der Natur, also die Frage nach den Wirkungen und Auswirkungen einer andauernden bildenden Kraft (Gott), die die Ordnung der Natur, die ordo naturae, gewährleistet. In der scholastischen Philosophie bildete sich die als Gegensatzpaar zu verstehende terminologische Differenz zwischen natura naturans und natura naturata heraus. Diese Begrifflichkeit geht wiederum auf die aristotelische Scheidung in prima causa (erste Ursache) und primum causatum (erstem Verursachten) zurück. Damit übertrug das Zeitalter der Scholastik griechisches Denken auf das Verhältnis Gottes zur geschaffenen Welt. Deswegen machte es Sinn, zwischen einer schaffenden, nicht geschaffenen Natur, einer geschaffenen schaffenden sowie einer geschaffenen nicht-schaffenden Natur eine eindeutige Grenze zu ziehen.[17] Eine fundamentale Umwälzung dieser Natur ist den Menschen freilich von sich aus nicht möglich.

Angesichts jener Anschauung von "Natur", z.B. mittels astronomischer Modellvorstellungen, wird in der Folgezeit der Begriff des systema mundi, des Weltsystems, geprägt, dem in der Suche nach einer astronomisch-stabilen Welt bald die Bezeichnung der machina mundi hinzugefügt wird. Unter Weltmaschine ist jedoch noch nicht das Vorhandensein eines "toten" Mechanismus zu verstehen. Erst durch die neuzeitliche Entwicklung der Mechanik wandelte sich die Vorstellung von einer selbstschaffenden und frei handelnden Natur um in einen Begriff von Natur, hinter dem der Gedanke eines kosmischen Mechanismus steht. Das alte Bild einer nach Gesetzen wirkenden und sich verändernden Natur wird alsbald transformiert in eine neuzeitliche Bedeutungsdimension, die sich auf dem Begriff des Naturgesetzes wie einer empirisch-hypothetischen Methodologie in der (Natur-)Wissenschaft gründet. Folglich wird als Natur lediglich im eingeschränkten Sinne das bezeichnet, was Gegenstand einer empirischen Gesetzeswissenschaft ist. Auch Vorstellungen im 19. Jahrhundert, die Unterscheidung zwischen Natur als schaffendem Subjekt bzw. als Eigenproduktivität und Natur als Erkenntnisprojekt bzw. als Produkt von Erkenntnisinteressen ansehen zu müssen, verhinderten nicht den Fortgang dieser Gedanken. Erst durch das heutige Aufkommen des Denkens in ökologischen Zusammenhängen versucht man, dieser "Aneignung" der Natur durch den Menschen entgegenzuwirken. Der Terminus "Aneignung" ist jedoch nicht nur im Sinne von Aneignung durch naturwissenschaftlich-technische Erkenntnismethoden zu verstehen, sondern auch im Hinblick auf gesamtgesellschaftliche, z.B. ökonomische, Entwicklungen (unter den Bedingungen einer Industriegesellschaft) zu interpretieren.

Demzufolge entwickelte sich der Begriff von der antiken Vorstellung einer handelnden, vom Menschen unabhängigen Natur über empirisch-hypothetische Methodenideale zu einer neuzeitlichen Naturkonstruktion im Sinne einer technischen Aneignung der Natur als nunmehr bloßem technischen Objekt. "Moderne" ökologische Orientierungen zielen wieder auf die Betonung einer Selbständigkeit und damit der teilweisen Herstellung einer aristotelischen Naturvorstellung.[18]

Die Anschauung einer nach wie vor existierenden Selbständigkeit der Natur rührt ja unter anderem von unseren permanent fehlschlagenden (oder vielleicht fehlschlagen-müssenden?) Versuchen her, trotz aller wissenschaftlichen Erkenntnisse, Forschungsleistungen wie industriellen Fortschritte zu erkennen: Wir sind noch weit davon entfernt, die Grenzen der Natur zu (er-)finden, wir sind noch sehr weit von der Überwindung der "Begrenzungen" der Natur und damit zugleich menschlicher Begrenzungen entfernt.

Gleichzeitig ergibt sich daraus ein bedeutsames Problemfeld. Rechnen wir den Menschen zum Gegenstandsbereich der Natur, dann kann uns Natur schon deshalb keine Maßstäbe für alles menschliche Handeln liefern, da selbst der zerstörerischste Teil der Natur, und damit auch wir, "natürlich" wären; d.h., der Mensch als Naturding wird nie einen Maßstab für sein Handeln finden. Beschränken wir lediglich den Gegenstandsbereich der Natur auf die sog. außermenschliche Natur, die übrigens immer schwerer von der von den Menschen unbeeinflußten Natur zu unterscheiden ist, so könnte man die recht banale Sichtweise vertreten, daß der Mensch und seine Werke der Natur gegenüberstehen; daraus resultiert, wie z.B. John Stuart Mill[19] gezeigt hat, daß es für jedermann einsichtige moralische Gründe gibt, die außermenschliche Natur zum Maßstab menschlichen Handelns zu machen. "Denn die vom Menschen unabhängige, vom Menschen nicht kultivierte Natur ist nicht in allen Hinsichten erhaltens- oder nachahmenswert. Ungezähmt bieten die Naturgewalten das furchtbare (wenn auch zuweilen grandiose) Beispiel einer ungehemmt zerstörerischen Macht. Schon das 'natürliche' Überlebensinteresse muß es dem Menschen verbieten, sich dieser Macht bedingungslos auszuliefern."[20] Schärfer formuliert: Nur wenn wir dem Menschen sein Überlebensinteresse aberkennen, wäre außermenschliche Natur (oder Natur schlechthin) zu retten. Da diese Argumentation kaum jemand aus Eigeninteresse vertreten dürfte, gilt es, das dynamisch-verflochtene Verhältnis von Natur - Mensch mitzudiskutieren.

An dieser Stelle würde die Diskussion erst richtig entfacht, wenn wir der These zustimmten, daß es keinen Bereich der sog. außermenschlichen "Natur" (hier im Sinne des Gesamtsystems Planet Erde) mehr gibt, die nicht vom Menschen direkt oder indirekt und wenn nur im kleinsten Maße, aber inzwischen doch nachweisbar, tangiert ist. Inwieweit wir dann überhaupt noch imstande sind, von einer selbständigen, d.h. zumindest geschaffen schaffenden Natur (in bezug auf unserer kleines, beschränktes Ökosystem) zu sprechen, mit einer ihr eigenen in sich geschlossenen Beschaffenheit und Zielorientierung, ist die große Frage; allein durch die kleinsten Eingriffsmöglichkeiten des Menschen wird diese grundsätzlich vorausgesetzte - oder vielleicht zu wenig reflektiert vorausgesetzte - "Zielorientierung" der Natur beeinträchtigt. Oder unterstellen wir bloß der Natur eine eigenständige "Zielorientierung" aufgrund menschlichen Unwissens, geboren aus der Unfähigkeit unserer eigenen Erkenntnisstruktur, um uns ein Argument für ihre Eigenständigkeit "zurechtzuzimmern"? Abgesehen davon, welches wären die Ziele der Natur und welcher "Natur" sind die Ziele der Natur überhaupt, die uns bislang verborgen geblieben sind?

Da die Ökologie als Wissenschaft den einzelnen Organismus als Glied eines umfassenden Ganzen begreift, mit dem er in Wechselwirkungen, Austausch- und Abhängigkeitsbeziehungen steht, muß mittels ihrer Methode insbesondere der Mensch mit seiner Vielzahl komplexer, nur zum Teil überschaubarer, Eingriffe in das Ökosystem berücksichtigt werden. Bei Nichtbeachtung stünden wir vielleicht einmal als "Menschen ohne Welt" da (was dem Existenzende der Menschen gleichkäme).

Als "Menschen ohne Welt" bezeichne ich allerdings im Sinne Günther Anders'[21] auch diejenigen, die gezwungen sind, innerhalb einer Welt zu leben, die nicht mehr die ihre ist, weil sie die ihre wissentlich "abgeschafft" haben. Diese Welt haben sie mit ihrer (all-)täglichen Arbeit und immer komplexeren Organisationsstrukturen erzeugt und in Gang gehalten, - soweit es in ihrer Macht stand; dann aber verändert(e) sie sich dermaßen, daß sie nicht mehr für uns Menschen da-ist, da-sein-kann. Ein Grund für das eventuelle Eintreten dieses Ereignisses wäre darin zu suchen: Viele (?), wenige (?), einzelne (?) Menschen haben deswegen schon keine Welt mehr, weil sie gleichzeitig an vielen, zu vielen selber produzierten "Welten" (=eigenproduzierten Realitäten) teilnehmen. Wer den "Blick" dabei für die eine Welt unter vielen, genannt Ökosphäre, verliert, verliert dadurch wahrscheinlich seine Existenz.

5. Ökologie und/oder Ökologische Kommunikation? Bemerkungen angesichts der Überlegungen Niklas Luhmanns

Da wohl kein Mensch seiner Existenz aufgrund ökologischer Katastrophen oder "Kataströphchen" vorzeitig beraubt werden möchte, schon gar nicht, wenn diese durch seinesgleichen mitinitiiert werden, gilt es, nach der gesellschaftlichen Kompetenz von Individuen, Personen, Institutionen, Politik, Wissenschaft usw. zu fragen.

Auf bislang nicht gekannte wie für Nicht-Eingeweihte unkonventionelle Weise nimmt sich ein neueres Buch[22] des Bielefelder Soziologen Niklas Luhmann jener Themenstellung an. So mancher Insider wiederum dürfte sich wegen des Adjektivs "ökologisch" im Titel überrascht gedacht haben: schreibt Luhmann jetzt schon Ökobücher? Um solcher Denkungsart vorzubeugen, seien zur Klärung sogleich zwei Textstellen empfohlen. Auf Seite 249 macht der Autor deutlich, daß seine Überlegungen zum Thema "ökologische Kommunikation" nicht dazu herhalten sollen, die drängenden Umweltprobleme unserer Gesellschaft lösen zu können, lösen zu wollen oder auch nur erklären zu wollen. Welchen rationalisierten Erkenntniswert kann es trotzdem für an solcherart Problemstellungen Interessierte haben? Welche in der Diskussion bislang unberücksichtigt gebliebenen Aspekte vermag es zu vermitteln?

Beachtenswert ist das Glossar. Unter dem Stichwort "Ökologie" finden wir eine bislang nicht bekannte Definition bzw. Beschreibung. Der Terminus Ökologie gewinnt demzufolge eine universale Bedeutungsdimension, da unter ihr "die Gesamtheit der wissenschaftlichen Forschungen verstanden (wird), die sich auf welcher Ebene der Systembildung auch immer mit den Konsequenzen der Differenzierung von System und Umwelt für die Umwelt des Systems befassen. Der Begriff setzt kein System besonderer Art (Ökosystem) voraus."[23]

Würden wir auf dieser Diskursebene verweilen, dann wäre festzustellen: Luhmann macht eigentlich sehr wenige – außer einige anzügliche – Bemerkungen zur Ökologie und ihrem gesellschaftlichen Umfeld. Vielmehr taucht der Begriff Ökologie in seiner adjektivischen Gebrauchsform permanent auf. Eine der Schlüsselstellen ist nicht nur die Begriffsprägung "Ökologische Kommunikation", sondern auch der Untertitel: Kann die moderne Gesellschaft sich auf ökologische Gefährdungen einstellen?

Bleibt man bei der eben zitierten Beschreibung von Ökologie, wendet sie auf den Untertitel an, befindet man sich bereits in dem ersten logischen Dilemma, denn: Ersetze ich "ökologisch" durch die oben zitierte Deskription, bekommt der Untertitel eine gänzlich andere Bedeutungsdimension. Er hieße: Kann die moderne Gesellschaft sich auf Gefährdungen einstellen, die durch, wegen, aufgrund, infolge etc. der Gesamtheit der wissenschaftlichen Forschungen geprägt sind, die sich ... mit den Konsequenzen der Differenzierung von System und Umwelt für die Umwelt des Systems befassen.

Zwar ist ein derartiger Impetus nicht aus den Denkzusammenhängen Luhmanns heraus abzulehnen; dennoch muß sich der Leser zumindest bei Titel und Untertitel (Ökologische Kommunikation – Kann die moderne Gesellschaft sich auf ökologische Gefährdungen einstellen?) damit begnügen, auf eine allgemeinsprachliche Erklärung zurückzugreifen: Ökologische Gefährdungen sind Gefährdungen, die durch Teilsysteme in einem Gesamtsystem infolge der Differenzierung von System und Umwelt für die Umwelt des jeweiligen Systems und damit für andere Systeme entstehen, die diese Umwelt zwar nicht zu ihrer eigenen Umwelt haben, aber durch diese mitbeeinflußt werden, gefährdet, ja sogar in ihrer Existenz bedroht werden können.

Bei der Ökologischen Kommunikation[24] dreht es sich also darum, wie die Gesellschaft auf Umweltprobleme reagiert. Der Untertitel deutet jedoch etwas gänzlich anderes an, nämlich: Ob es uns überhaupt möglich ist, uns als Gesellschaft auf ökologische Gefährdungen einzustellen. Ein Einstellen impliziert nicht nur die theoretische Reflexion über die System-Umwelt-Differenz und die Problematik der Komplexität einer Einheit der Vielheit von Teilsystemen, sondern beinhaltet ebenso aktual und in futuro mögliche Verhaltens- und Entscheidungsweisen, nicht einzig von gesellschaftlichen Subsystemen, sondern von sozial differenzierten Individuen. Jene Orientierung nimmt die Systemtheorie Luhmannscher Ausprägung erklärtermaßen für sich gar nicht in Anspruch.

Indes bewegt sich diese zweitgenannte Forderung auf der Ebene leicht gewinnbarer Umweltrezepte, die teils vorhanden, teils einfach erdacht werden können[25]; allerdings finden sie nur dann ihre gesellschaftsadäquate Applikation, wenn sie ihren Selbstreinigungsprozeß durch die Theorie rationaler ökologischer Kommunikation durchlaufen haben. Stellt man sich zudem auf den versimplifizierenden Standpunkt Luhmanns, daß Umweltprobleme durch Belehrungen, Ermahnungen und Forderungen zu lösen versucht werden, spiegelt dies kaum die gesellschaftliche Praxis wieder. Hat er recht, daß man sich durch diese Vorgehensweise lediglich an Einzelmenschen und nicht an die Gesellschaft richtet? Wird die Dimension "Gesellschaft" nicht nur aus dem Auge verloren, sondern gar nicht in die eigenen Problemlösungsstrategien miteinbezogen?

6. Gesellschaftliche Probleme und Lösungen mittels Resonanzerzeugung

Die Schlüsselthese, welche bei Luhmann erst selbst die systematische Ausarbeitung seiner Gedanken aus dem Zettelkasten auslöste, ist: Die moderne Gesellschaft erzeuge infolge ihrer strukturellen Differenzierung in unterschiedliche Funktionssysteme sowohl zuwenig als auch zuviel Resonanz.

Die Lösung des Umweltproblems liegt daher nicht in neuen Wertvorstellungen, nicht in einer neuen Moral und nicht in der akademischen Ausarbeitung einer Umweltethik[26] begründet. Vielmehr sieht er sich durch seine Analysen bestätigt, die ökologischen Probleme auf das Gesellschaftssystem und nicht nur auf politisches, ökonomisches Fehlverhalten oder ein unzureichendes ethisches Verantwortungsgefühl zu beziehen.[27]

Überraschenderweise zementiert gerade ein unorthodoxer Denker wie er mit der Aussage, daß es zwar seit gut 20 Jahren eine rasch zunehmende öffentliche ökologische Diskussion gibt, die Feststellung, die Naturwissenschaften hätten sich (unter dem "Zugeständnis" der Geistes- und Sozialwissenschaften) eben der Natur zugewandt und hätten somit für die Natur auch die Verantwortung zu übernehmen. Zumindest war sie den Naturwissenschaften überlassen worden, während sich andere Wissenschaftszweige – auch die Soziologie – dafür nicht nur nicht interessierten, sondern lange Zeit auf die ökologische Debatte nicht einmal theoretisch vorbereitet waren. Dies stimmt um so verwunderlicher, weil es zum Anspruch der Soziologie gehört, Gesellschaft oder soziale Tatsachen im Fokus ihrer wissenschaftlichen Methodik zu haben.[28]

Anhand dieser wenigen Äußerungen wird bereits ersichtlich, daß Luhmann nicht mehr den bisher diskutierten "klassischen" Begriff Ökologie, auch nicht den neuzeitlich biologisch orientierten (Demökologie, Populationsökologie ...) im Auge hat. Gerade die historische Entwicklung, z.B. aufgezeigt am Begriff Natur, veranlaßte eine Wissenschaft wie die Soziologie dazu, sich in der Selbstkritik der Gesellschaft anhand bestimmter Ideale einzuüben und nicht auf das zu besinnen, was vielmehr Not täte, nämlich Selbstalarmierung im Hinblick auf unsichere Hoffnungen und Befürchtungen zu gewährleisten. Zwar gilt diese Behauptung zunächst für die Soziologie als Wissenschaft, denn wir können leicht nachweisen, daß das Problem des Umweltleidensdrucks in der Problemskala einen hohen Stellenwert[29] einnimmt. Luhmann geht indes einen Schritt weiter.

Gerade durch das falsche Paradigma, daß wir durch unser aller Einwirkungen von und durch Gesellschaft auf Umwelt uns selbst gefährden, vermeinen wir, diese Selbstgefährdung einfach dadurch beseitigen können: Wir machen Schuldige ausfindig, wir finden entsprechende politische Lösungen und/oder konzentrieren unsere Aufmerksamkeit auf naturwissenschaftliche bzw. technische Lösungswege oder versteifen uns auf umweltethische Diskussionen. Ökologische Fragestellungen betreffen sicherlich die Einheit der Differenz von System und Umwelt, haben jedoch nichts mit der Einheit eines umfassenden Systems zu tun.[30] Was heißt das?

Von System[31] können wir nur sprechen, wenn ein komplexer Zusammenhang sich selbst gegen eine Umwelt abgrenzt, Beispiel: das physische System "Planet Erde". Als ökologisch ist eine Problematik dann zu bezeichnen, wenn sie auf Einheit trotz Differenz oder gar auf Einheit durch Differenz abstellt. Dies bedeutet nichts anderes als das, daß ein System-Umwelt-Zusammenhang gerade dadurch strukturiert ist, weil das System sich aus seiner Umwelt herausnimmt, sich gegen sie differenziert und auf dieser Basis ein hochselektives Verhalten zur Umwelt entwickelt.

Luhmann kann hier nur von sozialen Systemen reden. Kraft sinnhaft aufeinander bezogener Handlungsstrukturen und durch die Verknüpfung wechselseitiger Erwartbarkeit, die von einer beliebigen Anzahl von Personen willentlich erzeugt werden, konstituiert sich bekanntlich ein soziales System in Korrelation zu seiner ihm eigenen Umwelt. Auf diese Weise tangiert und überlappt jede Systembildung die Umwelten wie Systeme vieler anderer Systeme selbst. Eine zunehmende Komplexität der (System-Umwelt)-Welt ist die Folge. Sein Beispiel des Systems "Planet Erde" greift fehl, denn es handelt sich um ein natürliches, d.h. ursprünglich nicht von Menschen geschaffenes "System", das z.B. die Naturwissenschaften lediglich unter ganz bestimmten theoretischen Aspekten und Interessen als ein biologisches, physikalisches, chemisches usw. "System" betrachten. Zwar mag dieses System "Erde" vermittels seiner selbst hochselektiert sein, jedoch besitzt es im Sinne Luhmanns kein Verhalten[32] wie soziale Systeme, obgleich er das unterstellt.

"System" in jenem naturwissenschaftlichen Verständnis zielt vielmehr auf die Analyse vorher festgelegter kausaler Faktoren sowie weitergehender Wirkungsvernetzungen ab. Menschliche Entscheidungsprozesse spielen hierbei immer eine grundlegende Rolle, sind allerdings nicht die Zielorientierung jener Forschungsausrichtungen. Verwendet werden dabei oft Systemmethoden und -simulationen, um spezifischen Zusammenhängen auf die Spur zu kommen; systemtheoretische Ansätze - insbesondere die Luhmanns - werden indes fast gar nicht berücksichtigt. In der Tat sind wir allerdings dazu angehalten, nicht bloß naturwissenschaftliche, sondern auch sozialwissenschaftliche Erkenntnisse - unter infradisziplinären Gesichtspunkten - angesichts der kumulativen und synergistischen Effekte zu berücksichtigen, wie sie z.B. durch die Kenntnis globaler und regionaler Umweltverschmutzung repräsentiert werden.

7. Ökologische Theorie versus Ökologische Praxis?

Dergestalt steht die ökologische Fragestellung - entgegen bisheriger Annahmen - "quer" zur systemtheoretischen. Für die Ökologie der menschlichen Gesellschaft sind zahllose Systeme relevant, ohne daß die Einheit dieser Systeme und ihrer Umwelt mit der Ökologie der Gesellschaft, d.h. dem System-Umwelt-Verhältnis der Gesellschaft, identifiziert werden dürfte.[33]

Genau jene systemtheoretische Differenz von System und Umwelt drückt eine radikale Veränderung der Welt aus: Systeme, wie z.B. der Mensch, definieren selbst ihre Grenzen, d.h. sie differenzieren sich aus und konstituieren damit sich selbst Umwelt, nämlich Umwelt als das, was jenseits ihrer Grenzen liegt. Umwelt ist dann für dieses System, was sich erst Umwelt schafft, kein eigenes autopoietisches System, nicht mal eine Wirkungseinheit, sondern nur das, was als Gesamtheit externer Umstände die Beliebigkeit der Morphogenese von Systemen einschränkt und sich - nach Luhmann - evolutionärer Selektion aussetzt.[34]

Die Einheit der Umwelt ist nichts anderes als ein Korrelat der Einheit des Systems, denn alles, was für ein System Einheit ist, wird durch das System als Einheit definiert. Damit lassen sich die Konsequenzen nach Luhmann auf zwei Thesen reduzieren:

1. Die Theorie, hier der Gegenstand der Soziologie, orientiert sich nicht mehr am Gesellschaftssystem, also einer kleinen Einheit in einer großen Einheit "Welt", sondern an der Einheit der Differenz des Gesellschaftssystems und seiner Umwelt, durch die erst Problemsituationen produziert werden und durch die sie einzig gelöst werden können. Auf Grund dessen wird eine so gesehene Differenz damit vor allem zum Reflexionsinstrument des Systems selber und birgt eine Chance zur Veränderung, vielleicht Verbesserung bestimmter Probleme in sich.
2. Elemente (Individuen) des Gesellschaftssystems müssen umgestellt werden auf selbstreferentielle autopoietische Operationsformen, im besonderen auf selbstreferentielle Kommunikation.

"... Unter Gesellschaft (ist dann) ganz einfach das umfassende soziale System aller aufeinander Bezug nehmenden Kommunikationen zu verstehen. Die Gesellschaft besteht aus nichts anderem als Kommunikationen, und durch die laufende Reproduktion von Kommunikation durch Kommunikation grenzt sie sich gegen Umwelt andersartiger Systeme ab."[35]

Demnach wäre eine "neue" Sichtweise über Gesellschaft erlangt und eine Basis gefunden, Umweltprobleme, nämlich als Kommunikationsprobleme, in ihrer Komplexität anders orten zu können als allein kraft eines naturwissenschaftlichen, ethischen, normativen oder technischen Instrumentariums.

Es stellen sich nicht die Fragen, warum Systeme kommunizieren oder ob sie überhaupt kommunizieren oder ob es die Kommunikation selber als Operation ist, die sie zum System machen? Luhmann fragt nicht nach den Inhalten der Kommunikation, die mitentscheidend sind für den Bedeutungszusammenhang, die durch Kommunikation über bestimmte Sachverhalte in Gesellschaft erst (im Sinne von positiv wie negativ) produziert werden.

Ob allerdings sein Schluß gerechtfertigt ist, daß heute ökologische Probleme durch die Lupe monokausaler Zusammenhänge gesehen werden, ist sehr zu bezweifeln. Zwar gehen wir von Ursachen aus, die in der Gesellschaft liegen, fragen nach der Verantwortung für die Folgen und orientieren uns an in futuro projezierten, denkbaren wie möglicherweise eintretenden Ereignissen. Der versimplifizierende Umkehrschluß, wenn die Ursachen nicht auftreten, gäbe es die Folgen nicht, trifft indes lediglich für einen geringen Teil ökologischer Probleme – laut Luhmann – zu. Seiner Meinung nach würde dafür ein adaptiertes Polizeirecht[36] ausreichen.

8. Umweltschutz ist mehr als adaptiertes Polizeirecht!

Explizit kritisiert er das Verursacherprinzip. Dabei berufe man sich in Rechtspolitik und Jurisprudenz vor allem auf Kostenzuweisungen und Begrenzung von Verantwortlichkeit. Es wird übersehen: Eine Vorauswahl der Verursacher ist bereits durch juridische Rechtsprechung getroffen, woraus Luhmann folgert, daß man sich mit dem Verursacherprinzip gegen Subventionen auf Kosten der Allgemeinheit entscheide. Bedeutsam ist freilich der Hinweis, das Verursacherprinzip sei zwar regelungstechnisch einfach, aber wirke nicht allokationsoptimierend.[37]

Luhmann spricht jedoch nur das Verursacherprinzip an und läßt andere Modelle, die allokationsoptimierend wären, wie Umweltzertifikate, Recycling-Verfahren, steuerökonomische Anreize für produktionstechnische Veränderungen u.a.m. völlig außer acht.

Auf den ersten Blick mag seine Argumentation plausibel scheinen, denn das geltende Umwelt(schutz)recht basiert in der Bundesrepublik Deutschland wie in anderen Staaten primär auf einem ordnungsrechtlichen System. Darunter wird ein imperatives Vorgehen des Staates verstanden, wobei die dafür nötigen Instrumente aus Polizei–, Gewerbe–, Bau– und allgemeinen Verwaltungsrecht stammen. Unzweifelhaft handelt es sich somit im einzelnen um sektorale, gebietsbezogene Fachplanungen im Umweltschutzbereich, um unterschiedliche Schutzgebietsfestsetzungen und um Regelungen des integrierten Umweltschutzes in der Landes–, Regional– und Bauleitplanung.

Daher ist es nicht verwunderlich, daß von juristischer Seite systemimmanente Kritik geäußert worden ist. Zum Beispiel stellt die Entscheidung über Bau und Betrieb von Kraftwerken eine Planungsentscheidung von hoher Komplexität dar. Desgleichen wurde dem ordnungsrechtlichen System von ökonomischer Seite ein Defizit an Flexibilität und Effizienz vorgeworfen. Diese Kritik ist im allgemeinen mit einem Votum für marktwirtschaftlich wirkende Steuerungsinstrumente in bezug auf den Umweltschutz verbunden. Jedoch muß die grundsätzliche Feststellung getroffen werden: Umweltschutz entspricht der Aufgabe, die dem modernen Staat in der komplexen Situation der manifesten Umweltkrise aufgrund seiner rechtspositiven Schutzpflichten auferlegt ist. Essentielle juristische Entscheidungen auf dem Gebiet des Umweltschutzes sind aus jenem Hintergrund heraus als normative Grundsatzentscheidungen mit ordnungsrechtlicher Perspektive zu verstehen. Auf diese Weise hat Umweltrecht ein Anforderungsprofil erhalten, das von den traditionellen Maßstäben des bereits genannten Polizei-, Gewerbe- und Baurechts in signifikanter Weise abweicht. Rüdiger Breuer[38] hat daher einen Dekalog moderner Postulate des Umweltschutzes entwickelt:

1. Übergang vom anthropozentrischen zum ressourcenökonomischen und ökologischen Interessenschutz;
2. Von der freien Nutzung zur öffentlichen Bewirtschaftung der Umweltgüter;
3. Vom rein medialen zum medienübergreifenden (vitalen, integrierten, kausalen) Umweltschutz;
4. Von der bloßen Gefahrenabwehr zur Risikovorsorge;
5. Von der primären Immissionsbegrenzung zur Emissionsbegrenzung;
6. Von statischen zu dynamischen Anforderungen;
7. Vom Maßstab allgemein anerkannter Regeln der Technik zu den verschärften Anforderungen des Stands der Technik oder des Stands von Wissenschaft und Technik;
8. Vom konkret-individuellen zum generalisierten Maßstab der Verhältnismäßigkeit;
9. Von der durchgehenden Fiktion der einzig richtigen rechtlichen Lösung zur differenzierten Anerkennung naturwissenschaftlich-technischer Erkenntnisspielräume und administrativer Standardisierungsspielräume;
10. Von ausschließlich fixen zu teilweise flexiblen Handlungsgeboten.

Ergänzungen und Alternativen zum ordnungsrechtlichen System bietet das Instrument der Umweltabgaben. Sie beruhen auf wirtschaftswissenschaftlichen Überlegungen, wobei die Umweltökonomie die gegenwärtige Umweltkrise als Knappheitsproblem auffaßt. Die Krisenursache besteht darin, daß Umweltressourcen traditionell als frei nutzbare Güter gehandelt werden. Eine Marktregulierung müßte also über den Marktpreis gewährleistet werden. Bislang ist es so, daß der einzelne Nutzer von Umweltressourcen unentgeltlich in den Genuß der Nutzungsvorteile kommt, während die daraus erwachsenden Umweltbelastungen und Kosten der Allgemeinheit zur Last fallen. Demzufolge wird durch die Erhebung öffentlicher Abgaben die Internalisierung der externen Kosten erstrebt. Freilich stößt die Kosteninternalisierung auf erhebliche Informations- und Bewertungsprobleme.[39] Aus diesem Grund sind Umweltabgaben nur sektoral normierbar und praktizierbar. Abgesehen von jenen Problemen kann es nicht im Interesse des sozialen Systems liegen, den Staat zum Verdiener an der Umweltverschmutzung zu machen.

Ergo: Ein Störfallrisiko umweltrelevanter Anlagen läßt sich durch keine ökonomischen wie juristischen Steuerungsinstrumente der Ex-post-Sanierung verhindern. Gleichfalls ist der "materiale" Schaden im Falle eines Unfalls niemals allein durch monetäre oder sonstige Haftungsregeln ex post wiedergutmachbar.

Das bezieht sich ebenso auf das Modell der Umweltzertifikate, wie sie in den USA entwickelt und diskutiert werden. Die Grundidee der Umweltzertifikate besteht darin, durch den politischen Entscheidungsträger eine Höchstabgabemenge bezüglich der Emission eines bestimmten Schadstoffs in einer gewissen Region festlegen zu lassen und die Aufteilung jener gesamten Verschmutzungsmasse auf die einzelnen Emittenten über den "Markt" zu regeln. Hier kann allerdings nicht mehr von einem rein marktwirtschaftlichen Prinzip gesprochen werden, da die Gesamtmenge der Emissionszuteilung staatlicherseits festgelegt wird. Man hofft auf diese Weise einen Zertifikathandel nach marktwirtschaftlichen Kriterien zu erhalten, befürchtet indes zu Recht, daß es zu Monopolstellungen in der Schadstoffemission kommen kann, über die bestimmte Emittenten der jeweiligen Konkurrenz aus dem Produzentenmarkt herausgedrängt werden. Ein Anreiz besteht freilich darin, den Stand der Technik dergestalt zu verändern, daß der Kauf dieser Zertifikate unnötig wird.

Sollte dieses Instrument allerdings administrativ unflexibel gehandhabt werden, so dürfte der Zertifikatmarkt alsbald aussterben, da Emissionen auf solche Bereiche verlagert werden, die noch nicht einer staatlichen Reglementierung für den Zertifikathandel unterliegen. Ebenso kommt es selbstverständlich auf den emittierten Stoff wie die eingesetzte Technologie an, denn z.B. bei der Politik "hoher Schornsteine" ist es äußerst schwierig, die Emissionsregion, insbesondere wenn sie noch dazu nationale Grenzen übersteigt, zu berücksichtigen. Die "Restrisiken" chemischer Industrie oder die Sanierung von Giftmülldeponien sind weitere, traurige Beispiele, welche nicht kraft Umweltzertifikate in den Griff gebracht werden.

Außerdem existiert noch ein grundlegendes rechtspolitisches Problemfeld. Infolge der Gewährleistung einer bestimmten Emissionshöchstmenge sanktioniert der Gesetzgeber wissentlich Gefährdungen, die durch die ungewisse Risikolage normalerweise seinen Schutzpflichten unterlägen. Ebenso wird ganz entscheidend der verwaltungsprozessuale Rechtsschutz Drittbetroffener verkürzt, da sich die Sphäre der juristischen Auseinandersetzungsmöglichkeit völlig auf die Ebene des privaten, individualen Rechtschutzes verlagert.

Wir sehen: Es gibt durchaus mehr als nur ein adaptiertes Polizeirecht im Bereich des Umweltschutzes, sowie, daß mehr als dieses notwendig ist. Vorsorge– und Verursacherprinzip wie deren verschiedene Instrumente müssen einen permanent sich sinnvoll ergänzenden, allokationsoptimierenden, flexiblen, zeitdynamischen und steuerökonomischen Ansatz für eine mittel– und langfristig umweltschonende Produktionsweise gewährleisten.

Ob Rezepte dieser Art sich relativ leicht gewinnen und gesellschaftspolitisch national wie international durchsetzen lassen[40], sei dahingestellt. Das national wie international alltägliche Gerangel um unsere wertvollste und knappste Ressource, unseren Lebensraum, belehrt uns da eines Besseren. Aus diesem Grund muß insbesondere auf eine Perspektive, die Luhmann nicht berücksichtigen will und systemtheoretisch auch nicht kann, hingewiesen werden: "... eine absolute Irreversibilität der realen Umweltbelastungsprozesse (verdamme) sowohl rechtliche wie auch ökonomische Bemühungen zur Wirkungslosigkeit. Demokratische Mehrheitsentscheidungen büßen dann ihre Legitimität und Überzeugungskraft ein, wenn sie Prozesse in Gang setzen, die unumkehrbar sind und somit anderen, zukünftigen Mehrheiten (resp.: späteren Generationen) die Realisierung einer anderen Politik prinzipiell versperrt ist."[41]

Zumindest dürfte beim Eintreten eines solchen Falles, der hoffentlich nie eintreten wird, (aber hier bleibt nur das Prinzip Hoffnung), die Resonanzerzeugung sozialer Systeme zum Erliegen kommen.

9. Verantwortung, Haftung, Schuld

Ebenso kommt man nicht mehr um eine Entscheidung herum, was man als Ursache sehen und wen man für die Ursache verantwortlich machen will. Das heißt weiterhin: Mit der Unausweichlichkeit dieser Entscheidung ist jede Moral und Politik überfordert. Mit Überforderungssituationen wird z.B. Politik nur fertig, wenn sie den Eindruck erweckt, eine solche Verantwortungsentscheidung habe nicht oder noch nicht stattgefunden. De facto behaupten legitime wie legitimierte Entscheidungsträger oftmals wortgewaltig, Verantwortung zu übernehmen. Welche Konsequenz daraus resultiert, bleibt meist verborgen. Ist es zukünftige Risikominimierung, materialer Ersatz von Schäden, gar personale Wiedergutmachungsleistung oder einfach Verhinderung von als fehlerhaft erkannter Handlungs- und Entscheidungsabläufe?[42] Immer ist jedenfalls mit einer langen Sickerzeit[43] sozialer Kommunikation zu rechnen. In dieser "Übergangsphase" übernimmt die Differenz von Rechtssetzung und Rechtsanwendung so etwas wie eine gesellschaftliche Tarnfunktion für die falsche bzw. unzureichende Selbstbeobachtung der Gesellschaft bzw. für die ungenügenden selbstbeobachtenden und kritisierenden Abarbeitungen selbstproduzierter Probleme. Dies führt jedoch zu nichts, denn wir kommen nach Luhmann zu einer Erkenntnis, die wir schon lange haben: Die Gesellschaft ist selber schuld. Ein derartiger Begriff des "Schuldig-seins" wird von ihm aufgrund seines wertenden und normativen Gehalts für die Systemanalyse ausgeklammert. "Schuldig" versteht sich somit im Sinne von für Handlungen verantwortlich oder mitverantwortlich sein.

Ein solcher adjektivischer Gebrauch nivelliert freilich den Begriff der Schuld und vermischt verschiedene Gesichtspunkte. Karl Jaspers'[44] Verdienst war es gerade, jene unselige Mixtur entwirrt zu haben, indem er vier Unterscheidungen traf: 1. Kriminelle Schuld, 2. Politische Schuld, 3. Moralische Schuld, 4. Metaphysische Schuld. Politische Schuld im Sinne von politischer Haftung sollte gerade für die, von Luhmann ausführlich behandelten, Teilsysteme Wirtschaft, Recht, Politik, Wissenschaft von maßgeblichen Interesse sein, da wir alle die Folgen der Handlungen von Verwaltung, Parlament, Regierung etc. nebst unserer eigenen tragen müssen. Hierdurch dürfte wohl genügend gesellschaftliche Resonanz erzeugt werden, die es gilt, qua geeigneter teilsystemischer Leistungen gesamtsystemisch "fruchtbar" einzusetzen.

Da leider die Frage nach der politischen Haftung (Schuld) vehement beiseite geschoben wurde, wird es jetzt aber sehr diffizil, die Form der Eingriffskompetenz einzukreisen. Welche Personen, was für Institutionen oder welche hochkomplexen Teilsysteme sollen denn welche, wie ausufernd handhabbare, Eingriffskompetenz vermittels welcher (Rechts-)Formen und (Rechts-)Normen erhalten und vom wem oder was wird diese Eingriffskompetenz wieweit legitimiert und sanktioniert?[45] Einen bloßen Freibrief für den Staat sollten wir wohl kaum im Auge haben, – oder doch?[46]

10. Gesellschaftliche Resonanz – und was dann?

Ökologische Kommunikation muß uns freilich noch weitergehende Einsichten in derartige Zusammenhänge bringen. Daher nimmt Luhmann den Diskussionsfaden wieder bei der Differenz von System und Umwelt auf. Seine These: Für jedes System ist die Umwelt immer komplexer als das System selbst. Kein System kann deshalb jedem Element und jeder Relation seiner Umwelt eine Eigenleistung zuordnen. Das bedeutet, jedes System muß Umweltkomplexität reduzieren, vor allem dadurch, daß es die Umwelt selbst bloß beschränkt und kategorial vorformiert wahrnimmt. Weiterhin ist die Differenz von System und Umwelt unerläßliche Voraussetzung für die Reduktion von Komplexität, denn Reduktion kann einzig im System, dort aber mit Bezug auf das System selbst und mit Bezug auf dessen Umwelt geleistet werden.

Die Fragestellung bleibt also: Wie besteht ein beschränkt komplexes System in einer viel komplexeren Umwelt und wie kann es sich reproduzieren?[47] Aufgrund dieser Denkrichtung liegt die ökologische Gefährdung in der Differenz von System und Umwelt selbst, sodaß ein System derart auf seine Umwelt einwirken kann, daß es später in dieser Umwelt selber nicht mehr existieren kann.

Luhmann zieht daraus den Schluß: In dem Maße, in dem technische Eingriffe die Natur verändern, resultieren Folgeprobleme für die Gesellschaft, die wir durch nicht weniger, sondern durch mehr Eingriffskompetenz eingrenzen müssen; jene Form der Eingriffskompetenz aber, und dies ist das Entscheidende, sollten wir unter Kriterien praktizieren, die die eigene Rückbetroffenheit mit einschließen, d.h. (nicht wie bisher) diese gar nicht oder zu wenig zur Debatte zu stellen bzw. sie überhaupt nicht in die entsprechenden Systeme, die hierfür Lösungen geben könnten, effizient einzubinden.

Dennoch dürfen wir uns nicht den daraus resultierenden Problemfragen verschließen, die da sind: Reicht überhaupt technische Kompetenz aus und reicht gesellschaftliche (kommunikative) Kompetenz aus, um die nötigen gesellschaftlichen Operationen durchführen zu können? Um diese Fragen zu klären, begnügt sich Luhmann bewußt mit dem Begriff der Resonanz. Was bedeutet dies?

Die moderne Gesellschaft ist ein System von derart hoher Komplexität, daß es nicht möglich ist, sie gleichsam wie eine Fabrik, als eine Art von Umformung von In- und Outputs zu beschreiben. Gelangen jedoch intern zirkuläre Strukturen eines autopoietischen Systems in Differenz zu seiner Umwelt durcheinander, gerät das Gesamtsystem in Schwingung. Diese Schwingung drückt sich in entsprechenden kommunikativen oder eben Ausgrenzungen von kommunikativen Zusammenhängen aus. Gerade die Fragen nach ökologischen Bedingtheiten und ökologischen Gefährdungen des gesellschaftlichen Lebens zielen auf Bedingungen, unter denen Sachverhalte und Veränderungen der gesellschaftlichen Umwelt in der Gesellschaft Resonanz finden. Dies hat selbstverständlich zur Folge, daß Gesellschaft nicht auf ihre Umwelt reagieren muß, obwohl sie ein ungewöhnlich frequenzreiches System ist, ein System, in dem über alles kommuniziert werden kann, was sich sprachlich formulieren läßt.

Festzuhalten bleibt: Ein Gesellschaftssystem als kommunikativ-informationsverarbeitendes System mit beschränkter Resonanzfähigkeit oder mit selbstproduzierter Resonanz birgt die Möglichkeit sinnhafter Welterfassung in sich, wobei diese Welterfassung stets nur eine momentane ist. Welt wird hier als Horizont aktueller Informationen beschrieben und sie wird einzig als Horizont und nicht als universitas rerum aktuell.[48] Sinn ist ergo im Luhmannschen Verständnis eine aktualitätsfähige Repräsentation von Weltkomplexität im jeweiligen Moment. Welches System und welche personalen Bezüge diesen Sinn produzieren, ist nicht das eigentliche Problem Luhmanns. Bedeutsam wäre es aber schon, denn man mag eine Gesellschaft zwar als ein Sinnsystem bezeichnen, jedoch macht dieses Sinnsystem keinen Sinn, wenn die Bedeutungsdimensionen von Sinnhaftigkeit, die gebunden ist an menschliche Erkenntnisfähigkeit, in diesem Theoriegefüge außer acht gelassen werden.

Luhmann konzentriert sich allerdings auf die Offenheit und Geschlossenheit von Systemen und konstatiert, daß die System-Umwelt-Differenz zwar eine Voraussetzung aller Beobachtung der Umwelt ist, was aber nicht heißt, daß das System als geschlossene Einheit auf die Umwelt reagieren kann. Aus diesem Theorem der Differenzierung resultieren für ihn drei weittragende Folgen:

> "1. Anspruchsvolle Leistungen des Gesellschaftssystems werden stets durch Teilsysteme erbracht, weil nur so ein dafür ausreichendes Komplexitätsniveau gewonnen werden kann. ...
> 2. Die Einheit des Systems kann im System allenfalls repräsentiert werden, der Begriff Repräsentation hier im Sinne von repraesentatio identitatis genommen und nicht im Sinne von Stellvertretung. Repräsentation ist die Wiedereinführung der Einheit des Systems in das System. Dies erzeugt im System, ob man will oder nicht, eine Differenz. ...
> 3. Da jede Operation nur eine Operation unter vielen anderen ist, ist jede Operation beobachtbar. Unter Beobachtung soll ganz formal die Behandlung als Information anhand eines Differenzschemas verstanden werden, normalerweise anhand von Erwartungen, die erfüllt bzw. nicht erfüllt werden. ..."[49]

Darüberhinaus stellt sich für mich die Frage, ob aufgrund der These, daß das System als geschlossene Einheit auf die Umwelt nicht reagieren muß, nicht der Umkehrschluß eine dramatische Rolle spielen kann? Da sich ein System, ob als geschlossene oder offene Einheit in unendlich viele Subsysteme differenziert, ergibt sich, daß eine letztlich unendliche Zahl von Umwelten von jedem System auf verschiedenen Realitätsebenen produziert werden kann. Dies erzeugt nicht nur eine kommunikative Resonanz, die zu inoperablen Funktionen des Sinnsystems Gesellschaft führen kann, sondern läßt letztendlich auch keine rationalen Operationsstrukturen mehr zu. Wenn jedes System seine jeweilige, je-seinige, ihm eigene, von ihm produzierte und empfangene, d.h. von ihm als dermaßen real betrachtete und damit real erst in die Welt gesetzte, Umwelt schafft, dürfte es schwer fallen, sowohl eine sinnvolle Reduktion von Komplexität für Problemlösungsstrategien als auch die dringend notwendige Transparenz für die Komplexität ökologischer Zusammenhänge im Sinnsystem Gesellschaft für Problemlösungsstrategien zu erreichen.[50]

Um dieses Argumentationsdefizit zu beheben, aber leider nicht das logische Problem, argumentiert er, daß es nicht nur ein spezifisches System gibt, sondern daß zu diesem System ein System zweiter Ordnung existiert; das bedeutet: Da jedes System beobachtet, muß es ein die Beobachtung beobachtendes System geben. Dieses andere System hat andere Möglichkeiten, obgleich es selbst – wie jedes System – seine eigene Umwelt apodiktisch setzt. Jedoch ist es in der Lage, den hinter dem Hauptsystem verborgenen Horizont zu schauen.[51] Man sollte sich freilich nicht davon erhoffen, daß durch Beobachtung zweiter Ordnung samt dem ihm eigenen Theorieapparat ein objektiv besseres Wissen geschaffen wird, sondern man erhält nur ein anderes Wissen, das sich im Extremfall selber für besseres Wissen halten kann. Ob diese von Luhmann vorgeschlagene Argumentationsfigur nicht in einem regressus ad infinitum endet, wird von ihm nicht zur Diskussion gestellt.

Gerade für die ökologische Selbstgefährdung der Gesellschaft ist es bedeutsam, den Ausgangspunkt zu wählen und zu begreifen, welcher im Reflexionspunkt der Kybernetik zweiter Ordnung liegt: daß man sehen kann, daß man nicht sehen, was man nicht sehen kann; nur so ist z.B. zu begreifen, warum "bessere" Erkenntnisse der Wissenschaft in der Gesellschaft oft keine Resonanz finden, weil sie für mächtige Teilsysteme der Gesellschaft in dem Sinnsystem Gesamtgesellschaft keinen Realitätswert besitzen, sondern höchstens als wissenschaftliche Theorien beachtet werden, aber nicht als realitätsverändernde Erkenntnispraktiken.

Mit diesen Überlegungen kehrt Luhmann zum Begriff der ökologischen Gefährdung zurück und definiert ihn, bevor wir, d.h. auch er nicht genau weiß, worum es sich handelt, wie folgt: "Er soll jede Kommunikation über Umwelt bezeichnen, die eine Änderung von Strukturen des Kommunikationssystems Gesellschaft zu veranlassen sucht."[52] Wichtig ist dabei: Physikalisch erfaßbare Umweltveränderungen und -bedrohungen müssen noch lange keine gesellschaftliche Resonanz erzeugen, denn solange darüber nicht kommuniziert wird, hat dies keine gesellschaftliche Wirkung oder solange nicht die gesamtgesellschaftliche Realitätsebene mit dieser Kommunikation erreicht wird, bleiben die gesellschaftlichen Auswirkungen minimal.

Bedeutend ist indes, daß sich auf die beschriebene Art und Weise Gesellschaft als zwar umweltempfindliches, aber eben nur als ein sinnhaft kommunikatives System durch Kommunikation über Kommunikation selbst gefährdet. Dies heißt nichts anderes: Wenn wir nicht erkennen, was uns gefährdet, fühlen wir uns nicht gefährdet. Allerdings ist ihm recht zu geben: Der Prozeß und die Methode des Erkennens bedürfen tiefschürfenderem Nachdenken als bisher.

Folglich berührt er einen Kernpunkt, wenn er sagt, daß ein ökologisches Bewußtsein, das in dem Sinnsystem Gesellschaft entstehen würde, allein für das Verhältnis von Bewußtsein und Kommunikation unzulänglich ist, um die Selbstgefährdung der Gesellschaft zu verändern (sprich zu verbessern).

In diesem Kontext ist allerdings seine politisch zu verstehende Aussage bedenklich: ökologisches Bewußtsein neigt zu Ängsten, zu Protesten und zu Kritik an und in der Gesellschaft, einer Gesellschaft, die es nicht fertig bringt, ihre Umwelt adäquat zu behandeln. Gewiß mögen Angst, Protest und Kritik – oftmals zurecht – vorhanden sein, aber sie sind bestimmt nicht belastet mit dem negativen Touch einer Verhinderung eines System-Umwelt optimierenden und damit die Selbstgefährdung durch Gesellschaft aufhebendem Verhältnis.[53]

Zudem ist ein derart negativ vorbelasteter Begriff der Angst nicht angebracht, da es sich eher um einen Mechanismus der Befürchtungen handelt; jene Furcht vor den unübersehbaren

Folgen, vor dem Unberechenbaren muß sich in jedem festsetzen, aber nicht, um als "innere" Blockade bei einem Individuum zu wirken. Vielmehr verliert sich dadurch erst z.B. das unbekümmerte Vorgehen beim Forschen oder politischen "Lenken", – nicht, um von nun an einer Negativauffassung Platz zu machen, sondern, um die Fortentwicklung positiven Wissens unter den vielfältigen Aspekten einer realistischen Folgenabschätzung zu bedingen. Furcht und Angst sind motivationale Kräfte, die es ermöglichen, das scheinbar erstarrte Momenthafte im Erleben bei der Erkenntnis bedrückender Geschehnisse zu überwinden. Sie machen den Weg für das Individuum in diesem selbst frei, einen zukunftsweisenden Weg für sich und andere finden zu wollen. Eine dergestalt produzierte gesellschaftliche Resonanz sozialer Systeme kann ihre Bestimmung nicht ex negativo erhalten; sie entbehrt ansonsten jeglicher kreativer Ansätze.

Sicherlich benötigen wir weitere komplexere Theoriemittel für die Beschreibung der modernen Gesellschaft, insbesondere deswegen, weil die wichtigsten Teilsysteme der Gesellschaft heute auf jeweils eine für sie spezifische und nur für sie vorrangige Funktion, und das heißt auch Produktion von Realität, eingestellt sind. Dadurch bleibt die gesellschaftlich folgenreiche Kommunikation auf die Möglichkeiten von Funktionssystemen angewiesen. Diese Funktionssysteme bedienen sich Codes, ohne die Frage nach der Einheit dieser Codes stellen zu wollen. Allerdings veranlassen diese Codes eine evolutionäre Ausdifferenzierung von Systemen.[54] Luhmanns Codebegriff, dies gibt er selber zu, macht aber noch lange nicht begreiflich, wie die Operationen der Gesellschaft tatsächlich reguliert werden.

Daher unterscheidet er zumindest zwei Ebenen, die Ebene der Codierung und die Ebene, auf der die Bedingungen der Richtigkeit für Operationen fixiert und gegebenenfalls variiert werden. Die zunehmende Differenzierung von Codierungen im Blick auf die Operationsmöglichkeiten offener und geschlossener Systeme gewinnt demzufolge eine Artikulationsfähigkeit, welche insgesamt den Schlüssel für das Problem der gesellschaftlichen Resonanz auf Gefährdungen der Umwelt darstellt.

Dies bedeutet im Einzelfall: Funktionssysteme wie Politik oder Wirtschaft, Wissenschaft oder Recht werden bei hoher Eigendynamik, Spezialisierung und Empfindlichkeit durch Umweltprobleme gestört und sind durch ihre Programmierung, Codes und Operationen wie Produktion von Eigenrealität oftmals nicht in der Lage, Umweltprobleme adäquat lösen zu können. Folglich ist Resonanz in der Gesellschaft dadurch bedingt, daß sich die Gesellschaft in Funktionssysteme differenziert. Weiterhin ist sie durch verschiedenartige Codes und Programme ihrer Subsysteme strukturiert, die systeminterne Effekte, die keinerlei Identität mit ihrem ursprünglichen Anliegen haben, auslösen können. Hierdurch erklärt sich die Gefährlichkeit ökologischer Probleme und das Bedürfnis nach einer differenzierteren Kontrolle und diese, sei es wissenschaftlicher, erkenntnistheoretischer, sinnsystemischer Art, kann nur innerhalb von Funktionssystemen nach Maßgabe je spezifischer Codes und Programme geschehen.

11. Zum Verhältnis Ökologie – Systemtheorie

Zwar ist es wünschenswert, daß jeder einzelne Wissenschaftler sein Denken in isolierten Kausalketten zugunsten eines Denkmodells nach dem Vorbild dynamisch-vernetzter Systeme aufgibt und zugleich bestrebt ist, die Schranken der Einzelwissenschaft zu beseitigen[55]. Allerdings, so sehr diese Forderung auch auf fruchtbaren Boden fallen mag, es muß doch bedacht werden, daß in keiner Einzelwissenschaft und/oder in keiner ganzheitlich zu konzipierenden Wissenschaft eine ausdiskutierte Systemtheorie und deren inhaltlich präzise Ausformung existiert.

Am weitesten fortgeschritten – dies sei hier kurz angedeutet – ist die politikwissenschaftliche Systemtheoriebildung, die von vorneherein eine entscheidende Tatsache nicht verschweigt. Systeme sind operative Konzepte unseres Verstandes oder analytische Konstrukte, die in dieser Form in der Wirklichkeit nicht vorkommen. Sie dienen lediglich zur Orientierung des Erlebens und Handelns, zur Abarbeitung der Weltkomplexität, damit wir imstande sind, spezifisch zu handeln, und sie können darüberhinaus zu innovierenden Sinnstiftungen führen. Charakteristische Merkmale wären Offenheit und Lernfähigkeit des Gesamtsystems wie der Subsysteme, Zielgerichtetheit des Systems wie des Subsystems, Dynamik, eine am Gegenstand der Wissenschaft orientierte Axiomatik, Aufbau eines Systemzielmodells (keines Systemüberlebensmodells), Äquivalenz der Subsysteme, Selbsttransformation der Teilsysteme, Kontingenzfähigkeit, Umweltbezug zur Innen-/Außendifferenzierung des jeweiligen Subsystems, Aufgabe des Ursache-Wirkungspinzips.[56]

Jedoch muß beachtet werden, daß diese Systeme mit den Ökosystemen, von denen die ökologische Forschung spricht, nichts zu tun haben. Warum?

Wie oben dargestellt beruht die politikwissenschaftliche Systemtheorie auf einem Systembegriff, der Innen- wie Außengrenzen kennt. Bei Ökosystemen dürfte dies kaum der Fall sein. Selbst wenn wir uns auf die relative Isolierung des Lebens auf der Erde beschränken, hilft jener Ansatz nicht für die Lösung unserer Probleme. Erstens ist die Gesamtheit irdischer Ereignisse viel zu komplex als daß man mit dieser Systemreferenz wissenschaftlich arbeiten kann und zweitens "ist gemessen an dem Auflösevermögen wissenschaftlicher Theorien auch diese Grenze keine 'ökologische' Grenze mehr"[57]. Auch bei Ökosystemen Selbstregulation vorauszusetzen, ermöglicht keine erkennbare Außengrenze. Zwar gäbe es noch die Möglichkeit, dem System eine mehr oder minder langfristige, kontinuierliche Betrachtung unter Maßgabe sachlicher und zeitlicher Limitierungen eines Forschungshorizonts aufzuerlegen; freilich gelangen wir selbst bei einem Zeitraum der über die Erkenntnismöglichkeiten mehrerer oder vieler Generationen hinausgeht, nur zu einer "Momentaufnahme" des Systems. Systemtheorie sucht also, wenn auch auf einem sehr abstrakten Niveau, ökologische Fragestellungen im Hinblick auf das Gesellschaftssystem mit allen seinen Korrelaten und Implikaten wie Natur, Umwelt, Mensch usw. abzuklären.

12. Wissenschaft als Instrumentarium für Ökologische Kommunikation

Fragen wir, wie Luhmann es tut, nach Zuständigkeitssystemen für Umweltfragen in dem Gesamtsystem Gesellschaft, so richten sich nicht unbeträchtliche Hoffnungen auf die Wissenschaft. Um beurteilen zu können, wie ihre Resonanzfähigkeit bezüglich Umweltfragen im Gesamtsystem Gesellschaft ist, zielt die erste Fragestellung auf den Code jeder Wissenschaft, den Code sowohl der Natur- als auch Geisteswissenschaften. Für Luhmann ist dieser einfach durch die Unterscheidung von "wahr" und "unwahr" gekennzeichnet. Wissenschaft weist sich daher als eine Reflexionstheorie aus, die mittels ihrer verschiedenartigen Theorien, mittels ihrer Methodenstruktur, ihrer Differenzierung in Programmierung und Codierung, ihren Wahrheitswerten kontinuierlich versucht, eine klärende Scheidung zwischen alltäglichem Wissen und wissenschaftlicher Erkenntnis zu erreichen. Kraft diesem ihr inhärenten Suchcharakter, der gewährleistet wird durch menschliche Erkenntnisinteressen und beflügelt wird durch die Fähigkeit von Kreativität und Phantasie, ist sie in der Lage, neue Sinnstiftungen zu leisten. Interessant sind demzufolge zwei Thesen:

1. "Der Code wissenschaftlicher Wahrheit/Unwahrheit ist spezialisiert auf ein kommunikatives Prozessieren von Erleben, d.h. von Selektionen, die nicht den Kommunizierenden selbst zugerechnet werden. ..."[58] "... von einer Bewußtseinsveränderung (der Forscher in Richtung auf) Umweltbewußtsein (ist) allenfalls massive Irritation, aber nicht ohne weiteres auch wissenschaftliche Sinngebung zu erwarten".[59]
2. Der Code wissenschaftlicher Wahrheit/Unwahrheit ist spezialisiert auf Erwerb neuer wissenschaftlicher Erkenntnisse.

Unverständlich ist jedoch, warum Luhmann diesen Code auf ein kommunikatives Prozessieren von Erleben bezieht. Welches "Erleben" hat denn ein Natur- oder Geisteswissenschaftler, wenn er mit Raum, Zeit, Kräften, mathematischen Formeln, physikalischen Teilchen, chemischen Reaktionen oder den Ideenwelten von Wahrheit und Gerechtigkeit, Freiheit, Demokratie arbeitet. Er benutzt nur ein methodisches Instrumentarium, das in der Lage sein sollte, ihm bei entsprechender Anwendung zu sagen, welche Schlüsse für einen spezifischen Fall gezogen werden müssen. Und hierauf ist auch die Dichotomie wahr-falsch gerichtet, die bei Luhmann auf eine reine Aussagelogik bezogen ist und nichts mit Wahrheit/Unwahrheit zu tun hat. Daß es dadurch zu einem kommunikativen Prozessieren nicht nur personaler Art kommt, ist klar, dennoch bezieht sich der Erlebensbegriff auf subjektives Erleben, wenn auch auf das durch das Teilsystem Wissenschaft reduzierte subjektive Erleben. Trotzdem würde uns dieser Ansatz weit hinter Newtons Principia mathematica zurückwerfen, in der die Grundstrukturen mathematischer Erkenntnisprinzipien gerade auch im Blick auf Raum und Zeit zum ersten Mal von diesem Erlebenshorizont befreit wurden. Wohlgemerkt befreit in dem Sinn, daß diese Befreiung gleichzeitig eine Reduktion, eine bewußte Ausblendung anderer Komponenten desselben Gegenstandes mit sich brachte. Indes sollte uns mit der Kritik der reinen Vernunft Kants (aufgrund der zwei Stämme der Erkenntnis: Wahrnehmung und Anschauung) die Problematik a priorischer und a posteriorischer "Kenntnisse" geläufig sein.

13. Zur Frage des Nicht-Wissens

Wir stoßen hier unmittelbar auf die Frage des Nicht-Wissens, die Luhmann indirekt auf eine für uns interessante und sicher nicht unbekannte Weise beantwortet. Wissenschaftliche Analyse dient nicht der Lösung von Problemen, sondern ihrer Multiplikation, sie geht von gelösten Problemen oder von Problemen mit Lösungsausichten aus und fragt weiter.[60] Er zielt damit, ohne es ausdrücklich zu sagen, auf eine scientia perennis ab.

Bei der Frage der Erkenntnisgewinnung und damit der Frage von Wissen und Nicht-Wissen wie dessen Funktionen werden wir letztlich immer auf das sokratische Prinzip des Nicht-Wissens verwiesen. Was bedeutet das in philosophischer Hinsicht?

Zunächst möchte ich einer verbreiteten modernen Mißdeutung des sokratischen Nicht-Wissens entgegentreten. Diese hat zum Inhalt: Mit Nicht-Wissen sei eine (Sokrates/Platon) Bescheidenheit gegenüber der Fülle möglichen Wissens oder eine Scheu vor der vermeintlichen Hybris eines absoluten Wissens zum Ausdruck gebracht worden. Das ist indes nicht das Verständnis des Begriffs. Die sokratische Fragestellung zielt darauf ab, daß echtes Philosophieren nur aus dem Bewußtsein des Nicht-Wissens möglich ist. Philosophieren muß sich daher dem Logos unterwerfen, über den man sich im Gespräch Schritt für Schritt verständigt. Die Rolle des Geburtshelfers (Maieutik) und die im Prozeß des Dialogs bei den Gesprächspartnern hervorgebrachte zwingende Einsicht ist Ausfluß genau dieses Logos. Wesentlich für das Verständnis des Phänomens des Nicht-Wissens ist die Unterscheidung von technischem, d.h. von Menschen machbarem – durch seine Fähigkeiten – und von sittlichem – d.h. auf einer "Ideenwelt" beruhendem – Wissen.

Sokrates meint, daß ihm fachliches Wissen nicht interessant ist und auch nicht lernenswert, denn es vermittelt die Wahnvorstellung, daß jenes fachlich-technische Wissen, diese techne, auch eine ethische Einsicht liefere. Indem jeder bei sich und für sich diese Selbsttäuschung entlarvt, befreit sich der Mensch und wird weise, insofern er die Funktion des Nicht-Wissens erkennt und anwendet. Freilich erweist das Nicht-Wissen sich dadurch in Konsequenz stets als eine anspornende Kraft, deren Leitsatz ist: "Und wenn ich wiederum sage, daß ja eben dies das größte Gut für den Menschen ist, täglich über die Tugend sich zu unterhalten und über die anderen Gegenstände, über welche ihr mich reden und andere prüfen hört, ein Leben ohne Selbsterforschung aber gar nicht verdient, gelebt zu werden, das werdet ihr mir noch weniger glauben, wenn ich es sage."[61]

Diese Beschreibung des sokratischen Nicht-Wissens enthält somit einen Hinweis auf das elementare Lebensbedürfnis der Seele nach einem festen und absoluten sittlichen Wissen. Alles Widerlegen und Entlarven mittels des Logos erbringt eine wissenschaftliche Analyse, die nicht der Lösung von Problemen, sondern ihrer Multiplikation dient. Warum?

Alle im wissenschaftlichen Prozeß nicht widerlegten und ausgeschalteten Sätze bleiben gültiges Ergebnis; ebenso: Würde man diese "übrigbleibenden" Sätze in geeigneter Weise verknüpfen, wäre immer schon die gesuchte Antwort zum wesentlichen Teil erbracht. Mit positivem Wissen allein werden wir nach Platon jedoch nie eine volle Antwort erhalten können. Dies ermöglicht erst eine Ideenphilosophie. Die alltäglichen Aporien, denen wir ausgesetzt sind, enthalten freilich den Charakter der Vorläufigkeit ebenso wie einen Stachel zu weiterem gemeinsamen Suchen. Sie stellen damit als ein Noch-nicht-Wissen lediglich eine verwandelte Gestalt des Nicht-Wissens dar und weisen auf die Chance eines potentiellen Wissen-Könnens hin. Kann Wissen zur Vollkommenheit verwirklicht werden, wird das menschliche Leben gerettet werden. Dies ist Inbegriff platonischen Philosophierens.

Entscheidend ist, daß Wissen Nicht-Wissen produziert und umgedreht Nicht-Wissen wiederum dazu anregt, Wissen zu produzieren; d.h. es kommt zu einer idealiter unendlichen Wechselwirkung von Problemstellungen und Problemlösungen. Gleichzeitig bedingt dies einen kaum begrenzbaren Multiplikationseffekt, womit Wissen wie Nicht-Wissen Katalysatoren für Wissenschaft und ihre Methodik sind. Auf Grund dessen kann man nicht sagen, daß das Nicht-Wissen ein Prinzip oder eine Kategorie ist, denn dann ist es das Wissen auch. Es gibt also nicht schlichtweg das Wissen und das Nicht-Wissen, sondern es gibt Methoden der Erkenntnis, Arten der Erkenntnis und Erkenntnisinteressen, woraus die entsprechende Form von wissenschaftlicher Realität entsteht.

Parallel dazu entwickelt sich wissenschaftliches Wissen nebst Nicht-Wissen. Wissen trägt demzufolge Nicht-Wissen immer als eigenen Horizont in sich, denn es produziert es mit, wodurch vermittels des Anfragens des Wissens ans Nicht-Wissen (auch wenn es oft nicht geschieht) die Phantasie für neue Wissenszugänge gelegt wird. Dies liegt an der immens hohen Auflösungsfähigkeit von wissenschaftlicher Betätigung. Aber sie ist nicht nur ein Auflösevermögen im Sinne von Analyse, sondern sie kommt ganz genauso durch Synthese zustande, also durch Produktion (=Reproduktion, Strukturierung und Restrukturierung), weshalb wissenschaftliche Betätigung zu verschiedenen quantitativ und qualitativ andersgearteten Formen ihrer selbst führt. Daß dabei natürlich Paradigmenwechsel, Wissenschaftsmoden oder andere Gründe wie Forschungsgelder usw. eine mitentscheidende Rolle spielen, ist evident. Alles trägt zur Produktion von Wissen und Nicht-Wissen ganz gezielt bei, indem man eben gewichtet: Was will ich und was will ich nicht, was kann ich wollen und was muß ich aufgrund gewisser Probleme wollen? Ob die Frage, was darf ich wollen gestellt wird, bleibt meist verborgen. D.h. es ist ebenfalls eine Sache des Präferenzsetzens. Es wird sich erst weisen, ob es z.B. wichtiger ist, in jede Technologie zu investieren oder gewisse andere Gesellschaftszweige zu vernachlässigen. Man kann auch sagen, Nicht-Wissen ist oftmals ein bewußtes Im-Nicht-Wissen-Halten.

Kehren wir noch einmal kurz zu Luhmann zurück und beenden wir die Spezifikationsliste dessen, was neuzeitliche Wissenschaft ausmacht. Durch die zunehmende Differenzierung von Theorie und Methode ist die Arbeitsweise der Wissenschaft in der Lage, eine Steigerung des Auflöse- und Rekombinationsvermögens vorzunehmen. So gelingt es nicht nur, eine strukturierte Komplexität einzelner Probleme der Beobachtung, der Beschreibung und Erklärung ins Auge zu fassen, sondern es wird auch eine Neuformierung des Wissens als Produkt von Analyse und Synthese möglich. Dies bedeutet noch lange nicht, daß wir eines Tages am Ende des Weges angelangt sind, am Ende des (Erkenntnis-)Weges, der da hieße Allwissenheit. Allwissenheit ist nicht nur faktisch unmöglich, sondern auch logisch unmöglich, weil sie sich ja selbst einschließen müßte.

Abgesehen davon gibt es, wie wir gesehen haben, andere Probleme auf diesem Weg dorthin (Sokrates). Denn es ist bedeutsam, wie wir Allwissenheit mit welchem Sinngehalt definieren. Halten wir an dem sokratischen Ideal der Vermittlung von techne und sittlichen Werten fest, so wird dieser Weg ein wohl kaum endender sein.

Aus all dem läßt sich sagen, daß gerade mit Hilfe des Instrumentariums und der Arbeitsweisen neuzeitlicher Wissenschaft eine gläserne Welt geschaffen wird, d.h. eine Welt, die nach dem jeweiligen Blickwinkel der Einzelwissenschaft wie der fast unendlichen Zahl von wissenschaftlichen Arbeitsmethodiken die verschiedenen Sichtweisen von Welt aufblitzen läßt. Sicherlich werden dadurch Phantasie und Kreativität dergestalt beflügelt, daß neuartige Kombinationen neue Blickwinkel, damit neue Lösungen wie neue Probleme produzieren. Demzufolge läßt sich eindeutig sagen, daß Wissenschaft mit ihrem spezifischen Code Realitäten in andere Gesellschaftsbereiche transportiert, die dort benutzt werden, um zu entscheiden, was für sie brauchbar und unbrauchbar ist. Dies fängt z.B. bei wissenschaftlicher Politikberatung an, geht über Auswahlkriterien der Forschungswürdigkeit einzelner Projekte und deren Nutzen unter dem jeweiligen Blickwinkel des Beurteilers bis hin zu der Tatsache, daß das allermeiste, was erforscht wurde, überhaupt nicht realisiert (im Sinne einer breiten Anwendung) werden kann.

14. Risiken als organisierte Unverantwortlichkeiten des Nicht-Wissens?

Aufgrund des permanenten Erkennens der Komplexität und Differenziertheit von Welt müssen wir konstatieren: Wir agieren grundsätzlich mit dem sog. Faktor "Nicht-Wissen". Einerseits ist dieses Nicht-Wissen eine durchaus kreative und dynamisierend-innovative Komponente unserer Existenz. Andererseits wären Wissen und Nicht-Wissen in bestimmten Bereichen eine relativ unproblematische und ungefährliche Angelegenheit, wenn sich nicht unsere Gesellschaft unkompensierbare technologisch-ökologische Großgefahren herangezüchtet hätte. Nicht-Wissen ist folglich ein Eingeständnis, daß mit diesen Technologien und deren institutionalisierten Sicherheitsmechanismen Risiken produziert werden, die kaum respektive nicht mehr beherrschbar sind.

Gerade in den rechtlichen und wissenschaftlichen Teilsystemen einer Gesellschaft werden solche Risiken durch Konstruktionen ihrer scheinbaren Nicht-Gefährlichkeit verdeckt. Dies bezeichnet Ulrich Beck als einen "institutionalisierten Skandal"[62]. Risiken, denen wir uns und zukünftige Generationen ausliefern, sind somit gesellschaftliche Konstrukte, "die sich technischer Darstellung und Normen bedienen"[63]. Sie beinhalten mehr als einzig soziale Explosivität. Es besteht ebenso eine Komponente soziopolitischer Explosivität, da alle Institutionen und Gesellschaftssysteme "im Falle eines Falles" eingestehen müssen: sie haben sich geirrt bzw. versagt. Ein derartiges Eingeständnis kann weder als Übernahme einer wie auch immer gearteten Verantwortung gewertet werden, noch vermag es eine Form der Wiedergutmachung einzuleiten. Indes geht mit dem zwangsläufigen Eingeständnis des Irrtums etwas Entscheidendes einher: die Erosion der Legitimität, insbesondere der technokratischen Bürokratie. Schlimmstenfalls entpuppt letztere sich als das, was sie nie sein dürfte, – als eine Nemokratie[64], eine Niemands-Herrschaft. Oder anders: Wir Menschen auf der ganzen Welt sitzen samt unserer Bürokratien in der Falle, zu der wir uns diese Welt gemacht haben, da wir Risiken als sanktionierte Produkte unseres vermeintlichen Fortschritts hingenommen haben.[65]

Insbesondere beim Umgang mit Hochrisikosystemen, die (Umwelt-)Katastrophen unvorstellbaren Ausmaßes auslösen können, erweist sich das Beziehungsgeflecht zwischen der vermeintlichen Perfektion, z.B. technischer Systeme und den aus Menschen zusammengesetzten Organisationen, die sie entwerfen, fabrizieren oder betreiben, als eklatant divergent. Dies läßt den Schluß zu, daß Gesellschaft oder Teilsysteme derselben, z.B. Wissenschaft, ihre Irrtümer wie ihr Nicht-Wissen in das einpflanzen, was eines Tages im großtechnischen Maßstab umgesetzt und angewendet wird. In dem alltäglichen Einsatz entwickelt sich jenes Nicht-Wissen weiter, was wiederum erhöhte Risiken zur Folge haben kann. Aufgrund dieser kontinuierlichen Implementation des Nicht-Wissens oder eines nicht-eingestandenen Nicht-Wissens in komplexe, scheinbar im Risiko beherrschbarer Systeme, nehmen Risiken viel schneller zu als die Möglichkeiten ihrer auf politischen oder sonstigen gesellschaftlichen Entscheidungen beruhenden Verringerbarkeit. Wohlgemerkt: Es müssen gesellschaftliche Entscheidungen getroffen werden, um diese zu minimieren, erst dann werden dafür die technischen Lösungsmöglichkeiten zur Verfügung gestellt. Ein Beispiel mag genügen: Entschwefelungsanlagen bei Kohlekraftwerken. Weiterhin müssen wir uns damit abfinden, daß wir nie alle Risiken minimieren können. Wir können immer nur versuchen, Risiken maximal möglich zu minimieren, nie zu eliminieren.

In jedem Fall beschädigen wir allein durch die Bewußtmachung unserer eingegangenen Risiken Funktionen von Teilsystemen, z.B. Symbole wirtschaftlicher Macht, Symbole politischen Erfolgs, einschlägige Kommunikationsmuster, Legitimitätsstrukturen und vieles andere. Mit all dem müssen die jeweiligen Subsysteme kraft ihrer Codierung lernen umzugehen, um darauf angemessen, d.h. risikominimierend und umweltschonend zu reagieren. Leuchten wir gesellschaftliche Auswirkung mit einem technischen Begriffsvokabular[66] aus, könnten wir sagen: Nicht-Wissen hat auf Gebieten eine lose Kopplung zu allen Teilsystemen, welche scheinbar nicht sonderlich risikorelevant sind. Passiert dennoch ein Unfall, so genügt es eventuell, wenn ein einziges Teilsystem, z.B. Politik oder ein Wissenschaftszweig usw. entsprechend reagieren, um diese real gewordene Form des Nicht-Wissens zu bereinigen. Bewegen wir uns allerdings auf dem Terrain einer engen Kopplung eines von uns produzierten risikoreichen Systems, z.B. der Gentechnologie oder der Atomtechnologie, dann ergibt sich eine sehr enge Kopplung an mannigfaltige Teilbereiche einer Gesellschaft; deren Zusammenwirken ist wiederum vonnöten, um in einem solchen Fall Risikominimierung langfristig effektiv zu betreiben. Diese enge Kopplung schränkt indes die Einwirkungsmöglichkeiten auf Veränderungen, Verbesserungen bzw. Umbaumaßnahmen enorm ein. So makaber es klingen mag: In manchen Teilbereichen ist es äußerst wirkungsvoll, für die Senkung von Risiken keine anonymen Opfer zu haben. Lediglich ein Beispiel sind folgenschwere Flugzeugabstürze. Für die Flugesellschaften (das Militär ist leider auszunehmen) wäre es ein letztendlich wirtschaftlich desaströses Verhalten im Blick auf ihre Unternehmensgewinne, nicht nach einer maximal möglichen Sicherheit zu streben. Anders sieht es bei Chemie–, Atom– oder gentechnologischen Unfällen aus, deren eventuell überdimensionale Folgewirkungen einzig anonyme Opfer kennen. Solcherart "Opfer" lassen sich keinesfalls mehr qua versicherungsmathematisch ausgerechnetem Pauschbetrag monetär bewerten. Abgesehen davon: Lebende Wesen können niemals zugunsten ihrer überlebenden Verwandten monetär "ersetzt" werden. Kurz: Anonyme Opfer sind weniger spektakuläre Opfer.

Eine solche Perspektive muß bei der Entscheidungsfindung bezüglich der Implementation risikoreicher Technologien Mitbeachtung finden. Dies führt zu gesellschaftlichen Konsequenzen. Ein "vernünftiges" Leben unter Risiken bedeutet stets, industrielle, wirtschaftliche, wissenschaftliche Kontroversen wach zu halten, die sog. öffentliche Meinung nicht auszublenden und den zutiefst politischen Charakter aller Entscheidungen zu erkennen, zu bewerten und mitzubedenken. Die Zumutung von Risiken für alle kann sich nachweisbar verringern, auch wenn es trotzdem zu katastrophalen Schädigungen kommt. Daß sich oftmals die ökonomische Frage mitstellt, welche Risiken wir in Kauf nehmen sollen, um die Gewinne einiger weniger zu erhöhen[67], ist evident. Wichtig ist eine solche Fragestellung, weil inzwischen darüber Einigkeit herrscht, daß wir alltäglich – nicht nur in der Wissenschaft – nach heuristischen Methoden handeln, die unser soziales Leben sehr erleichtern. Angesichts unserer selber geschaffenen Risikoprodukte müssen wir ein Höchstmaß an Verantwortung walten lassen. Deshalb bedarf es einer besonderen Technik, anders denken und handeln zu lernen als im sog. Alltagsleben. Weiterhin muß der situative Kontext, der aus verschiedenen Teilbereichen einer Gesellschaft mitgestaltet wird, berücksichtigt und zur Entscheidungsfindung herangezogen werden. Wir Menschen sind es ja, die entscheiden bzw. mitentscheiden und damit die Entwicklung bestimmter Möglichkeiten finanzieren, fördern und in Gang halten. Bedeutsam ist, Externalitäten, d.h. soziale Kosten einer Tätigkeit, die in dem Preis der Tätigkeit zunächst selber nicht enthalten sind, miteinzurechnen, um uns die gesamtgesellschaftliche Dimension vorzustellen. Vor einer solchen Aufgabe stehen z.B. Folgeabschätzungen von Hochrisikosystemen. Zu diesen Externalitäten sind gleichermaßen nicht realisierte oder ökonomisch nicht zu realisierende Lösungen von Problemen zu rechnen, um eine möglichst vollständige Bewertung leisten zu können.

Vermeintlicherweise versucht man, durch die private und staatliche Versicherungsindustrie die Produktion von Sicherheit gegen diese Risiken ins Feld zu führen. Daß es sich hierbei um eine Chimäre handelt, ist jedem von uns klar, denn: atomare, ökologische, genetische und chemische Großgefahren führen die etablierte Risikologik ad absurdum. Einer Risikogesellschaft eine Versicherungsgesellschaft gegenüberzustellen und damit zu vermeinen, alle Probleme zu lösen, dürfte evidentermaßen ein unzulänglicher, wenn nicht gar falscher Weg sein. Es gilt nicht vorsorgende Nachsorge zu treffen, sondern es gilt Vorsorge zu treffen.

Trotzdem kann marktwirtschaftlich gesehen eine Versicherung von Interesse sein. Wenn die Versicherungswirtschaft erkennt, daß gewisse Risiken nicht mehr versicherbar sind, weil im Fall ihres Eintretens nicht mehr bezahlbare, d.h. nicht wiedergutmachbare Leistungen erbracht werden müssen, sind diese Risiken nicht mehr versicherbar. Da Versicherungsleistungen oftmals als Vorbedingung für eine Ansiedlung risikoreicher Produktionsstätten erbrachten werden müssen, ergeben sich zwangsläufig auf diesem Weg marktwirtschaftliche Änderungen mit gesellschaftspolitischer Dimension. Quasi dient die Versicherungswirtschaft als ein Gradmesser für ein nicht mehr bezahlbares Risiko, obgleich diese Form des scheinbaren monetären Risikoausgleichs das Risiko selber nicht abschafft. Freilich kann ein marktwirtschaftliches Segment durchaus Grundprinzipien einer Gesellschaft maßgeblich mitsteuern.

Die an dieser Stelle holzschnittartig dargelegten Denkansätze über die Funktion des Nicht-Wissens wie die Produktion von und der schwierige Umgang mit Risiken wird zuletzt die Beantwortung der Frage nach ethisch-moralischen Grundzügen in der Wissenschaft wie des Wissenschaftsbetriebs erforderlich machen.

15. Industriegesellschaft und/oder Informationsgesellschaft und/oder Wissenschaftsgesellschaft?

Luhmanns Begriff der ökologischen Kommunikation bzw. der Definition der Gesellschaft als ein Sinnsystem gab zudem den Anstoß zu fragen, welche Bedeutungsdimension das Wort "Industriegesellschaft" heute hat oder haben könnte.

Bereits John Naisbitt hat in seinem Buch "Megatrends"[68] festgehalten: Wir sind zwar fest davon überzeugt, in einer Industriegesellschaft zu leben, erkennen jedoch nicht, daß wir auf dem Wege zu einer Gesellschaft sind, die auf Erstellung von Informationen und deren Verarbeitung basiert. Dies bedeutet, daß wir uns in einer quasidualen Richtung bewegen. Technische Hochleistung wird kombiniert mit menschlich-psychologischen Bedürfnissen, indem wir bei jeder neuen technischen Entwicklung abwarten und nach Erprobung darauf positiv oder negativ reagieren. Diese Entwicklungsrichtung basiert auf der Herstellung von Informationen, die durch die entsprechenden Spezialisten zu teilweise brisanten Wissensinformationen umgearbeitet werden. Mittels dieser informationellen Wissensbasis sind wir in der Lage, uns sowohl permanent neues Wissen anzueignen, als auch spezifisches Fachwissen für den praktischen Lebensvollzug in einen Produktionsprozeß einzuspeisen. Daß dieser Produktionsprozeß auf teilweise "einfachen" Technologien beruht, ist allein dadurch gekennzeichnet, daß ein entsprechend technisch angewendetes Wissen mit einer standardisierten Technologie in vielen Ländern der Welt, und damit nicht bloß in den sog. Industrieländern, erzeugt werden kann, – zumindest solange es sich diese Länder "leisten" können.

Dadurch, auch dies ist ein Ausfluß von Wissen und Information, waren wir imstande, ein globales Wirtschaftsgefüge zu entwickeln, indem wir durch gezielte Verteilung von Information, Wissen und technischem Know how die Produktionsleistung für fast alle menschlichen Bedürfnissysteme (Politik, Lebenshaltung, Militärtechnologie ...) in beliebigen Teilen der Welt produzieren lassen konnten und können. Ein "kleines" Beispiel: Völlig abgesehen von den sozialen Folgen ist die vollautomatisch organisierte und durch Roboter erzeugte Industrieproduktion in Japan, in den Vereinigten Staaten als auch in der BRD dabei, die Gastarbeiter in den jeweiligen Ländern innerhalb der nächsten 15-20 Jahre durch Roboter zu ersetzen; Roboter sind bekanntlich beliebig austauschbar und weltweit einsetzbar. Weiterhin ändern sich damit grundlegend Gesellschaftsgefüge in ihren sozialen Funktionen (Freizeitverhalten, Arbeit, Eigentumsbegriff ...).[69]

Ebenfalls bietet die Ära der prinzipiellen Chance einer allgegenwärtigen Information die Möglichkeit, daß der Rahmen einer repräsentativen Demokratie in einem Zeitalter, in dem Informationen augenblicklich mit anderen geteilt werden können, obsolet zu werden beginnt, veraltet und nicht mehr in unsere Zeit "paßt".[70] Das bedeutet, ohne daß wir es bemerken, geben wir unsere Abhängigkeit von hierarchischen Strukturen zugunsten eines eher informationellen Netzes auf. Ein geläufiges Beispiel liefert jeder Wissenschaftler selbst, der auf die Fachinformationen seines Kollegen angewiesen ist, der nicht unbedingt im Zimmer nebenan, sondern tausende von Kilometern weiter sitzen kann. Für diese Aufgabe ist jener Partner ihm der nächste, d.h. sein – zumindest geistig-informationell – Nächster und nicht der Mensch nebenan. Erste Grundvoraussetzungen für einen entsprechenden Umgang mit Informationen bieten schon, zwar momentan noch auf nicht standardisierte Systeme ausgerichtete, Netzwerke des Wissens, z.B. Datenbanken, die mittels ihrer Organisationsstruktur die Komplexität von informationeller Verknüpfung nicht nur respräsentieren, sondern Informationen auch durch die entsprechenden Zugangsweisen in schnellstmöglicher Weise effizient aufbereitet zugänglich machen.

Der direkte, zeitsparende Zugang zu Informationen bedeutet noch lange nicht, daß wir uns von der Industriegesellschaft abgekehrt haben; aber Arbeit, Produktivität wie Kapital werden durch die Möglichkeit und die Vermarktbarkeit von Informationen fundamental verändert. Informationen, gestützt auf wissensbasierte Systeme, bilden einen brisanteren und teureren Rohstoff als deren mögliche technische Umsetzung wie das Arbeitskräftepotential selbst. Allein das auf Information basierende Wissen, beispielsweise über Umweltschutztechnologien, politische Maßnahmen zur besseren Durchsetzbarkeit von Umweltschutz, spezifische wissenschaftliche Lösungsstrategien, ist bei der entsprechenden Realitätskonformität eines ökologisch-kommunikativen Sinnsystems Gesellschaft in der Lage, vielen anderen erhebliche Kapitalmittel zu ersparen, wenn diese – unter der vorausgesetzten Bereitsschaft – an vielen Orten der Welt mit mehr oder minder großen Varianten eingesetzt werden können. Freies Kapital ermöglicht daher intensivere Forschung auf anderen Gebieten.

Bei dem Stichwort Forschung müssen in diesem kurzen Diskurs die Überlegungen zu der "Wissenschaftsgesellschaft"[71] von Rolf Kreibich miteingeblendet werden. Er bietet eine breit angelegte Analyse mit dem Ziel, die zentralen Bewegungskräfte der Industriegesellschaft und ihre gegenwärtigen Transformationen in eine postmaterielle Gesellschaft zu erhellen. Vorsicht ist bei dem Begriff "postmateriell" geboten, denn das Buch hat nichts mit postindustriellen oder postmaterialistischen Strömungen (z.B. Daniell Bell[72] u.a.) zu tun.

Unter postmateriell wird verstanden, daß gesellschaftliche Existenz nicht mehr allein durch materiale Ressourcen bzw. deren Umformung oder Produktion zur Lebensfähigkeit definiert ist. Vielmehr wird ein Entwicklungsprozeß der wissenschaftlichen Wissensproduktion und –verwertung aufgezeigt, der als treibendes Moment des gesellschaftlichen Wandels zu einer globalen Verteilung von Einfluß und Macht führte. Anders formuliert: Mikroprozessoren, Informations– und Kommunikationstechnologien, Computer, Biotechniken, technische Hochrüstung sind weder das Ergebnis gezielter politischer Steuerungen noch zufälliger Informationsproduktion, wie dies noch mit Naisbitt behauptet werden konnte; vielmehr sind sie Ausfluß der auf der speziellen wissenschaftlichen Wissensproduktion beruhenden Denk– und Handlungsmuster der Industriegesellschaft. Technologietransfer, Innovationsmanagement oder Innovationsmarkt sind daher lediglich logische Folgen einer grundlegenden Entwicklungsdynamik wissenschaftlicher Wissensproduktion und einer an olympischen Kategorien technischer und ökonomischer Höchstleistungen orientierten Wirtschaftspolitik.

Ziel der Analyse ist es, nachzuweisen: Sowohl in qualitativer wie in quantitativer Hinsicht sind die entscheidenden Produktions– wie Innovationsfaktoren schon lange nicht mehr Arbeit und Kapital, sondern Wissenschaft, Technologie und Natur. Die spezifische wissenschaftliche Informationsproduktion und –verwertung ist jene treibende Kraft, die die Transformation der Industriegesellschaft in "nachindustrielle" Gesellschaftsformen bewirkt. Kreibich ist daher der Ansicht, daß wegen dieser grundlegenden Bedeutung wissenschaftlicher Wissensproduktion der Begriff Wissenschaftsgesellschaft viel präziser als andere Termini das Wesen heutiger Industriegesellschaften charakterisiert.

Begriffe wie Informations- oder Wissensgesellschaft stehen nicht mehr für fortgeschrittene Formen der Industriegesellschaft. Sie suggerieren bessere Informiertheit, mehr Einsicht, besseres Wissen und lösen damit eine a priori positive Bewertung von wissenschaftlicher Wissensproduktion, Computertechnologien, Umweltproblemen, Ressourcenverschwendung, aberwitzigen militärischen Projekten aus. Jedoch sind jene nur Teilprobleme moderner Gesellschaften: Es geht im Kern nicht um die Verbannung oder Bewältigung einzelner wissenschaftlicher oder technischer Innovationen, sondern um die politische Steuerung und Beherrschung der Methode wissenschaftlicher Wissensproduktion und Wissensverwertung im Rahmen eines gesellschaftlichen Paradigmas, das vielleicht einen so schwammigen Begriff wie "Frieden mit der Natur" und "Frieden der Menschen untereinander" als oberste Norm enthält.

Für Kreibich ist daher das alte Wissenschaft-Technologie-Industrialismus (WTI)-Paradigma im Umbruch begriffen. Warum?

Die Verschmelzung von Wissenschaft und Technologie und die Herausbildung von neuen Produktions- und Verwertungsstrukturen ist einerseits eine logische Folge der Entwicklung der methodischen Grundlagen der Wissenschaft selbst, und sie ist andererseits auch die Konsequenz aus den erhöhten ökonomischen, politischen und sozialen Anforderungen, die nach der Weltwirtschaftskrise 1929-1932 an die Wissenschaft von außen gestellt wurden.[73]

All dies führt zu zwei Konsequenzen[74]:

a) zu Veränderungen und Neuerungen der institutionell-organisatorischen Grundlagen von Forschung, Entwicklung und Verwertung;
b) zu neuen Denk- und Handlungsmethoden für die Organisation und Durchführung des Forschungsprozesses selbst.

Grundlagen der Wissenschaftsgesellschaft sind kurz zusammengefaßt:[75]

1. Wissenschaft und Technologie haben sich in der entwickelten Industriegesellschaft zur zentralen Produktionskraft entfaltet, der gegenüber die Produktivkräfte "Arbeit" und "Kapital" nur noch eine untergeordnete Rolle spielen.
2. Nicht einzelne Erkenntnisse, Erfindungen, (technische) Entwicklungen sind entscheidend für die Gültigkeit von "Wissenschaft und Technologie", sondern die spezifische Methode der wissenschaftlichen Informations- bzw. Innovationsproduktion.
3. "Wissenschaft und Technologie" ist heute auch deshalb die zentrale Produktions- und Innovationskraft in den "fortgeschrittenen" Industriegesellschaften, weil sie immer mehr die anderen Produktivkräfte substituieren kann, was umgekehrt nicht mehr gilt.
4. Wissenschaftliche und technische Informationen (Inventionen und Innovationen) sind im Prinzip beliebig vermehrbar. Für sie gilt kein Erhaltungssatz wie für die Grundgrößen Masse und Energie.
5. Nicht die Verfügungsgewalt über die Produktion materieller und energetischer Güter und Dienstleistungen ist heute noch der entscheidende Einfluß und Macht konstituierende Faktor in den "fortgeschrittenen" Industriegesellschaften, sondern die Verfügungs-

gewalt über die neuesten Methoden und Produktionsstätten von Wissenschaft und Technologie.

Die Übersicht über vorgenannte Grundlagen soll nochmals darauf verweisen, daß zur Charakterisierung der zukünftigen wie gegenwärtigen Industriegesellschaft zahlreiche Bezeichnungen verwandt wurden: nachindustrielle Gesellschaft, postmaterielle Gesellschaft, Dienstleistungsgesellschaft, Informationsgesellschaft, Wissensgesellschaft, informierte Gesellschaft, Gesellschaft als Sinnsystem, Atomgesellschaft ... . Allen diesen Begriffen liegt freilich der Befund zugrunde, daß der Umsatz der Ressource Information relativ stark im Vergleich zum Umsatz materieller und energetischer Ressourcen zugenommen hat.

Weiterhin ist zu berücksichtigen, daß wir die extensive Nutzung von Wissenschaft und Technologie nur dann akzeptieren sollten, wenn vorher die Sozialverträglichkeit der Ziele, Mittel und neuen Technologien untersucht und abgesichert werden. Dies bezieht sich jedoch nicht nur auf Technologien selber, sondern auch auf Untersuchungs- und Forschungstechniken, seien sie naturwissenschaftlicher, ökonomischer, mathematischer oder philosophischer Art.[76] Grundlegend einigen müssen wir uns über die Fragestellung, ob die ökologische Verträglichkeit bei der Anwendung und Verwertung auch unseres wissenschaftlichen Wissens Gesellschaftsstrukturen (z.B. neue juristische "Gehäuse") erfordert, die sich zunächst nicht mit den Zielen der jeweiligen Forschung zur Deckung bringen lassen.

Daher sollte – verkürzt gesprochen – gelten: Ein auf eine stabile Zukunft angelegtes und alle Ressourcen schonendes ökonomisches Handeln ist in Verbindung mit konsequentem ökologischen Handeln zu ermöglichen. Das ökologische Handeln wird jedoch nicht in dem eingeschränkten Sinne von Umweltschädenvermeidung oder Schaffung von Umweltreparaturtechniken wie deren demokratischer Institutionalisierung verstanden, sondern es steht unter dem Blickwinkel der bisher entwickelten Zusammenschau von Natur-Mensch-Umwelt, dem Naturbegriff, der Gesellschaft als Sinnsystem, deren für die Umwelt problematischen Handlungen/Entscheidungen wie der Ressource Information, die Wissen schafft.

Ziel unser aller sehr begrenzt sich auswirkenden Arbeit sollte der Rat von Saint-Exupéry sein: Die Zukunft soll man nicht voraussehen wollen, sondern möglich machen. Die unsere haben wir noch – zumindest scheinbar – in der Hand.

Da es sich nicht um "blinde" Machbarkeit dreht, leitet dies zu einem letzten Punkt über: zu den Thesen von Verantwortung und Wissenschaft.

16. Verantwortete Wissenschaft – Ein Thesenkatalog

Bezüglich einer verantwortungsethischen Grundhaltung des Einzelforschers lege ich zum Abschluß einen offenen, jederzeit ergänzbaren Thesenkatalog als Diskussionsbasis für eine verantwortete Wissenschaft vor:[77]

1. "Forschung erfordert Ehrlichkeit, Vertrauenswürdigkeit, Vertrautheit mit dem vorhandenen Wissen und den vorhandenen, oft von Generationen von Forschern entwickelten, Techniken und Methoden. Sie fordert aber auch Ehrlichkeit sich selbst und den Kollegen in Forschung und Lehre gegenüber."[78]

2. Ist das Problem der Forschungsfinanzierung gelöst, so ist der Wissenschaftler auf der Ebene der reinen Wissenschaft einzig und allein der Wahrheit verpflichtet, nicht den Interessen seiner Geldgeber.[79]
3. "Nicht alles, was technisch wissenswert scheint, ist auch moralisch wünschenswert. ... Oder kürzer ausgedrückt: Der Wissenschaftler ist aufgefordert, seine technische Kompetenz seiner moralischen Kompetenz unterzuordnen."[80]
4. Wissenschaftler dürfen nicht ihr eigenes Leben und schon gar nicht das anderer gefährden.[81] Wirkungen wie Neben- und Folgewirkungen müssen so weit wie irgend möglich in ihrem Zusammenwirken analysiert werden, um das Auftreten unerwarteter Synergismen frühstmöglich zu antizipieren. Langfristige Wirkungsaspekte, Übergangsregelungen wie -zeiten, Risikoveränderungen, politische Konstellationen und dergleichen mehr müssen einkalkuliert werden. Bei besonderer Gefährdung hat der "Eingriff" zu unterbleiben und muß abgebrochen werden.[82] Die Folgen und Nebenfolgen müssen also mit derselben Phantasie überlegt werden wie die Experimente.[83]
5. Die Perspektive der Untersuchungen und damit die einzelwissenschaftliche Methodenstruktur ist grundsätzlich über die Grenzen des jeweils gerade betrachteten Systems hinaus zu erweitern.
6. Forschungsvorhaben verlangen grundsätzlich die genaue Betrachtung anderer Forschungs- und Entwicklungsalternativen.[84] Über nötige Alternativen ist demzufolge im Idealfall bereits vorher nachzudenken.
7. Forschung "setzt den haushälterischen Umgang mit allen Ressourcen voraus, insbesondere den nicht-erneuerbaren, einschließlich der Lebenszeit des Forschers"[85] Die begrenzten Ressourcen der Erde, Aspekte der Substitution und der intertemporalen Allokation sind zu bedenken.
8. Der Laie hat das Recht, Resultaten, Entwicklungen, Anwendungen von Forschungsergebnissen in allen Wissenschaftszweigen solange zu mißtrauen, wie eine durch Qualifikation oder Zahl nennenswerte Minderheit von Fachleuten nicht überzeugt worden ist.[86]
9. Maßstab für unser aller Handeln jetzt und in Zukunft muß sein, daß wir die exakte Entwicklung eines ökologischen Subsystems (wir sind im übrigen selber eines) wie des Ökogesamtsystems weder in toto analysieren, durchrechnen noch mit einem vernachlässigbar geringen Unsicherheitsfaktor vorhersagen können.
10. Eine der Aufgaben universitären Lehrens besteht in der Vermeidung einer Desintegration des Wissens und einer babylonischen Sprachverwirrung, um die Verarbeitung und Verdichtung der anschwellenden "Stoff"fülle zu gewährleisten und um schöpferische Intelligenz wie Urteilsvermögen im Blick auf verantwortungsvolle Forschungsarbeit bereits bei dem wissenschaftlichen Nachwuchs zu ermöglichen.[87]

Anmerkungen:

1. Sinngemäß zit. nach Günther Anders, Die Antiquiertheit des Menschen, Bd.1, München: Beck, [7]1985, VII und ders., Die Antiquiertheit des Menschen, Bd.2, München: Beck, [4]1986, 395

2. Aurelio Peccei in Peter Kampitz: Natur als Mitwelt – Das ökologische Problem als Herausforderung für die philosophische Ethik, in: Oskar Schatz (Hg.), Was bleibt den Enkeln – Die Umwelt als politische Herausforderung, Graz; Wien; Köln: Styria 1978, 55

3. Gerhard Helmut Schwabe: Umwelt heute – Beiträge zur Diagnose, Erlenbach-Zürich, Stuttgart: E. Rentsch 1973, 190

4. Dieter Mollenhauer: Ökologie – das enfant terrible der Biologie, in: Scheidewege, 15 (1985/86), 129

5. Siehe G. Schwabe, a.a.O., 189f.

6. Ebd., 190 und ebenso 176: "Wir sind verloren, wenn wir uns damit abfinden, daß wir unseren Standort in der Weltnatur verloren haben. Dieser Standort ist die Mitte, die Heimat, die verachtete, gelästerte und geschändete, auf die wir angewiesen sind, um Mensch sein zu können. Was beim Bedenken des Wortes Heimat meistens vergessen wird, ist dies: Das altnordische heimr (heimur) ist die Welt als grenzenloser Raum, wohingegen Welt althochdeutsch vor allem Zeitalter (wëralt) bedeutet. Die zweite Silbe des Wortes Heimat stammt vom althochdeutschen adol (=Adel) und meint Aufenthaltsort, Abstammung, Grundbesitz. Wenn es also überhaupt noch möglich ist, den Begriff geschichtlich rückschauend zu deuten, dann ist er nur auf das Subjekt bezogen zu verstehen: Mein Ort in der Welt. – Wer seinen Ort in der Welt kennt, bedarf keiner 'Umwelt', weil sie nur ein Als-ob ist."

7. Siehe Jacob von Uexküll, Theoretische Biologie, Fr.a.M.: Suhrkamp 1973 (=stw Nr. 20), insb. 150f. u. 334-340

8. Dieter Mollenhauer, a.a.O., 130

9. Siehe G. H. Schwabe: Was ist die Umwelt des Menschen?, The Hague: W. Junk N.V. 1970

10. Siehe Ernst Haeckel: Generelle Morphologie der Organismen – Allgemeine Grundzüge der organischen Formen-Wissenschaft, mechanisch begründet durch die von Charles Darwin reformierte Deszendenz-Theorie, 2. Bd., Allgemeine Entwicklungsgeschichte der Organismen – Kritische Grundzüge der mechanischen Wissenschaft von den entstehenden Formen der Organismen, begründet durch die Deszendenztheorie, Berlin: G. Reimer 1866, 286

11. Siehe Karl Friedrichs, Ökologie als Wissenschaft von der Natur oder biologische Raumforschung, Leipzig: Barth 1937 (=Bios, Bd. VII), 66-90

12. Dieter Birnbacher: Ökologie, Ethik und neues Handeln, in: Herbert Stachowiak (Hg.), Handbuch pragmatischen Denkens, Bd.3. Allgemeine philosophische Pragmatik, Hamburg: F. Meiner 1989, 393

13. Dies änderte auch kein himmelstürmender Optimismus, der sich beispielsweise (die Auflistung nähme vielleicht nie ein Ende) angesichts der Apollo 11-Mission zeigte. Nicht der Mondflug an sich ist jedoch das Kuriosum, denn er ist nichts als eines jener technischen Abenteuer, das durch die Anwendung von Wissenschaften immer wieder möglich sein wird: Unheilvoll ist die Illusion, die er bei vielen weckte oder die durch eine entsprechende Propagierung geweckt wurde. Viele proklamierten damals den Beginn einer neuen (technischen) Ära, obwohl es aus heutiger Sicht nichts anderes als der Versuch war, sich aus dem unbewältigten Problemen des 20. Jahrhunderts in den Himmel hinwegzustehlen. Kein Krieg konnte dadurch verhindert, keine "wirkliche" Demokratie und kein "wirklicher" Sozialismus eingeführt, keine Hungersnot besiegt und keine wissenschaftliche Methode zur Überwindung der menschlichen Unwissenheit entdeckt werden. Dabei hätte er uns gerade als Lehrstück dazu dienen können, wie wichtig es ist, mit unserer Ökosphäre behutsam umzugehen, da wir so schnell hierfür keinen "Ersatz" im Weltall finden werden. Der Weg des Menschen zum Mond wäre dann ein Weg des Menschen zu einer Besinnung über sich selbst und seine ihm noch immer gesetzten Grenzen geworden oder anders ausgedrückt: der Blick vom Mond auf die Erde als reflektierender Blick über die eigentlich vordringlicher zu leistenden Menschheitsaufgaben. Vgl. Günther Anders, Der Blick vom Mond – Reflexionen über Weltraumflüge, München: Beck 1970, insb. 12 u. 59ff.

14. Siehe z.B. M. Jänicke, U. D. Simonis, G. Weigmann (Hg.), Wissen für die Umwelt – 17 Wissenschaftler bilanzieren, Berlin; New York: de Gruyter 1985, 7

15. Siehe Aristoteles, Metaphysik, 5. Buch 1014b 16-17

16. Siehe Aristoteles, Physik, B 1.192b 13-14

17. Siehe z.B. J. S. Eriugena, De divisione naturae libri quinque, I 1 (MPL 122, 441B-442B)

18. Vgl. Jürgen Mittelstraß, Metaphysik der Natur in der Methodologie der Naturwissenschaften – Zur Rolle phänomenaler (Aristotelischer) und instrumentaler (Galileischer) Erfahrungsbegriffe in der Physik, in: K. Hübner; A. Menne (Hg.), Natur und Geschichte (X. Deutscher Kongreß für Philosophie, Kiel 8.-12.12.1972), Hamburg:

Meiner 1973, 63-87 und ders., Das Wirken der Natur – Materialien zur Geschichte des Naturbegriffs, in: F. Rapp (Hg.), Naturverständnis und Naturbeherrschung – Philosophiegeschichtliche Entwicklung und gegenwärtiger Kontext, München: Fink 1981

19. Siehe John Stuart Mill, Natur, in: ders., Drei Essays über Religion, Stuttgart: Reclam 1984, 9-62

20. D. Birnbacher, a.a.O., 394

21. Vgl. den etwas anderes gelagerten Gedankengang von Günther Anders, Mensch ohne Welt – Schriften zur Kunst und Literatur, München: Beck 1984, XI-XXVII

22. Siehe Niklas Luhmann, Ökologische Kommunikation – Kann die moderne Gesellschaft sich auf ökologische Gefährdungen einstellen?, Opladen: Westdt. Vlg. 1986

23. Ebd., 267

24. Ebd., 249

25. Wie einfach dies ist, lehrt uns fast alltäglich die kommunale, landesweite bzw. internationale Praxis. Es geht wohl kaum um die Problematik des Sich-nicht-erdenken-Könnens solcher Lösungsvorschläge, sondern um die Transformation von der Theorie in die Praxis, will man schon eine solche "theoretische" Scheidung der Begriffe vornehmen. Später gehe ich hierauf detaillierter ein.

26. Siehe ebenso Niklas Luhmann, Das verlorene Paradigma – Über die ethische Reflexion der Moral, in: FAZ v. 28.12.1988, N3-N4

27. Alle ökologische Literatur, die in jenem Zusammenhang seit Jahren hinlänglich produziert wird, stellt für Luhmann selbst ein Produkt gesellschaftlicher Kommunikation dar und ist demzufolge Teilgegenstand dieser Analysen, – ebenso sein Buch. Vlg. N. Luhmann, Ökologische Kommunikation, a.a.O., 7f.

28. Abgesehen davon dokumentieren eine Reihe von Forschern, wie z.B. G. Anders, H. Jonas, D. Birnbacher, R. Guardini, H. Lenk, G. Ropohl, K.-M. Meyer-Abich u.a., daß dies wohl nicht so ist. Vlg. insb. den Beitrag von B. Irrgang in diesem Band.

29. Siehe Walter Hagstotz; Walther Kösters, Bestimmungsfaktoren subjektiver Umweltbelastung: Wahrnehmung der Wirklichkeit oder Wirklichkeit per Wahrnehmung?, in: Politische Vierteljahresschrift (PVS), 27 (1986) 3, 347-356; zur allgemeinen Frage nach dem, was Umweltbewußtsein ist oder sein könnte, siehe z.B. Gerhard Maier-Rigaud, Umweltpolitik in der offenen Gesellschaft, Opladen: Westdt. Vlg. 1988, 113-120.

30. Siehe N. Luhmann, Ökologische Kommunikation, a.a.O., 21 u. Anm. 17

31. Zur Unterschiedlichkeit der Inhalte des Begriffs "System" siehe z.B. Hans Lenk, Bemerkungen zur Methodologie der Systemanalyse für die Umweltforschung, in: Hermann Lübbe; Elisabeth Ströker (Hg.), Ökologische Probleme im kulturellen Wandel, München; Paderborn: Fink; Schöningh 1986 (=Ethik der Wissenschaften; Bd.5), bes. 30-32; siehe ebenso Hans Lenk; Günter Ropohl (Hg.), Systemtheorie als Wissenschaftsprogramm, Königstein/Ts.: Athenäum 1978

32. Siehe N. Luhmann, Ökologische Kommunikation, a.a.O., 21 Anm. 17.

33. Siehe ebd.

34. Siehe ebd., 23. Siehe zur Kritik am Begriff der Evolution/Autopoiesis auch Jörg Klawitter, Ökologische Kommunikation: Theorie der Gesellschaft oder Theorie der ökologischen Gefährdung der Gesellschaft? – Einige rhapsodische Anfragen und Bemerkungen, in: Der Steig, Forum Luhmann – Ökologische Kommunikation, (1988) 11, 69-74

35. Ebd., 24

36. Ebd., 26

37. Siehe ebd., 27 Anm. 2 u. 28

38. Siehe Rüdiger Breuer, Grundprobleme des Umweltschutzes aus juristischer Sicht, in: E. Wenz; O. Issing; H. Hofmann, Ökologie, Ökonomie und Jurisprudenz, München: Florentz, 1987 (=Law and economics, Bd.5), 32-47

39. Siehe z.B. Lutz Wicke, Die ökologische Milliarden, München: Kösel, 1986

40. Siehe N. Luhmann, Ökologische Kommunikation, a.a.O., 249

41. H. Dreier; P. Sickenberger, Diskussionsbericht, in: E. Wenz; O. Issing; H. Hofmann, a.a.O., 143; siehe ebenso z.B. Willi Koll, Umweltschutz, Marktwirtschaft und Beschäftigung in: Jörg Klawitter; Reiner Kümmel, Umweltschutz und Marktwirtschaft, Würzburg: Königshausen & Neumann 1989, insb. 44

42. Siehe z.B. Jörg Klawitter, Traktat zum Topos Verantwortung – Grundlinien für eine historisch-systematische Untersuchung mit Rücksicht auf neuzeitliche Perspektiven, in: Wilhelm Baumgartner (Hg.), Wissen und Gewissen – Festschrift zum 60. Geburtstag von Franz Wiedmann, Würzburg: Königshausen & Neumann 1987, 219-221

43. Siehe N. Luhmann, Ökologische Kommunikation, a.a.O., 30

44. Siehe Karl Jaspers, Die Schuldfrage, in: ders., Die Schuldfrage – Für Völkermord gibt es keine Verjährung, München: Piper, 1979, 11-93, insb. 21-24

45. Siehe meine Ausführungen zu den Problemen bei Umweltabgaben, Umweltzertifikaten und dgl.

46. Siehe N. Luhmann, Ökologische Kommunikation, a.a.O., 227-236

47. Vgl. ebd., 33

48. Siehe ebd., 43

49. Ebd., 48f.

50. Siehe ebd., 51

51. Vgl. ebd., 52 und 58

52. Ebd., 62

53. Siehe ebd., 66

54. Siehe ebd., 78-87 (12-Punkte Schema)

55. Siehe Fritjof Capra, Wendezeit – Bausteine für ein neues Weltbild, Bern; München; Wien: Scherz [3]1983, 10 und 293

56. Siehe Arno Waschkuhn, Politische Systemtheorie – Darstellung, Kritik und Ausblick, Oldenburg: Westdt. Vlg. 1987, 13-17

57. N. Luhmann, Ökologische Kommunikation, a.a.O., 162 Anm. 19

58. Ebd., 153

59. Ebd., 153 Anm.5

60. Ebd., 156

61. Platon, Apologie, 38a

62. Ulrich Beck, Die Selbstwiderlegung der Bürokratie – Über Gefahrenverwaltung und Verwaltungsgefährdung, in: Rheinischer Merkur, 42 (1988) 8, 629

63. Ebd., 632

64. Siehe z.B. Klaus-Philipp Seif, Nemokratie statt Demokratie oder: Das bedrohte Geheimnis – Personenbezogene EDV und Sozialität, in: Forum für Interdisziplinäre Forschung, 1 (1988) 2, 46-50

65. Siehe U. Beck, a.a.O., 638

66. Siehe Charles Perrow, Normale Katastrophen – Die unvermeidbaren Risiken der Großtechnik, Fr.a.M.: Campus 1987, 131

67. Siehe ebd., 363

68. Siehe John Naisbitt, Megatrends – Zehn Perspektiven, die unser Leben verändern werden, Bayreuth: Hestia 1984

69. Siehe Forum für Interdisziplinäre Forschung, Thema: Künstliche Intelligenz, 1 (1988) 1 sowie B. Irrgang; J. Klawitter; J. Schmidt: Denken und Denken lassen – Problemfeld "Künstliche Intelligenz", München: Schweitzer 1990 (i.Dr.)

70. Siehe z.B. K.-Ph. Seif, a.a.O., 46-50

71. Siehe Rolf Kreibich, Die Wissenschaftsgesellschaft – Von Galilei zur High-Tech-Revolution, Fr.a.M.: Suhrkamp 1986

72. Siehe z.B. Daniel Bell, Die Zukunft der westlichen Welt, Fr.a.M.: Fischer 1976 (=Fischer, Gesellschaft Bd. 3411) und Helmut Klages, Wertorientierungen im Wandel, Rückblick, Gegenwartsanalyse, Prognosen, Fr.a.M.; New York: Campus 1983

73. Siehe R. Kreibich, a.a.O., 352f.

74. Die Determinanten der Wissenschaftsindustrie finden sich ebd., 355-416

75. Die Existenz der Hochtechnologie-Kriminalität belegt in geradezu klassischer Weise diese Thesen.

76. Siehe z.B. Ulrich v. Alemann, Mensch und Technik – Grundlagen und Perspektiven einer sozialverträglichen Technikgestaltung, Opladen: Westdt. Vlg. [2]1987

77. Diesen Thesenkatalog habe ich teilweise bereits in Jörg Klawitter, Traktat zum Topos Verantwortung, a.a.O., 219-221 entwickelt.

78. Hans Adam, Auf dem Weg zu einem humanökologischen Gewissen, in: Oskar Schatz (Hg.), Was bleibt den Enkeln – Die Umwelt als politische Herausforderung, Graz; Wien; Köln: Styria 1978, 118; die Frage nach dem Dualismus "wissenschaftsinterne Verantwortung – externe Verantwortung nach außen des Wissenschaftlers" wird hier nicht diskutiert, aber siehe hierzu die Ausführungen von Hans Lenk, Zum Verantwortungsproblem in Wissenschaft und Technik, in: Elisabeth Ströker (Hg.), Ethik der Wissenschaften? Philosophische Fragen, Bd.1, München; Wien; Paderborn; Zürich: Fink; Schöningh 1984, 102-113; beachte ebenso Peter Sitte, Wissenschaft

heute – Wissenschaft morgen, in: Folkert Precht (Red.), Wandlung von Verantwortung und Werten in unserer Zeit – Bericht über ein von der Dt. UNESCO-Kommission vom 02.-04. Juni 1982 in Freiburg/Br. veranst. internat. Kolloquium, München u.a.: Saur 1983 (=Seminarbericht der Dt. UNESCO-Kommission; Nr. 35), 59-61 und Roland Müller, Zur Ethik von Gesamtsystemen, in: Gerd-Klaus Kaltenbrunner, Überleben und Ethik – Die Notwendigkeit, bescheiden zu werden, München: Herder 1976 (=Herderbücherei, INITIATIVE 10; Bd. 9510), 55-76

79. Vgl. Hartmut Bossel, Ökologische Forschung als Reaktion auf die "Etablierte Wissenschaft", in: Hartmut Bossel; Wolfhart Dürrschmidt (Hg.), Ökologische Forschung – Wege zur verantworteten Wissenschaft, Karlsruhe: Müller 1981 (=Alternative Konzepte; Bd. 35), 17, UNESCO-Empfehlung v. 23.11.1972, Abs. IV.14; vgl. ebenso Reiner Kümmel, Wissenschaftlicher Fortschritt und Verantwortung für die Zukunft, in: Stimmen der Zeit, (1982) 200, 829f.

80. Annemarie Piper, Fortschritt – wohin? – Die Humanität des Machbaren und die Verantwortung des Wissenschaftlers, in: Stimmen der Zeit, (1982) 200, 840

81. Siehe ebd.

82. Siehe z.B. Carl Böhret; Peter Franz, Technologiefolgenabschätzung – Institutionelle und verfahrensmäßige Lösungsansätze, Fr.a.M.: Campus 1982

83. A. Piper, a.a.O., 840

84. Ebd.

85. H. Bossel, a.a.O., 15

86. Siehe Otfried Höffe, Sittlich-politische Verantwortung der Wissenschaften, in: Stimmen der Zeit, (1982) 200, 577

87. Siehe Hans Sachsse, Technik und Verantwortung – Probleme der Ethik im technischen Zeitalter, Freiburg: Rombach 1972, 145

Wolfgang Gessenharter

UMWELT, WISSENSCHAFT UND POLITIK
– Einige grundsätzliche Gedanken in interdisziplinärer Absicht –

0. Vorbemerkung

Ende März 1987 trafen sich in Würzburg die meisten der in diesem Reader versammelten Autoren. Für viele von uns dürfte dabei wohl das tatsächlich geführte (und also nicht nur gedanklich reflektierte) interdisziplinäre Gespräch Premiere gehabt haben. Im Laufe der sehr langen und intensiven Erörterungen entstanden damals sowohl einige bei allen mehr oder weniger im Konsens stehende Gedanken als auch immer wieder Anfragen an den jeweils fachkompetenten Gesprächspartner. Die folgenden Ausführungen halten sich sehr eng an unseren damaligen Gesprächsfaden; sie beinhalten sowohl meine Überlegungen, die wir damals nach gemeinsamer Absprache uns gegenseitig übermittelten, als auch eine Reihe von Gedanken, die sich im Laufe späterer Kommunikationen für mich ergaben oder bei mir abgefragt wurden. Der Leser möge insofern die folgenden Zeilen als einen längeren Zwischenruf in einem aktuellen Dialog auffassen, ein Zwischenruf, der zu einem anderen Zeitpunkt auch hätte anders ausfallen können.

1. "Nicht-Wissen" in der Wissenschaft

Es erscheint mir für ein interdisziplinäres wissenschaftliches Unternehmen für alle Beteiligten nicht nur hilfreich, sondern auch notwendig zu sein, einige Bemerkungen aus dem jeweils eigenen Wissenschaftsgebiet zum Thema "Nicht-Wissen" zu machen. Es soll dabei mit um die Frage gehen, ob das "Nicht-Wissen" als "Residuum", als immer mehr zu verkleinernde Restkategorie, oder als "Prinzip", d.h. als nicht-aufhebbarer Tatbestand betrachtet wird. Hilfreich erscheint mir die Diskussion dieser Frage deshalb, weil damit vielleicht am besten eine Einstellung untereinander vermieden werden kann, die den eigenen Wissenschaftszweig zum "Nabel der Welt" hochstilisiert, um die anderen Disziplinen mehr oder weniger zu "Hilfswissenschaften" zu degradieren. Angesichts der (national wie international) völlig ungleichgewichtigen Verteilung öffentlicher wie privater Forschungsmittel auf die einzelnen Disziplinen wird bei vielen Wissenschaftlern eine Einstellung erkennbar, die, erstens, diese Verteilung der Mittel gerne als Ergebnis eines Marktgeschehens interpretiert und, zweitens, dieses Ergebnis im Sinne gesellschaftlicher und/oder politischer Wertigkeit deutet. Gerade die mittlerweile historisch gut aufgearbeitete Geschichte der Atomwirtschaft in der Bundesrepublik zeigt aber – auch in ihrem Forschungssegment – eindrucksvoll, wie wenig hier Marktkräfte am

Werke waren. Vielmehr handelte es sich um ein Zusammenspiel kleiner wissenschaftlicher, wirtschaftlicher und bürokratischer Elitenzirkel, ein Zusammenspiel, das in der Ideenwelt des "Atomzeitalters" und im Prestige- und im Machtdenken der Beteiligten seinen Kitt hatte[1]. Die schonungslose Auseinandersetzung mit der Frage, ob im eigenen Wissenschaftsgebiet das Nicht-Wissen als Residuum oder als Prinzip im Forschungsprozeß behandelt wird, kann die "haves" und "have nots" vorurteilsloser zueinander führen und aufeinander neugierig machen bezüglich der Möglichkeiten, aber eben auch der Grenzen der jeweils anderen Disziplin.

Grundlegende wissenschaftstheoretische Einsichten, aber auch praktische Erfahrungen mit den Wissenschaften im 20. Jahrhundert lassen es notwendig erscheinen, das Problem des Nicht-Wissens nicht auszuklammern. So behauptet die heute nach wie vor vorherrschende wissenschaftstheoretische Richtung des kritischen Rationalismus, daß unser Wissen prinzipiell nur vorläufig und unter dem Verdacht späterer Falsifizierung zu sehen ist. Und in den Sozialwissenschaften incl. der Ökonomie beispielsweise hat man lange Zeit versucht, Wissen zu erzeugen, indem man sich immer stärker auf hochabstrakte Modelle stützte, dabei aber immer mehr von immer weniger wußte. Die in der Soziologie und Politikwissenschaft zu beobachtende Entwicklung, den Handlungbegriff, der die Freiheit des Menschen stärker in den Vordergrund stellt und damit in Erklärung und Prognose von menschlichen Handlungen Unsicherheit und Unwissen wieder einen prinzipiellen Standort in der wissenschaftlichen Analyse einräumt, gegenüber dem Verhaltensbegriff zu präferieren, welch letzterer wiederum einem Denken entstammte, das glaubte, nach quasi naturwissenschaftlichem Vorgehen menschliches Verhalten nach dem Reiz-Reaktions-Muster erklären und prognostizieren zu können. Dieses Vorziehen des Handlungsbegriffs gegenüber dem Verhaltensbegriff also deutet an, daß man das Nicht-Wissen nicht mehr als nur zu überwindende Größe, sondern als prinzipielle Bedingung sozialwissenschaftlicher Erkenntnismöglichkeit zu sehen gelernt hat bzw. sich anschickt zu lernen. Eine weitere Überlegung scheint heute richtig betont zu werden. Solange Demokratien sich verpflichten, die Freiheit des einzelnen und den Pluralismus in der Gesellschaft zu wahren und zu fördern, könnte eine auf absolut sicheres Wissen abzielende Sozialwissenschaft nur als für dieses Ziel kontraproduktives Unterfangen angesehen werden; umgekehrt spiegelt sich im prinzipiellen Zulassen eines wissenschaftstheoretischen und methodologischen Pluralismus die Einsicht wider, daß nur in einer "offenen Gesellschaft" produktive und gesellschaftlich verantwortliche Wissenschaft betrieben werden kann.

Die Frage, ob im Wissenschaftsprozeß Nicht-Wissen Residuum oder Prinzip ist, wurde im Laufe der Wissenschaftsgeschichte verschieden beantwortet; eine den residualen Charakter herausstreichende Antwort führt zu einem anderen wissenschaftlichen Vorgehen als eine prinzipielles Nicht-Wissen zulassende Antwort; es scheint überhaupt, daß diese Frage nicht erst am Ende eines Forschungsprozesses beantwortbar ist, sondern daß sie viel eher zu den erkenntnisleitenden Grundfragen gehört, deren Beantwortung mithin von großer, den Wissenschaftsprozeß steuernder Kraft ist. Zwei Beispiele sollen diese These erläutern: In den Sozialwissenschaften ist jahrelang ein Prozeß zu beobachten gewesen, der immer stärker zur Ausgrenzung und gegenseitigen Abschottung verschiedener (Teil-)Disziplinen führte. Einer der leitenden Grundgedanken war dabei, daß man sich der jeweils herausgearbeiteten Methoden ziemlich sicher schien, dabei aber übersah, daß im Laufe des Forschungsprozesses der

Forschungsgegenstand immer stärker auf die angewandten Methoden "zugeschneidert" wurde: So wurde z.B. für die einen Politik nur noch in den Köpfen einzelner Personen (z.B. Bismarck; Adenauer) formuliert, für andere war Politik nur das Ergebnis bestimmter Klassenstrukturen. Die Diskussion um die "externen Kosten" zwischen volks- und betriebswirtschaftlicher Wissenschaft ist ein weiteres Beispiel. Gegenüber dieser departmentalisierenden Haltung, die allzu gern den 'Schwarzen Peter' des Nicht-weiter-Kommens anderen (Hilfs-) Wissenschaften zuschiebt, die gefälligst ihren adäquaten Beitrag zu erbringen hätten, versteht sich eine, das Nicht-Wissen als Prinzip anerkennende Haltung zu dem disziplinsprengenden Satz, daß die Probleme der Gegenwart heute anders eingeteilt seien als die Wissenschaften.[2] Gerade auch in der Auseinandersetzung mit der Natur hat das neuzeitliche, experimentelle Denken den residualen Charakter unseres Nicht-Wissens zum Ausgangspunkt genommen und betont; Wissenschaft soll Wissen produzieren, mit dem die Natur kontrolliert und beherrscht werden kann. Capra zitiert in diesem Zusammenhang einen der Väter dieses Denkens, Francis Bacon (1561-1626). Für ihn ist Wissen eine Seite des menschlichen Machttriebs ("Wissen ist Macht"); das Wissen kann wie die Macht beliebig gesteigert werden, es ist nur eine Frage der Mittel. Wenn man sich die Natur "gefügig und zur Sklavin machen" wolle, dann müsse man sie "unter Druck setzen", sie "auf die Folter ... spannen, bis sie ihre Geheimnisse preisgibt".[3]

Eine der wichtigsten politischen Erfahrungen des 20. Jahrhunderts dagegen dürfte sein, daß Macht nicht beliebig ausgedehnt werden kann; man erkennt immer mehr die (mögliche) Macht des (scheinbar) Ohnmächtigen. Und auch der Spruch des politischen Desperados: "Nur ein toter Guerillero (Schwarzer, Jude oder wer immer) ist ein guter Guerillero" zeigt immer mehr die Absurdität des Glaubens an die **totale** Macht. Die Analogie zur Naturbeherrschung durch Wissen liegt wohl auf der Hand. Denn hier wie dort lernen wir erst ganz langsam, die Folgen unserer Handlungsweisen in unsere Überlegungen miteinzubeziehen. Diese Feststellung könnte als übertrieben gelten, wenn man sie nur auf Routinehandlungen bezöge, also Handlungen, deren Zeit- und Sachdimension, kurz gesagt, relativ eng begrenzt ist. Vor allem die ständig gewachsene Eingriffsintensität technischer Prozesse schafft jedoch zunehmend Situationen, die als langfristig wirkende und sachlich stark vernetzte Problemlagen die üblichen Routinedimensionen weit übersteigen – also "Zukunftsprobleme" mit den ihnen zukommenden Problemlösungsmustern. Wenn etwa in der letzten Wahlperiode der Deutsche Bundestag sich mit der sog. Technikfolgenabschätzung intensiver zu befassen anfing, dann dokumentierte er damit, daß bei vielen technischen Neuerungen und Eingriffen die bekannten Routineprogramme der Handlungsdurchführung und der Bewältigung möglicher nicht antizipierter Handlungsfolgen einfach nicht mehr ausreichen, sondern daß hier insbesondere auch Bewertungsfragen von einer solchen Bedeutung auftauchen, daß diese wegen des Legitimationsproblems nur noch, wenn überhaupt, durch das Parlament beantwortet werden müßten (z.B. atomare Entsorgung; gentechnologische Entwicklungen). Andererseits zeigt gerade das Schicksal dieses Ausschusses, wie wenig der Bundestag in seiner Mehrheit diese Aufgabe auf Dauer ernst nahm bzw. ernst nehmen wollte: so ist die Institutionalisierung einer Dauerkommission zur Technikfolgenabschätzung an den ablehnenden Stimmen der Koalitionsmehrheit im Haushaltsausschuß des letzten Bundestages gescheitert.

2. Von der "Umwelt" zur "Mitwelt"?

Wenn die Zeit- und Sachdimension von Handlungen zu unüberschaubar wird, dann bietet sich als eine erste Möglichkeit der Problemlösung an, diese Dimensionen wieder zu reduzieren dadurch, daß die zeitliche wie sachliche Eingriffsintensität der betreffenden Handlungen zurückgefahren wird. Anders ausgedrückt: Man kehrt wieder zu reinen Routinehandlungen zurück. Die Frage ist nur: Ist dieses Umwechseln wirklich beliebig möglich? Wird es gar nur - zu Beruhigungszwecken - scheinbar vollzogen?

Eine andere Alternative wäre, unsere intellektuellen, moralischen und technischen Fähigkeiten so zu verbessern, daß wir auch mit sehr komplexen und langfristigen Handlungsfolgen immer besser umgehen, sie besser prognostizieren bzw. einschätzen und sie verantwortungsbewußter bewerten könnten.

Beide Strategien schließen sich gegenseitig nicht aus, und sie werden ja auch schon betrieben. Die Frage ist allerdings, ob eine Verlangsamung technischer Eingriffe in die uns umgebende Welt bzw. eine Reduzierung der Eingriffsintensität auf Dauer überhaupt weiterhelfen, weil erstens die Richtung des bisher eingeschlagenen Weges problematisch ist, und weil zweitens diejenigen, die sich nicht an die Minimierungsvorschläge hielten, bisher auch nicht sanktioniert wurden und deshalb praktisch dennoch die Niveaus bestimmten. Es ist nämlich realistischerweise nicht abzusehen, daß in einer Situation, die nach wie vor durch den Ausbeutungsimperativ gegenüber der Umwelt bestimmt ist, plötzlich eine Verlangsamung und Verminderung dieser Ausbeutung auf allgemeine Zustimmung stoßen sollte; denn Ausbeutung beinhaltet ja auch die rigorose Vorteilsnahme gegenüber jedem Konkurrenten. Es sind vor allem Überlegungen dieser Art gewesen, die dazu führten, die prinzipielle Richtung des bisher eingeschlagenen Weges infrage zu stellen. Gegenüber dem aktivistischen Zugehen des Menschen auf seine Umgebung, das zum Ausbeutungsverhalten führt, je nachdem, wie sich das "Objekt" des Zugriffs seinerseits verhält, wird vielfach heute eine Beziehung zur Umwelt gefordert, die aus dem "Objekt" bisherigen Zugriffs ein eigenständiges "Subjekt" machen, ein partnerschaftliches Verhältnis anstreben, die "Umwelt" als "Mitwelt" sehen will. Dabei ist eine interessante Entwicklung festzustellen: Die gerade auch in der europäischen Denktradition vorherrschende Trennung von menschlichem und nichtmenschlichem Bereich, von Kultur und Natur, von "Geistigem" und "Materiellem" wird zunehmend aufgehoben. Einen juristischen Ausdruck findet diese Entwicklung beispielsweise in der Forderung, die Natur zu einem eigenen Rechtssubjekt zu machen, die Forderung der Rechtsstaatlichkeit nicht nur für die menschliche Gesellschaft, sondern auch für die Symbiose von Mensch und Natur gelten zu lassen. Während also einerseits die natürliche Mitwelt in den Status einer Mitwelt des Menschen gebracht werden soll (ein Gedanke, der vielen außereuropäischen Kulturen so fremd nicht ist und es nie gewesen ist),[4] richtet sich andererseits das Interesse wieder stärker auf die "natürlichen" Grundlagen der Spezies "Mensch", d.h. man verspürt praktisch immer stärker die Grenzen kultureller Bildbarkeit und der durch Erziehung, Werbung usf. möglichen Veränderbarkeit des Menschen. Gerade die technischen Möglichkeiten von Genmanipulationen auch am Menschen haben die Bedeutung dieser Grenzen noch schärfer ins Bewußtsein gerückt. Die Diskussion um menschliche "Grundbedürfnisse" oder der Streit um die inhaltliche Füllung eines Begriffs wie "Lebensqualität" sind Ausdruck dieser genannten Tendenzen.

Daß diese Tendenzen auch in der breiten Öffentlichkeit ihren Niederschlag finden, erfahren wir in zunehmendem Maße auch aus Umfragen. So behaupten Umweltprobleme zusammen mit der Arbeitslosigkeit seit einigen Jahren die vorderen Plätze bei den "größten Sorgen" der Menschen, und der große Fortschrittsoptimismus, der noch in den 50er und 60er Jahren zu verzeichnen war, ist einem differenzierten Fortschritts- und Technikskeptizismus gewichen; waren früher die damals Jugendlichen in ihrer optimistischen Haltung noch eindeutiger als die Älteren, so sind heute die Jugendlichen noch skeptischer als die Erwachsenen. Bemerkenswert ist, daß dieser Skeptizismus nicht auf globale Technikfeindlichkeit hinausläuft, sondern sehr wohl zwischen "Segnungen" und "Gefährdungen" durch Technik zu unterscheiden weiß; die jüngere Generation ist jedenfalls stärker "verunsichert" als die ältere.[5] Wie weit diese feststellbaren Veränderungen in den Einstellungsmustern auch zu Veränderungen in den Handlungsweisen führen, z.B. in Richtung stärker partnerschaftlichen Verhaltens gegenüber Mitmenschen und Mitwelt, ist heute eine noch völlig ungeklärte Frage.

3. "Kehrt um!" oder "Weiter so"?

Würde man nur von der Ebene der Wünschbarkeit von Handlungsweisen, wie sie in Sonntagsreden oft zum Ausdruck kommt, Schlüsse ziehen können, dann könnte man großen Konsens bei der Beantwortung der Frage feststellen, was denn in Zukunft zu tun sei: Aufrufe zu Umkehr, zu stärkerem individuellem verantwortlichen Verhalten gegenüber Mitmensch und Mitwelt, sparsamerem Umgang mit den natürlichen Ressourcen, größerer Opferbereitschaft scheinen die verbalen "Renner" zu sein. Versucht man jedoch Verhaltensmaximen herauszufinden, wie sie in der alltäglichen Werbung kommerzieller wie politischer Herkunft eher dominant sind, dann kann man sich kaum dem kräftigen Chor des "Weiter so" entziehen.

Und es scheint gute Gründe für diese veränderungsunwillige Einstellung zu geben: Freiwillige Askese paßt nicht in den Markt; nur durch Konkurrenz, nicht durch partnerschaftlichen Verzicht auf den je eigenen Vorteil bleibt der Markt in Bewegung; nur über die Antriebskräfte, mehr haben zu wollen, werden die Anstrengungen unternommen, die wirtschaftliches Wachstum hervorbringen, somit dem Marktgeschehen die notwendige Legitimation in der Bevölkerung verschaffen und staatliche Eingriffe bzw. staatlichen Dirigismus verhindern. Mehr noch als die verschiedenen wissenschaftlichen Theorien der Marktwirtschaft haben die kollektiven Erfahrungen der Wachstumsepoche nach dem zweiten Weltkrieg ("Wirtschaftswunder") die auch heute noch gängigen Überzeugungen der Bevölkerung in den meisten Industrieländern geprägt. Allein schon der heute übliche Begriff **"Nebenfolgen"** für jene Konsequenzen aus den Wachstumsentwicklungen der letzten Jahrzehnte, wie z.B. Umweltverschmutzung, die verschiedenen Arten sog. Zivilisationskrankheiten, zunehmende Problematisierung des Lebenssinnes usw., macht deutlich, daß man diese Konsequenzen als im Prinzip vermeidbare, "daneben" angesiedelte Folgen ansieht, sich jedenfalls überhaupt nicht mit der Hypothese befassen möchte, es könnte sich dabei um zwangsläufige, inhärente, nicht aufhebbare Bestandteile marktwirtschaftlicher Wachstumsprozesse handeln. Solange es fast immer noch als "systemsprengend" gilt, auf der Frage (nicht erst auf der Antwort!) zu beharren, ob eine Verantwortungsethik, die auf den Maximen der Partnerschaft, der Askese und der Demut aufbaut, gegen die innere Logik wachstums- und profitorientierten Marktgeschehens gewendet ist und konsequenterweise sein muß, wird jedenfalls der Appell an das Individuum, auch in der christlichen Wendung des "Kehrt um!", nur zur politisch-ethischen Symbolik zu rechnen sein, nicht jedoch zur tatsächlichen Veränderung der bestehenden Verhältnisse viel beitragen können.

4. Minimierung der Eingriffe in Umwelt durch Technik und Wissenschaft?

Ist vielleicht über die Technik und die Wissenschaften selbst ein Weg möglich, die Eingriffe in die Mitwelt nicht noch weiter anwachsen zu lassen, sondern zu minimieren? Mir scheint, daß es von vornherein keinen Grund gibt, diese Frage prinzipiell zu verneinen. Angesichts der oben skizzierten Problemlagen kann aber die Frage nicht heißen, ob es überhaupt irgendeinen Weg der Eingriffsminimierung gibt, sondern vielmehr, ob erwartbar ist, daß solche minimierenden Wege auch die für Wissenschaft und Technik dominierenden Wege werden. Die stürmische Entwicklung auf dem Gebiet der Mikroelektronik hat in weiten Kreisen dazu geführt, in dieser "sanften" Technologie den Vorreiter für ein neues, schonenderes Verhältnis zur natürlichen Umwelt zu sehen.[6] Habe man früher für die Entwicklung und Herstellung von technischen Geräten sehr viel Energie und Rohstoffe verbrauchen müssen, schafften computergesteuerte Simulationen bei der Entwicklung und die Verwendung mikroelektronischer Bauteile anstelle mechanischer Elemente bei den Produkten große Entlastung im Energie- und Rohstoffkonsum. Diese Argumentation ist zwar nicht falsch, sie greift aber zu kurz: Denn auch Produkte mit höchster Technologie, und vielleicht sogar tendenziell gerade diese, können die menschliche und natürliche Mitwelt in fundamentaler Weise verändern; die heute schon erwartbaren strategischen und klimatischen Folgen des geplanten SDI-Projekts bieten ein gutes Beispiel für diese These. Wäre es so, daß wissenschaftlich-technische Entwicklungsprozesse nur von einem Neugierverhalten und -interesse gesteuert würden, könnte man mit einer gewissen Plausibilität argumentieren, daß sich diese Neugier eben auch auf das Problem der Eingriffsminimierung konzentrieren könnte. Nun sind aber gerade die großtechnischen Entwicklungen ohne die jeweiligen ökonomischen Verhältnisse, innerhalb derer sie sich abspielen, nicht denkbar: Ausgaben für Forschung und Entwicklung (F & E) werden normalerweise nicht ökonomisch zweckfrei bereitgestellt. Damit verschiebt sich die Fragestellung vom Bereich der Wissenschaft und Technik weg auf den Bereich der Ökonomie.

5. Minimierung der Eingriffe in Umwelt im Rahmen der sozialen Marktwirtschaft?

Ist die soziale Marktwirtschaft selbst ein wirksames Instrument zur Erreichung immer stärkerer Eingriffsminimierung in die Umwelt? Wiederum ist diese Frage im Prinzip nicht zu verneinen. Wenn eine geschonte und/oder regenerierte Umwelt zu einem wichtigen und daher häufig nachgefragten Gut auf dem Markt wird, kann erwartet werden, daß dieses Gut bereitgestellt wird. Flassbeck und Maier-Rigaud haben überzeugend argumentiert, daß dieser Marktzusammenhang auch dann erwartbar sei, wenn Umwelt nicht als "privates", sondern realistischerweise als "öffentliches" Gut aufgefaßt werden muß. Und wenn bei einem öffentlichen Gut die Struktur der "privaten" Beziehungen zwischen Anbieter und Nachfrager nicht mehr wirksam greift, weil das Gut "saubere Umwelt" nicht nur von einzelnen, sondern wenn schon bereitgestellt, von allen konsumierbar ist, ohne daß sich der einzelne darum bemühen muß, dann hat in der sozialen Marktwirtschaft hier der Staat "die Aufgabe, den steigenden Preis wirksam zu machen, er ist der Unternehmer für das Gut Umwelt, das er effizient zu produzieren hat".[7] Damit verschiebt sich die Fragestellung, wer denn nun federführend bei der zukünftigen Minimierung der Eingriffe in Umwelt sein solle und könne, noch einmal, und zwar jetzt vom Bereich der Wirtschaft auf den Bereich des Staates.

6. Zum Problem der staatlichen Steuerungsfähigkeit

Ist der Staat also das endgültig wirksame Instrument zur Erreichung immer stärkerer Eingriffsminimierung in die Umwelt? Ausgehend von der Idee einer an der sozialen Marktwirtschaft orientierten, pluralistischen Demokratie wird man diese Frage bejahen können. Aber was heißt dieses "Ja"? "Ja, so ist es" oder "Ja, so sollte es sein"?

Es ist sehr wichtig, diese beiden Ebenen – die empirische und die normative Ebene – deutlich auseinanderzuhalten, vor allem, weil dies im öffentlichen Reden über den politischen Willensbildungsprozeß, besonders in Politiker-Reden, selten geschieht. Es gibt Gründe, die diese Vermischung plausibel erscheinen lassen: In manchen Fällen, oft besonders heiklen (z.B. Waffengeschäften), ist eine genaue Rekonstruktion des Willensbildungs- und Entscheidungsprozesses nicht mehr leistbar; also wird dann unterstellt, dieser Prozeß sei so abgelaufen, wie er hätte nach den rechtlichen Regelungen auch ablaufen müssen; seien jedoch Abweichungen vorgekommen, könne es sich nur um persönliche Verfehlungen einzelner handeln, die es dann zu ahnden gelte. Insgesamt sei aber große Übereinstimmung zwischen den normativen Vorgaben und den tatsächlichen Entscheidungsabläufen gegeben. Es ist selbstverständlich, daß zu große Diskrepanzen Legitimationsdefizite gegenüber der betreffenden Staatsform zur Folge haben würden.

Es kann hier nur in groben Zügen das (normative) Modell einer pluralistisch-politischen Willens- und Entscheidungsbildung gezeichnet und dann mit der Realität verglichen werden: Pluralistisch-demokratische Willensbildung setzt in einem massenhaft bevölkerten Flächenstaat die Bildung von Verbänden, Parteien und anderen Kollektiven (z.B. auch Kirchen) voraus (vgl. Art. 9, 21, 4 GG). Die Meinungsfreiheit (Art. 5 GG) soll ebenso gewährt sein wie das Recht auf Partizipation an den staatlichen Entscheidungen in vielfältiger Art (Art. 2, 8, 17, 20, 21, 28, 38 GG). Bekanntlich überwiegt in der politischen bundesrepublikanischen Ordnung die repräsentative gegenüber der plebiszitären, also die indirekte gegenüber der direkten Beteiligung des Durchschnittsbürgers am staatlichen Willensbildungs- und Entscheidungsprozeß. Der Hinweis auf die damit gemeinte starke Stellung der Parteien und der Abgeordneten darf jedoch nicht den Blick verstellen auf die ebenfalls starke Stellung der Verbände und der Ministerialbürokratie im Entscheidungsvorbereitungsprozeß: Man kann – sehr stark generalisierend – sagen, daß, noch bevor ein Parlamentsabgeordneter eine Entscheidungsvorlage zu Gesicht bekommt, es sei denn, der Verbandsvertreter ist selbst Abgeordneter, die wesentlichen Inhalte dieser Entscheidung schon zwischen Verbandsvertretern und Ministerialbürokratie festgezurrt sind. Dieser Verbandseinfluß ist in der "Gemeinsamen Geschäftsordnung der Bundesministerien" (GGO, z.B. § 23) konstitutionalisiert, bezieht sich aber ausdrücklich nur auf bundesweit organisierte Verbände. Diese aus Praktikabilitätsgründen einsehbare Bevorzugung großer Interessenverbände gegenüber kleinen regionalen oder gar lokalen Verbänden ist sicher nicht ganz problemlos mit der Pluralismusidee zu vereinbaren, denn danach sollte ja ein möglichst freier, unreglementierter Wettbewerb der Interessen stattfinden. Auch die "veröffentlichte Meinung" kann kaum mehr als Korrektiv angesehen werden, wie die zunehmenden Konzentrationsprozesse zeigen.

Die politikwissenschaftliche Entscheidungsanalyse hat nun in den letzten Jahren immer mehr Belege dafür finden können, daß bei vielen Entscheidungen, vor allem solchen, die von weitreichender sachlicher und finanzieller Bindewirkung sind (z.B. großtechnologische Entwicklungen betreffend), kaum von einem Konkurrenzkampf verschiedener Interessen die Rede sein konnte, sondern vielmehr von einem unter selbstgesetztem Konsensdruck stehenden Zusammenwirken starker Interessengruppen mit staatlichen Stellen. Die sog. "Konzertierte Aktion" gilt als Paradebeispiel für diese Prozesse, die man in der Literatur oft auch als "Neokorporatismus" bezeichnet. Nicht immer sind solche neokorporatistischen Willensbildungsprozesse so im Blickpunkt der Öffentlichkeit wie im Falle der Konzertierten Aktion; ohnehin geraten die meisten Willensbildungs- und Entscheidungsprozesse erst dann in das öffentliche Interesse, wenn sie in den Parteienstreit geraten, insbesondere wenn sie die parlamentarischen Hürden nehmen, um Gesetzeskraft zu erlangen. Man darf jedoch nicht übersehen, daß der staatliche Regelungsbedarf nicht nur durch Gesetze, sondern in besonderem Maße durch Verordnungen, Erlasse und Finanzaufwendungen (u. a. Dotationen, Subventionen) befriedigt wird. Schon aufgrund der geringen politikwissenschaftlichen Forschungskapazitäten ist es nur in relativ wenigen Fällen möglich, exakt zu erforschen, wessen Interessen tatsächlich in bestimmte staatliche Regelungen eingeflossen sind; in manchen Fällen wird wegen des "Schweigekartells" der Beteiligten eine genaue Klärung überhaupt nicht möglich sein. Weiter oben wurde schon auf die beiden Entscheidungsstudien von Radkau und Keck zur Atomwirtschaft hingewiesen. Aus diesen Studien wird u.a. deutlich, daß wichtige, unter finanziellen Gesichtspunkten nahezu irreversible Entscheidungen im Sinne der Atombefürworter längst gefallen waren – in einem engen Zusammenspiel zwischen einer Handvoll Wissenschaftlern, Männern aus der Atomwirtschaft und Ministerialbürokraten aus den mittleren Ebenen –, bevor überhaupt ein gewählter und für solche fundamentalen Richtungsentscheidungen verantwortlicher Volksvertreter sein Placet hätte geben können.

Vor dem Hintergrund dieser Forschungsergebnisse kann als gutes Beispiel dafür, wie das "Sein-Sollen" für das "Ist" ausgegeben wird, die Regierungserklärung des Bundeskanzlers H. Kohl zu Tschernobyl vom 14.5.1986 dienen. Kohl versuchte, die ethische Vertretbarkeit des "theoretisch verbleibenden Restrisikos" deutscher Kernkraftwerke u. a. mit dem Argument zu rechtfertigen, daß "die Sicherheit und die Gesundheit der Menschen ... bei den Entscheidungen zur Kernenergie seit 30 Jahren bei allen Bundesregierungen und für die Fraktionen von CDU/CSU, SPD und FDP Vorrang vor allen anderen Erwägungen – besonders auch vor wirtschaftlichen Erwägungen" hatten.

Entscheidend für die Frage nach der Funktion der politischen Willensbildung in bezug auf Eingriffsminimierung in die Mitwelt ist nach der vorangegangenen Argumentation, daß oft sog. Sachzwänge Entscheidungsoptionen drastisch reduzieren, Sachzwänge, die jenseits von Öffentlichkeit vorab von nicht verantwortlich zu machenden Interessengruppen aufgestellt werden und die oft nur unter großen Kosten, wenn überhaupt, abgebaut werden können. Nach allen diesen Überlegungen kann zwar der oben zitierte Satz von Flassbeck und Maier-Rigaud über die Aufgabe des Staates im Umweltschutz weiter gelten, jedoch erstmal nur als normativ intendierter Satz ("so sollte es sein"). Ein politischer Willensbildungsprozeß, der sich gegen die bisher eingeschliffenen Prozesse wendet, die zur Zerstörung der Umwelt führen, wird in erster Linie – selbstverständlich unter aktiver Mitwirkung pluralistisch strukturierter, problemsensibler und fachkompetenter Medien – Aufklärungsarbeit leisten müssen, um viele vermeintliche Sachzwänge wieder auf das zu reduzieren, was sie vorher einmal waren, nämlich Denkzwänge einflußreicher Interessenvertreter. Nur wenn diese Aufklärungsarbeit erfolgreich ist, wird man nicht dem Vorwurf ausgesetzt sein, bei der Forderung nach Veränderungen nicht naiv oder ignorant gegenüber "feststehenden, gegebenen Realitäten" zu sein.

Im Laufe des in diesem Band dokumentierten interdisziplinären Gesprächs bin ich immer wieder gefragt worden, wie denn der Staat beim Umweltschutz eingreifen könne. Wie die vorstehenden Ausführungen zeigen, bin ich eher pessimistisch, was die Möglichkeit einer führenden Rolle der staatlich-politischen Institutionen in bezug auf Umweltschutz angeht. Man kann entgegenhalten, daß man bei seinem Urteil doch nicht einfach die vielfältige Arbeit etwa des Bundesumweltministers und seines Ministeriums völlig außer acht lassen könne.[8] Es wäre ungerecht und töricht, diese gesamten Aktivitäten zu leugnen oder sie in Bausch und Bogen zu verdammen. Zieht man aber eine Unterscheidung heran, die ich an anderer Stelle ausführlicher begründet habe,[9] dann erhält man die Möglichkeit zu einem differenzierteren Urteil. Nach meinem Vorschlag kann man in politischen Fragen zwischen "Zukunftsproblemen" und "Routineproblemen" unterscheiden. Während ich unter "Routineproblemen" Probleme verstehe, die in räumlicher, sachlicher und zeitlicher Hinsicht im großen Ganzen überschaubar sind, sollen "Zukunftsprobleme" als unsicher, sachlich hoch komplex, mit langem Zeithorizont und mit internationalen Dimensionen gelten. Meine Behauptung geht nun dahin, daß die staatliche Politik in dem Bereich der Umweltprobleme, die die Charakteristika von Routineproblemen haben, manche Erfolge aufzuweisen hat, kaum jedoch bei den langfristigen, hochkomplexen und weltweiten Dimensionen der Umweltproblematik. So gibt es zweifellos einige Verbesserungen in den Umweltmedien Luft, Wasser und Boden, die durch staatliche Aktivitäten, z.B. Anreize, Bestimmungen oder Verbote, hervorgerufen worden sind. Solche Aktivitäten sind jedoch zumeist nur Reaktionen auf bereits zu starke Umweltschäden. Aber schon bei einer Maßnahme, die weit in die Zukunft wirken könnte und die bewußt die Komplexität umweltrelevanter Sachverhalte aufnehmen sollte, nämlich bei der sog. "Umweltverträglichkeitsprüfung" (UVP), sieht man, wie begrenzt die Handlungsspielräume eines Umweltministers im Konzert der verschiedenen, meist ökonomischen Interessen sind.

Bei der UVP geht es im Kern um vorsorgende Umweltpolitik, insofern alle umweltbeeinträchtigenden Projekte und Planungen einer Prüfung auf ihre Umweltverträglichkeit unterzogen, dabei immer mehr Wissen über Kriterien der Verträglichkeit erzeugt und die Öffentlichkeit in demokratischer Weise an Prüfung und Entscheidung (über die Genehmigung) beteiligt werden sollen. Eine dementsprechende EG-Richtlinie galt es, bis Mitte Juli 1988 in nationales Recht umzusetzen; auch Ende 1988 steht diese Umsetzung noch aus. Obwohl der deutsche Umweltminister Töpfer einerseits von der UVP als einem "Königsweg der Umweltpolitik" sprach, klagte er auf der anderen Seite (lt. FAZ v. 21.5.1988), "viele sähen in der UVP eine 'Projektverhinderungsmaschine'". Wie es scheint, hat Töpfer diesen Kritikern, die wohl auch im Bundeskabinett über genügend Rückhalt verfügten, deutlich nachgeben müssen. So räumte er (lt. Frankf. Rundschau v. 21.5.1988) ein, "daß alle, die sich der Umweltpolitik verpflichtet fühlen, eine strengere Umweltprüfung haben wollen, als sie jetzt ist. Derartige 'Idealvorstellungen' ließen sich jedoch im Kabinett nicht durchsetzen. Dennoch werde die UVP 'nicht nur Unterhaltungswert' haben, er gehe mit seinem Entwurf einen 'Kompromißweg', sagte Töpfer". Wenn nicht alles täuscht, wird die deutsche Umsetzung weit hinter dem zurückbleiben, was die EG-Richtlinie, ihrerseits auch schon in jahrelangem Tauziehen entschärft, immer noch an Vorsorge-Politik ermöglicht hätte.[10]

Die hier kurz vorgetragenen Überlegungen und Beispiele sollen in erster Linie davor warnen, bei den Fragen nach langfristiger und grundlegender Veränderung im Bereich der Umweltpolitik oder, genereller, der Zukunftspolitik allzuviele Hoffnung auf die staatlich-politischen Institutionen, insbesondere Parlament und Regierung, zu setzen. Dieser Pessimismus, weitgehend begründet in empirischer Forschung bzw. politischer Erfahrungsarbeit, ist übrigens weit geteilt. So hat sich beispielsweise der letzte Fachkongreß der Deutschen Vereinigung für Politische Wissenschaft (DVPW) mit dem Thema "Macht und Ohnmacht politischer Institutionen"[11] befaßt und stärker auf die Ohnmacht verwiesen. Und K.M. Meyer-Abich wendet sich in seinem neuesten Buch, in dem er sich den Fragen der Zukunftsgestaltung widmet und das er nach seinem Ausscheiden aus der praktischen Politik (als Hamburger Wissenschaftssenator) veröffentlicht hat, schon gar nicht mehr an die politischen Akteure: "Adressaten dieses Buchs sind erstens die Wissenschaft, weil sie neue Wege finden sollte, zweitens die Wirtschaft, weil sie sie gehen müßte, drittens die Öffentlichkeit, um der Verbindung von Wissenschaft und Wirtschaft so Raum zu geben, wie wir in Zukunft leben möchten. Die Politik und ihre Akteure kommen dabei nicht ausdrücklich vor. Ein Grund ist, daß Regierungen heute faktisch weniger regieren als reagieren, nämlich auf Gefährdungen ihrer Inhaberschaft der Regierung bzw. ihrer 'Macht'."[12]

Es kann hier nicht mehr der Ort sein, differenziert Alternativen aufzuzeigen[13]. Da dabei meistens ein breit angelegter Bewußtseinswandel gefordert wird, zielen viele Vorschläge auf eine Verstärkung der Wegweiser-Rolle bei der demokratischen Öffentlichkeit, beispielsweise über Bürgerinitiativen; andere fordern das Bundesverfassungsgericht oder den Bundespräsidenten auf, eine solche Wegweisefunktion zu übernehmen; wieder andere wollen die Wissenschaft in die politische Verantwortung nehmen. Erst wenn ein Umdenkungsprozeß in allen wichtigen Bereichen der Gesellschaft stattgefunden habe, erwartet man, daß Parlament und Regierung in der Lage seien, sich gegen bis dahin übermächtige gegenläufige Interessen in ihrer politischen Gestaltungsaufgabe zu bewähren. Wie immer man nun im einzelnen das Verhältnis von politischer Rahmensetzung und gesellschaftlichem Umdenkungsprozeß auch sehen mag, der Ruf nach dem Staat als Initiator solcher Prozesse, normativ aus einem repräsentativen Verständnis von Demokratie verständlich, steht auf empirisch fragwürdigen Füßen.

7. Eingriffsminimierung im internationalen Umfeld

Spätestens "Global 2000", der Bericht amerikanischer Behörden an den US-Präsidenten aus dem Jahre 1980, hat deutlich gemacht, daß "eine neue Ära der globalen Zusammenarbeit und der gegenseitigen Verpflichtung beginnen (muß), wie sie in der Geschichte ohne Beispiel ist",[14] wenn man die Herausforderungen bestehen will, die auf uns zukommen.

Das Hauptproblem einer Eingriffsminimierung in die Umwelt im internationalen Bezugsrahmen liegt darin, daß einerseits die wirtschaftlichen und ökologischen Verflechtungen zwischen den Nationen in den letzten Jahrzehnten immer stärker geworden sind, andererseits nationale Eigentümlichkeiten, Sonderinteressen und Egoismen in ihrer Bedeutung für das jeweilige nationale Handeln nicht nachgelassen haben. Der Streit um die Abgasentgiftung bei Kraftfahrzeugen ist für den europäischen Raum ein ebenso drastisches Beispiel der fast ausschließlich nationalstaatlichen Blickwinkel, wie das ständige Abholzen der Wälder in den Ländern der Dritten Welt oder der nach wie vor ungehemmte Export von Herbiziden usw. aus den Industrieländern in eben diese Länder Zeichen für die Unfähigkeit darstellen, das wachsende Ausmaß der Umweltzerstörung in seiner Globalität überhaupt ernst zu nehmen. **Immer noch überwiegt in den einschlägigen Entscheidungen auf individueller, ökonomischer und staatlicher Ebene die Orientierung am kurzfristigen Nutzen gegenüber langfristigen Strategien zur Vermeidung von Schäden.** Welche Eingriffsmöglichkeiten zur Schadensminimierung auf der internationalen Ebene, insbesondere unter Einbeziehung der Länder der Dritten Welt, mit Aussicht auf Erfolg anvisiert werden können, ist derzeit noch ganz offen. Selbst von der im Bericht "Global 2000" angemahnten Führungsrolle der Großmächte, insbesondere der USA, ist in den letzten Jahren kaum etwas zu sehen gewesen.

8. Ökologische Krisen und politisch-soziale Krisen

Es scheint noch immer die feste Beweislastregel zu geben, nach der derjenige die Argumentationsbürde zu tragen hat, der Veränderungen anstrebt, nicht derjenige jedoch, der beim "Weiter so!" bleiben will. Eine solche Beweislastregel trägt jedoch vernünftigerweise nur dann, wenn außer Zweifel stehen sollte, daß der gegenwärtige Zustand, wenn schon nicht "optimal", dann jedenfalls "Mindestansprüchen genügend" genannt werden kann.

Zumindest was das Ausmaß der bisherigen Umweltzerstörung und die erwartbare, noch zunehmende Verschlechterung der Umweltsituation angeht, sollte es heute kaum noch jemanden geben, der nicht von der Dramatik dieser Entwicklung tief betroffen ist, sofern er die Fakten überhaupt zur Kenntnis genommen hat. Die Beweislasten in Sachen Umwelt sollten heute anders verteilt sein: Wer hier noch einem "Weiter so!" huldigt, sollte sich heute in der

Öffentlichkeit, sofern sie erst ein realistisches Bild von der Sachlage aufgenommen hat, nur noch unter Schwierigkeiten behaupten können; andererseits müßte natürlich jeder vorgeschlagene Veränderungsweg argumentativ begründet werden.

Wenn bei den vorangehenden Ausführungen, insbesondere über den politischen Willensbildungs- und Entscheidungsprozeß ein pessimistischer Grundzug nicht zu überhören war, dann war dies von mir beabsichtigt. Es sollte davor gewarnt werden, unser empirisches und Erfahrungswissen über diese Prozesse zu gering zu achten und das "Sein-Sollen" für das "Ist" auszugeben.

Aus diesen Feststellungen ist jedoch noch eine Konsequenz zu ziehen:

Wenn Politik bei der notwendigen ökologischen Umorientierung tatsächlich nur eine solche marginale Rolle spielt und wir uns auf langwierige gesellschaftliche und wirtschaftliche Veränderungsprozesse verlassen müssen, dann dürfte es kaum mehr möglich sein, der ökologischen Katastrophe zu entgehen, sofern sie nicht ohnehin schon vielerorts begonnen hat. Wir können aber auch mit ziemlicher Sicherheit erwarten, daß ökologische Krisen soziale und politische Krisenerscheinungen nach sich ziehen werden. Ein politisches System, das nicht in der Lage ist, der Bevölkerung auf Dauer eine lebenswerte Umwelt zu garantieren, wird seine Legitimationsbasis verlieren; ob damit dann die Gewaltbereitschaft oppositioneller Gruppen gegen diesen Staat und diese Gesellschaft zunimmt bzw. in tatsächliche Gewalt umschlägt, ob in weiten Bevölkerungskreisen Frustration, Entpolitisierung und Sehnsüchte nach dem "starken Mann" wachsen, oder ob Mischungen beider Entwicklungen eintreten, hängt von vielen Faktoren ab, auf die hier nicht näher eingegangen werden kann. Eine ökologische Krise wird jedenfalls immer auch eine Krise der parlamentarischen Demokratie, der Gesellschafts- und Verfassungsordnung der Bundesrepublik bedeuten.

Was kann angesichts der Bedrohlichkeit der Situation ein interdisziplinäres Projekt wie dieses (zusammen mit seinen einzelnen Forschungsprojekten) tun? Es kann Informations- und Aufklärungsarbeit leisten und Vorschläge unterbreiten – und zwar in die gesellschaftliche und politische Öffentlichkeit hinein. Es sollte dabei versuchen, in einem offenen dialogischen Verfahren seine Ziele und Kriterien als Konsensangebot möglichst weit in den öffentlichen Diskussionsprozeß um Umweltpolitik einzuführen; dabei dürfte es sich dann auch nicht scheuen, manche sog. "Selbstverständlichkeiten" infrage zu stellen, auch wenn es dabei mit etablierten Interessen in Konflikt käme. Schließlich handelt es sich bei dem Thema "Umweltpolitik" um einen Komplex, bei dem enorme finanzielle Mittel zur Disposition stehen, ideologische Kämpfe erwartbar sind, Macht- und Prestigeaspekte eine Rolle spielen – also alles Ingredienzien, die eine stark konfliktäre Gemengelage von einiger gesellschaftlich-politischer Brisanz ausmachen.

Um Entscheidungen, bindend für alle, werden die heutigen politischen Systeme nicht herumkommen; aber auch nicht entscheiden hieße, bereits entschieden zu haben.

Anmerkungen:

1. Vgl. z.B. Radkau, J., Aufstieg und Krise der deutschen Atomwirtschaft, Reinbek 1983; ders., Die Kernkraftkontroverse im Spiegel der Literatur, in: Hermann, Armin/Schumacher, Rolf, Hrsg., Das Ende des Atomzeitalters? München 1987, S. 307-334, insbes. S. 326; Keck, O., Der Schnelle Brüter. Eine Fallstudie über Entscheidungsprozesse in der Großtechnik, Frankfurt/New York 1984; vgl. auch jüngst Fröchling H./Gessenharter W., Zur Sicherheitsproblematik bei der zivilen Nutzung von Kernenergie – eine Einführung, in: Gessenharter W./Fröchling H., Hrsg., Atomwirtschaft und innere Sicherheit, Baden-Baden 1989, S. 13-59.
2. So K.M. Meyer-Abich in seiner Dankesrede anläßlich der Verleihung des Theodor-Heuss-Preises 1987, abgedr. in: Frankf. Rundschau v. 23.4.1987.
3. Zit. nach Capra, F., Wendezeit, Bern/München/Wien 1984, S. 54.
4. Vgl. z.B. Meyer-Abich, K.M., Wege zum Frieden mit der Natur, München 1984.
5. Vgl. u.a. SINUS-Institut, Die verunsicherte Generation. Jugend und Wertewandel, Opladen 1983.
6. Vgl. u.a. als prominentes Beispiel aus der Politik Lothar Späth, Wende in die Zukunft, Reinbek 1985.
7. Flassbeck, H./Maier-Rigaud, G., Umwelt und Wirtschaft, Tübingen 1982, S. 56; siehe auch die Beiträge von Maier-Rigaud und Koll in diesem Band!
8. Vgl. etwa die vom BMU gezogene Bilanz seiner Aktivitäten während des Jahres der deutschen Präsidentschaft im europäischen Umweltrat, in: Umwelt Nr. 7, S. 265 ff.
9. S. dazu "Zukunftsprobleme und politisches System in der Bundesrepublik", in: Möglichkeiten der Veränderungen durch Macht und/oder Elite und/oder Vorbild angesichts unserer Zukunftsprobleme? Hrsgg. im Auftrag der Studiengruppe Entwicklungsprobleme der Industriegesellschaft (STEIG) e.V. von J. Klawitter und G. Kruip, STEIG-Tagungsdokumentation, Würzburg 1985, S. 13-22.
10. Vgl. zu dieser Frage z.B. die bisher erschienenen Hefte von Umwelt-Report; eine genauere Begründung meiner Einschätzung der Möglichkeiten deutscher Umweltpolitik findet sich in Gessenharter, W., "Ziele und Handlungsspielräume deutscher Umweltpolitik", in: Klawitter, J./Kümmel, R., Umweltschutz und Marktwirtschaft, Würzburg 1989, S. 19-40.
11. Vgl. dazu den Bericht in: Die Zeit Nr. 39 v. 23.9.1988.
12. Meyer-Abich K.M., Wissenschaft für die Zukunft, München 1988, S. 38.
13. Vgl. den Überblick in: Gessenharter, W., Zukunftsprobleme und politisches System ..., a.a.O., S. 20 ff.
14. Global 2000, Frankfurt 1980, S. 21.

Stefan Schaub

DIE ROLLE DES RECHTS IM UMWELTSCHUTZ
– Eine Bestandsaufnahme in 10 Thesen –

Das vielfältige Schutzbedürfnis der Umwelt wird derzeit zunehmend in unserer Rechtsordnung berücksichtigt. Entwicklungslinien lassen sich auf der Ebene der Verfassung, der Gesetzgebung, der Verwaltung, der Rechtsprechung sowie der dogmatischen Weiterentwicklung des Rechts aufzeigen.

Verfassung

1. An die Ausgestaltung des Umweltschutzrechts sind hohe verfassungsrechtliche Anforderungen zu stellen. Denn im Umweltschutz kollidieren wichtige Individual- und Gemeinschaftsgüter miteinander. Zu ihnen zählen die Schutzgüter des Lebens und der Gesundheit, die wirtschaftliche Betätigungsfreiheit, das Eigentum und – indirekt – die persönliche Freiheit der Bürger. Es geht nicht bloß um technisches Regelwerk und Kontrollen, sondern um die Bestimmung einer Rangordnung unter den verfassungsrechtlich geschützten Rechtsgütern.

Die Verfassung ist allerdings in einer sehr abstrakten Sprache geschrieben. Sie gewährt überdies mit den Grundrechten vor allem Schutz durch Abwehr von Eingriffen. Sie vermag deshalb nur sehr begrenzt positive Handlungsanweisungen für den Gesetzgeber zu geben. Die Begriffe der Verfassung sind überdies im Lichte der Tradition ihres Verständnisses nicht ohne weiteres mit neuen Inhalten zu füllen. Man sollte der Verfassung, z.B. den Grundrechten, nicht quasi durch die Hintertüre neue ökologische und andere Anforderungen untermengen. Denn damit würde man der gesetzgebenden Gewalt die Herrschaft entziehen, die ihr nach unserer Verfassung zukommen muß. Der maßgebliche Akteur bei der Gestaltung des Umweltschutzrechts ist der demokratisch legitimierte Gesetzgeber. Als verfassungsändernder Gesetzgeber könnte er einzelne Gebote mit Verfassungsrang ausstatten, z.B. ein Verbot (auch) der friedlichen Nutzung der Kernenergie. Die Verfassung kann aber nicht allgemein zur "Triebfeder" des Umweltschutzes gemacht werden. Denn mit der bloßen Aufnahme des Umweltschutzes als Staatszielbestimmung in die Verfassung (z.B. seit 1. Juli 1984 in die Bayerische Verfassung aufgrund eines Volksentscheides) bewältigt man die Kollision verschiedener geschützter Rechtsgüter nicht, sondern stellt nur die Notwendigkeit klar, verschiedene Ziele gegeneinander abzuwägen.

Nicht übersehen werden darf die Bedeutung der Kompetenznormen der Verfassung. Sie enthalten wesentliche Grundaussagen über die legitimen Mechanismen, Konflikte im Umweltschutzbereich auszutragen. Dies gilt sowohl auf der legislativen Ebene als auch in einzelnen Verwaltungsverfahren oder vor Gericht. Auf der legislativen Ebene geht die Tendenz seit mindestens zwei Jahrzehnten zur Zentralisierung von Kompetenzen auf Bundesebene, um einheitlich wirkende Regelungen in einem zentralen Entscheidungsprozeß in Kraft setzen zu können.

Auch die Grundrechte wirken auf das Verfahren ein, z.B. zur Begründung der Betroffenheit des Einzelnen sowie mit dem Ziel, im Gesetzesvollzug die Rechte des Einzelnen stärker zu berücksichtigen. Die Verfassung ist jedoch kein "deus ex machina", der umweltpolitische Wünsche zum gesetzlichen Gebot machen könnte.

Gesetzgebung und Gesetzesanwendung

2. Die wesentlichen Entscheidungen im Umweltschutzbereich werden auf der Ebene der Gesetzgebung getroffen. Der Handlungsspielraum des Gesetzgebers ist grundsätzlich sehr weit. Allerdings endet gerade im Umweltschutzbereich die Normsetzungskompetenz nicht auf dieser Ebene. Denn gerade in diesem Bereich wird ein erheblicher Teil der maßgeblichen Regeln durch untergesetzliche Normen (Verordnungen, Verwaltungsvorschriften) sowie auf der Ebene des Gesetzesvollzugs aufgestellt.

Der Handlungsspielraum des deutschen Gesetzgebers ist durch internationale Verbindlichkeiten eingeschränkt. Dabei handelt es sich um zahlreiche bi- oder multilaterale Abkommen (z.B. Rheinchemie-Abkommen), vor allem aber um das Recht der Europäischen Gemeinschaft. Die gesetzgeberische Tätigkeit ist vielfältig von politisch vereinbarten Einzel"ergebnissen" geprägt (z.B. der Deklaration der kanadisch-europäischen Ministerkonferenz vom 31. März 1984 über die Verpflichtung von 10 Staaten, ihre nationalen Schwefelemissionen bis spätestens 1993 um mindestens 30% (Basis 1980) zu senken). Die gesetzgeberischen Kompetenzen sind also auf mehreren Ebenen (internationale Verträge, EG, Bund, Länder) angesiedelt und überdies in mehrerer Hinsicht nicht eindeutig abgegrenzt. Die Vielfalt der Rechtsetzungsakte auf nationaler und internationaler Ebene ist auch für den Fachmann kaum überschaubar. Das Umweltrecht der Europäischen Gemeinschaft ist z.B. selbst in einer vierbändigen Loseblattsammlung (Burhenne, 1976 ff.) nicht vollständig untergebracht. Noch offensichtlicher wird der Mangel eines legislativen Gesamtkonzeptes dann, wenn der Gesetzgeber der Versuchung erliegt, den "Giftstoff des Monats" aktuell in seiner Arbeit berücksichtigen zu wollen. Die Orientierung an Einzelproblemen und die unterschiedlichen Gesetzgebungskompetenzen haben bislang zu einer sektoral ausgerichteten Umweltgesetzgebung geführt. Die Fortschritte sind in den einzelnen Gebieten sehr unterschiedlich, z.B. steht Fortschritten im Wasserrecht eine Vernachlässigung des Bodenschutzes gegenüber.

Ein Bewußtsein für den Mangel an konzeptionellem Handeln ist vorhanden, insbesondere das Bewußtsein des Gesetzgebers, nicht mit tagespolitischen Entscheidungsmechanismen zurecht zu kommen. Die Einrichtung von Enquête-Kommissionen (z.B. "Zukünftige Kernenergiepolitik" im 9. Deutschen Bundestag, BT-Drucksache 9/2438, oder "Einschätzung und Bewertung von Technikfolgen; Gestaltung von Rahmenbedingungen der technischen Entwicklung" im 10. Bundestag, BT-Drucksache 10/1) ist dafür allerdings eher ein Symptom als eine

Therapie. Angesichts der Komplexität sowohl der gesetzgeberischen Aufgaben wie des Gesetzgebungsverfahrens in diesem Rechtsgebiet kann man realistisch aber auch künftig nur mit einem in vielfältiger Weise von tagespolitischen Entwicklungen beeinflußten schrittweisen Vorgehen rechnen. "Vom Erhabenen zum Lächerlichen ist nur ein Schritt."

3. Nachhaltig wirksame gesetzgeberische Arbeit unterliegt bestimmten Anforderungen, die im Umweltschutzbereich besonders schwer zu erfüllen sind. Dies ist insbesondere das Erfordernis, daß der Gesetzgeber rational handelt (plausibel begründete Abwägung zwischen den betroffenen Rechtsgütern, wirtschaftlich effiziente Regelungsmechanismen, präzise Formulierungen, praktische Vollziehbarkeit). Im Hinblick auf die Unsicherheiten, die bei der Analyse vieler Umweltschutzprobleme, z.B. des Waldsterbens, bekannt sind, kann diese Aufgabe vom Gesetzgeber kaum erfüllt werden. Die gesetzgeberischen Absichten werden überdies vielfältig durch Mängel im Gesetzesvollzug überlagert. Mängel der Durchsetzung neu eingeführter gesetzgeberischer Rahmenbedingungen durch die Verwaltung wurden schon im Umweltgutachten 1974 kritisiert. Die Kritik wurde im Umweltgutachten 1978 mit zahlreichen Belegen untermauert. Vollzugsprobleme sind auch heute noch eines der wichtigsten Themen realistischer Umweltpolitik. Dabei wird zum einen vielfach kritisiert, daß in der Verwaltung (oder auch in der Wirtschaft) zum Vollzug nicht überall die notwendigen personellen, technischen oder wirtschaftlichen Ressourcen zur Verfügung stehen. Zum anderen ist in vielen Fällen aber auch nicht auszuschließen, daß das Defizit schon in der Vollziehbarkeit der Norm zu suchen ist, d.h. daß die Ziele der Norm praktisch nicht erfüllbar sind. "Der Weg zur Hölle ist mit guten Vorsätzen gepflastert."

4. Die konkrete Ausgestaltung von Normen wird im Umweltschutzrecht überwiegend Nicht-Juristen überlassen. Zur Beurteilung von Sicherheitsfragen und Sicherheitsstandards, des Gefährdungspotentials technischer Einrichtungen, des Stands der Technik, der Beherrschbarkeit von Risiken, der wirtschaftlichen Vertretbarkeit etc. sind Juristen auch nicht berufen. Der Jurist kann zwar zur Schutzwürdigkeit bestimmter Rechtsgüter Aussagen aus der Sicht der Verfassung oder aus der Sicht gesetzlicher Vorgaben machen. Ohne die Bewertung, in welchem Umfange diese Rechtsgüter tatsächlich gefährdet sein können, ist aber eine Regelung nicht zu konzipieren. Deshalb mag es nicht erstaunen, daß sich bei der Abfassung der maßgeblichen umweltschützenden Regelwerke (z.B. Technische Anleitung Luft, Technische Anleitung Lärm, Vorschriften nach § 7 a Abs. 1 Wasserhaushaltsgesetz sowie DIN- und VDI- etc. Normen) die Aufgabe der Juristen darauf beschränkt, die Nachvollziehbarkeit der von den Naturwissenschaftlern, einschließlich der Medizin, vorgegebenen Maßstäbe sowie ihre Vereinbarkeit mit allgemeinen verfassungsrechtlichen und gesetzlichen Vorgaben zu prüfen. Oft genug geschieht diese rechtliche Kontrolle erst nachträglich im Vollzug und vor den Gerichten. Nicht immer wird von den beteiligten anderen Disziplinen diese ordnende und kontrollierende Rolle akzeptiert: "Es hat manchmal etwas Rührendes an sich, wenn man die Bemühungen von Juristen verfolgt, hinter manchen Passagen des ChemG eine höhere Logik zu entdecken." (Bernhard Broecker, in: Chemikalienrecht, 1986, Seite 152)

5. Die Definition des gesetzgeberischen Ziels ist keine juristische, sondern eine ethische Aufgabe. So kann etwa die Entscheidung, ob es das gesetzgeberische Ziel sein soll, jedes nur denkbare Risiko auszuschließen ("größtmögliche Sicherheit"), ob ein Vorsorgestandard ge-

wählt werden soll (Vermeidbarkeit bestimmter – auch potentieller – Gefährlichkeit) oder ob man sich auf rationale Schutzstandards einlassen soll (Standard einer medizinisch-wissenschaftlich definierten Schädlichkeitsschwelle, gegebenenfalls mit Sicherheitsabstand), nicht mit rechtlichen Mitteln getroffen werden. Erst recht gilt dies für die Bestimmung von Belastungsgrenzen bei Belastungen, deren Gefährlichkeit für das Individuum oder für das Ökosystem medizinisch-wissenschaftlich nicht zuverlässig angegeben werden kann. "Irren ist menschlich und Vergeben göttlich."

6. Das ökonomisch wirkende juristische Instrumentarium für umweltrechtliche Maßnahmen ist groß. Die wichtigsten öffentlich-rechtlichen Instrumente sind Auflagen (bislang vorherrschend), Abgaben auf Schadstoffemissionen (z.B. Abwasserabgabengesetz) und Subventionen (einschließlich Forschungsförderung). Die Tatsache, daß die bislang eingesetzten umweltrechtlichen Instrumente – ökonomisch gesehen – überwiegend dirigistisch sind, stößt zunehmend auf ordnungspolitische Kritik. Die Einführung von Emissionszertifikaten (mit kontrolliertem Emissionshandel wie z.B. in den USA), die Schaffung von – versicherbaren – neuen gesetzlichen Haftungstatbeständen mit klaren Beweislastregeln und das Mittel der Absprachen zwischen Staat und Wirtschaft werden als sogenannte marktwirtschaftliche Instrumente zunehmend propagiert. (Letzlich hat aber auch die Abwertung von Emissionszertifikaten, die Verschärfung von Haftungsbestimmungen und das Zustandekommen von Absprachen unter dem Druck sonst drohender legislativer Maßnahmen dirigistischen Charakter.) Zivilrechtliche Haftungstatbestände ergänzen das Instrumentarium; sie sind jedoch nur nutzbar, wenn zwischen Verursacher und Geschädigtem eine klare Zuordnung möglich ist, nicht also z.B. für den Schutz der Ozonschicht. Keines der umweltrechtlichen Instrumente ist bislang allerdings von der Kritik verschont geblieben, es mangele an der Eindeutigkeit in der ökonomischen Wirkung und an der ökologischen Treffsicherheit. Kein umweltrechtliches Instrument kann deshalb als ökologische "Wunderwaffe" propagiert werden. Künftige gesetzgeberische Maßnahmen werden vermutlich verschiedene Instrumente zu kombinieren versuchen. "Arbeiten und nicht verzweifeln."

Rechtsprechung

7. Die Rechtsprechung spielt im Umweltschutz wegen der vielfach neuen Probleme, die zudem von Gesetzgebung und Verwaltung nicht oder nur unzureichend bewältigt werden, eine besondere Rolle. Das Bundesverfassungsgericht hat sich um verfassungsrechtlich gebotene Mindestinhalte gesetzlicher Normen bemüht, z.B. hinsichtlich des Gebots, die von der friedlichen Nutzung der Kernenergie ausgehenden Risiken auf ein sogenanntes Restrisiko zu reduzieren (Kalkar – Entscheidung des Bundesverfassungsgerichts). Da die verfassungsrechtlichen Anforderungen an den Gesetzgeber über ein solches Minimum hinaus aber nicht konkretisierbar sind, liegt der Schwerpunkt der Weiterentwicklung des Rechts durch die Gerichte in der dogmatischen Einpassung des materiellen Umweltschutzes in das System des geltenden Rechts. Zugleich hat das gestiegene Umweltbewußtsein auch zur dogmatischen Weiterentwicklung des Rechts beigetragen. Schon die komplexen Verwaltungsverfahren selbst, in denen der Interessenausgleich von zahlreichen Beteiligten bei der Genehmigung großtechnischer

Anlagen administrativ auf ein Verfahren konzentriert ist, stellen eine solche Neuerung dar, erst recht die Komplexität der darauf aufbauenden verwaltungsgerichtlichen Kontrolle. Dabei ist sowohl das Verhältnis Gesetzgeber/Verwaltung als auch das Verhältnis Verwaltung/Einzelner in vielerlei Hinsicht neu bestimmt worden. Z.B. ist der Verwaltung aufgegeben, vor der Einzelfallanwendung eines Gesetzes norm-konkretisierende allgemeine Verwaltungsvorschriften zu erlassen, in denen Umweltschutzkonzepte dargestellt sein müssen. Die Stellung des Einzelnen wurde ferner durch die Weiterentwicklung des – zuvor im Baurecht geprägten – Nachbarschutzes gestärkt. Dies geschah sowohl durch eine Neubestimmung des Kreises der von örtlichen Entscheidungen potentiell betroffenen Personen als auch durch die Verbesserung ihrer Möglichkeiten, durch Verfahrensbeteiligung und Verfahrensausgestaltung ihre Grundrechte zu schützen.

Weiterentwickelt wird im Bereich des Umweltschutzes auch das Bewußtsein von einer Verpflichtung des Staates, für den Schutz der Umwelt als "öffentliches Gut" zu sorgen und für Untätigkeit eventuell sogar zu haften. (Eine solche Haftung ist allerdings von der Rechtsprechung derzeit im Ergebnis abgelehnt worden.) Im Vordringen ist auch das Bewußtsein, von einer sektoralen Betrachtung der Haftung des Verursachers einzelner Umweltschäden bzw. der Vorsorge vor dem Eintreten einzelner Umweltschäden zu einem allgemeineren Verständnis von ökologischer Belastbarkeit zu gelangen, also komplexere Schutzprofile zu entwerfen, die z.B. auch die Regelungs- und Informationsfunktionen eines Ökosystems schützen sollen (Umweltgutachten 1987). In der Entwicklung begriffen ist auch das Verständnis der Haftung für bloß mittelbare Personen- und Sachschäden, sowohl öffentlich-rechtlich als auch zivilrechtlich, also im Rahmen des Schutzes der Umwelt sowohl als "privates" wie auch als "öffentliches" Gut. Wir sind vielleicht "auf halbem Wege unserer Lebensreise".

Rechtsdogmatik

8. Das Umweltschutzrecht befindet sich nicht nur dort in der Entwicklung, wo es um die Vermeidung oder Verminderung künftiger Schäden geht, sondern auch bei der Bewältigung bereits bestehender Schäden. Dabei steht die Haftungsproblematik mit zwei Aspekten im Vordergrund. Dies ist einerseits die Beseitigung von risikoreichen Zuständen ("Altlasten"), andererseits die Ersatzleistungspflicht für bereits eingetretene Schäden. Beide Aspekte sind der Rechtsordnung grundsätzlich nicht neu. Es ergeben sich jedoch neue Akzente wegen der Größenordnung gerade bei der Bewältigung der "Altlasten" (der umweltgefährdenden Schadstoffanreicherungen in Boden und Grundwasser als Nachwirkungen früherer industrieller Produktion sowie der beiden Weltkriege). Etablierte dogmatische Ordnungsmaßstäbe scheinen der Bewältigung von Umweltschutzproblemen sogar entgegenzustehen, weil ihre Anwendung zu – nach heutigem Rechtsempfinden – entweder zu engen oder zu weiten Haftungstatbeständen führt. Zu enge Tatbestände können sich z.B. bei der Beurteilung der Haftung für Produktionsrückstände ergeben, die nach heutiger Kenntnis eindeutig gefährlich sind, deren Entstehung jedoch zum Zeitpunkt der Produktion durch eine gewerberechtliche Genehmigung ausdrücklich gebilligt war. Als zu weit wird hingegen die "Zustandshaftung" des aktuellen Eigentümers eines kontaminierten Standorts angesehen, jedenfalls soweit nicht die

unbegrenzte polizeirechtliche Risikozurechnung zumindest im Bereich der Kostenverteilung begrenzt wird. Abhilfe wird auf diesem Gebiet derzeit noch nicht durch eine Fortentwicklung der Dogmatik geschaffen, sondern durch die Erprobung fallbezogener Ansätze (z.B. Vertragslösungen) oder durch die Vergesellschaftung der Probleme (z.B. (teil-)staatliche Finanzierung von Entsorgungskonzepten). "Vor die Tugend haben die Götter den Schweiß gesetzt."

9. Ungeachtet des normativen Charakters rechtlicher Regeln gilt für die Rechtsdogmatik, daß sie als solche keinen Umweltschutz bewirkt und ihn auch nicht in einem programmatischen Sinne bestimmen kann. In erster Linie wird Recht instrumentell eingesetzt. Eine wichtige Aufgabe darf dabei aber nicht übersehen werden: Das Recht bindet Umweltschutzmaßnahmen in die übrige Rechtsordnung ein und sorgt dafür, daß sie innerhalb des vorgegebenen institutionellen und verfahrensmäßigen Rahmens realisierbar sind, sowie dafür, daß grundlegende Wertentscheidungen z.B. der Verfassung beachtet werden. Gerade in der Bewältigung dieser Aufgabe liegt der Beitrag der Rechtswissenschaft im Umweltschutz und für diesen. "Nicht schimpflich ist, was nötig ist den Sterblichen."

10. Nicht zu verkennen ist darüber hinaus folgendes: Im Umweltrecht geht es häufig nicht um Rechtsfragen. Sowohl die Gesetzgebung, als auch die umweltschutzrechtlichen Verfahren (Verwaltungsverfahren und gerichtliche Verfahren) sind vielmehr oft Kampfplätze, auf denen es um die Teilhabe an gesellschaftlichen, wirtschaftlichen und technologiepolitischen Entscheidungsprozessen geht. Die Legitimität einer solchen Auseinandersetzung ist für die gesetzgeberische Ebene auch nicht in Frage zu stellen – insbesondere nicht zugunsten eines starren status quo. Gerade weil eine solche Auseinandersetzung aber zur Gesetzgebung gehört, ist es konsequent, wenn sich in auf konkrete Einzelvorhaben bezogenen Kontrollverfahren Verwaltung und Gerichte nicht erneut zu allgemeinen Entscheidungen, z.B. über die soziale Verträglichkeit der Atomenergie oder des Autobahnbaues, provozieren lassen. Denn sonst würde der Vorrang des Gesetzgebers ausgehöhlt. Eine wesentliche Aufgabe des Rechts im Ausgleich von Individual- und Gemeinschaftsrechtsgütern ist deshalb auch im Umweltrecht der Versuch, einen Mißbrauch von – alten und neuen – Rechtspositionen zu vermeiden. "Nicht jeder, der ein Messer in der Hand hält, ist ein guter Koch."

Arnold Köpcke-Duttler

MENSCHENRECHT UND ÖKOLOGISCHES RECHT

Vorwort: Bund des Lebens

Nach den deuteronomischen Gesetzen über den Krieg sollte, wer einen Weinberg gepflanzt und seine Früchte noch nicht geerntet hatte, vom Militärdienst befreit bleiben.[1] Dieser Gedanke des jüdischen Glaubens steht nicht allein: das Buch Exodus rückt in seinen Geboten von Gerechtigkeit und Nächstenliebe die Pflicht, dem unter seiner Last zusammenbrechenden Esel Hilfe zu geben, in die Nähe der Forderung, das Recht des Armen nicht zu beugen.[2] Heinz-Jürgen Loth spricht unter dieser Rücksicht von einem rabbinischen Weg, die Umwelt des Menschen als Rechtsgut zu denken. Das rabbinische Denken trage in sich zwei Rechtsprinzipien: zaar baalei chajjim – den Schmerz der Tiere zu empfinden – und bal taschchit – du sollst nicht verderben.[3] Bereits hier findet sich die Andeutung eines Rechts, das von seinem religiösen Grund aus einsteht für einen Bund des Lebens, eine Lebens- und Rechtsgemeinschaft der Pflanzen, Tiere und Menschen.[4] Nach dieser Verbindung wird auch im folgenden gesucht, wenn es um Menschenrechte und ökologisches Recht geht; zugleich sei gesagt, daß die Diskussion über das Recht des Menschen bei weitem noch nicht die vielfältigen Rechtsgedanken der verschiedenen Kulturen und Religionen der Menschheit an das Licht gehoben hat. Diese Einschränkung darf nicht vergessen werden; sie kann in jener uninteressierten Güte deutlich werden, die nach dem Recht des Judentums sich auch des Tieres annimmt. Auch am Tier beweist sich – so Rabbi Leo Baeck – die Menschlichkeit um der Menschlichkeit willen, ich ergänze: und um der Tierheit willen. Nach dem jüdischen Lehrer, der von nationalsozialistischen Menschen in ein Konzentrationslager geworfen wurde, ist das Tier durch die Bibel unter den Schutz des Gesetzes gestellt; der Mensch soll auch dem Tier beistehen in seiner Not, auch für seine Arbeit gebietet der Sabbat um aller Schwachen und Beladenen willen die Ruhe. Jüdische Gerechtigkeit lehrt, das Tier zu sehen und zu hören. Der Gerechte kennt die Seele seines Tieres; dein Tier ist nicht possessiv behauptet, sondern steht zusammen mit den Worten: dein Armer, dein Knecht, dein Fremdling.[5] Diese Erinnerung an die jüdische Tradition der Verbundenheit der Lebewesen im Recht-Sein soll die folgenden Gedanken halten und umfassen. Diese versuchen, das monadische Grundrechtsdenken, in dem Grundrechte "Schutzwälle um menschlichen Egoismus" (Peter Saladin) werden, zu kritisieren, Freiheit als Freiheit zum Nächsten und Fernsten zu erfahren.

Erster Teil: Die Absonderung des Menschen gegen den Menschen

Ernst-Wolfgang Böckenfördes Nachdenken über "Das Bild vom Menschen in der Perspektive der heutigen Rechtsordnung"[6] ergibt, daß in den Rechtsordnungen westlich-demokratischer Industriegesellschaften der Mensch als vereinzeltes, auf sich gestelltes Individuum vorausgesetzt wird, das zwar auch in sozialen und anderen Gemeinschaftsbeziehungen lebt, aber als anthropologische Substanz diesen Beziehungen als Grund vorausliegt. Dieses Bild werde in die Rechtsordnung hinein umgesetzt. Die Grundeinheit der Rechtsordnung ist demgemäß das freie, auf sich gestellte Individuum, das Rechtssubjekt; nicht etwa die Familie oder das Haus oder eine andere menschliche Gemeinschaft. Für den Menschen dieses Rechts ist der Mitmensch nicht Bedingung des eigenen Menschseins, sondern Begrenzung der Freiheit; Grenzziehungen gegeneinander, nicht ursprüngliche Relationen konstituieren die Rechtsordnung. Dieses Menschenrecht der Freiheit gründet nicht auf der Verbindung des Menschen mit dem Menschen, sondern auf der Absonderung des Menschen gegen den Nebenmenschen.[7] In diesem Sinn hat bereits Karl Marx von dem Menschenrecht der Absonderung, dem Recht des auf sich beschränkten Individuums gesprochen.[8]

Seine Kritik der Menschenrechte seiner Zeit geht darauf, den Citoyen aus dem abstrakt-moralischen Jenseits in das Diesseits solidarischer Freiheit zurückzuholen, den Mitmenschen nicht mehr als Schranke der Freiheit des Menschen zu sehen, sondern als deren Verwirklichung, als Quelle der Kommunität.[9] Der Riß zwischen dem politischen Staat und der bürgerlichen Gesellschaft, zwischen dem Gattungsleben des Menschen und seinem materiellen Leben, dem Gemeinwesen und dem privategoistischen Leben, der Sphäre der Religion, Moralität und der des Egoismus läßt Marx behaupten, daß der Geist der bürgerlichen Gesellschaft der der Trennung und der Entfernung des Menschen vom Menschen ist. Marx entging angesichts der Proklamation der Menschenrechte nicht, daß der Mensch unter der Organisation der kapitalistischen Gesellschaft sich selbst entfremdet und unter die Herrschaft unmenschlicher Verhältnisse gedrückt wird, daß das Pathos des Aufbegehrens gegen die ständische Gesellschaft der Privilegien und Gemeinschaftszwänge die Freiheit als das Recht, alles zu tun, was keinem anderen Menschen schade, herabsetzt zur Freiheit der auf sich zurückgezogenen Monade. Die praktische Nutzanwendung des Rechts der Absonderung, des Rechts des auf sich beschränkten Individuums ist dann das Menschenrecht des Privateigentums, ist die kollektive Versicherung des allen gemeinen Egoismus. Das Menschenrecht des Privateigentums gebietet, willkürlich, ohne Beziehung auf andere Menschen, unabhängig von der Gesellschaft, über sein Vermögen zu disponieren; es ist das Recht des Eigennutzes. Jene individuelle Freiheit bildet die Grundlage der bürgerlichen Gesellschaft. Sie läßt jeden Menschen im anderen Menschen nicht die Verwirklichung, sondern die Beschränkung seiner Freiheit finden.[10] Letztlich geht für Marx keine der damaligen Deklarationen der Menschenrechte über den egoistischen Menschen hinaus, den Menschen als Teil der bürgerlichen Gesellschaft, dem als an sein Privatinteresse gefesselten das Gattungsleben als ihm äußerliche Begrenzung ursprünglichen Selbstandes erscheint. Die Menschenrechte gehören hier der geschichtlichen Stufe der politischen Emanzipation an, die die Sphäre des Gemeinwesens als unwirkliches Ideal oberhalb der Individuen und ihrer Lebenstätigkeit konstituiert, auf der die Vollendung des Materialismus der bürgerlichen Gesellschaft zugleich die Vollendung des Idealismus des Staats ist. Die bürgerliche Gesellschaft wird von der Politik, dem Schein eines allgemeinen Inhalts, emanzipiert. Der egoistische Mensch, das Mitglied der bürgerlichen Gesellschaft, wird die Basis, die Voraussetzung des politischen Staats; er ist von ihm anerkannt in den Menschenrechten. Die Freiheit der egoistischen Menschen und die Anerkennung dieser Freiheit kritisiert Marx als die Anerkennung der zügellosen Bewegung der geistigen und materiellen Elemente, welche seinen Lebensinhalt bilden. Die Menschenrechte verfehlen so gerade den Menschen. "Der Mensch wurde daher nicht von der Religion befreit, er erhielt die Religionsfreiheit. Er wurde nicht vom Eigentum befreit. Er erhielt die Freiheit des Eigentums. Er wurde nicht von dem Egoismus des Gewerbes befreit, er erhielt die Gewerbefreiheit. Die Konstitution des politischen Staats und die Auflösung der bürgerlichen Gesellschaft in die unabhängigen Individuen – deren Verhältnis das Recht ist, wie das Verhältnis der Standes- und Innungsmenschen das Privilegium war – vollzieht sich in einem und demselben Akte. Der Mensch, wie er Mitglied der bürgerlichen Gesellschaft ist, der unpolitische Mensch, erscheint aber notwendig als der natürliche Mensch. Die droits de l'homme erscheinen als droits naturels ... Endlich gilt der Mensch, wie er Mitglied der bürgerlichen Gesellschaft ist, für den eigentlichen Menschen, für den homme im Unterschied von dem citoyen ... Der wirkliche Mensch ist erst in der Gestalt des egoistischen Individuums, der wahre Mensch erst in der Gestalt des abstrakten citoyen anerkannt."[11] Die politische Emanzipation spaltet den Menschen in das egoistische selbständige Individuum einerseits, die moralische Person des Staatsbürgers andererseits auf; so verfehlt sie das Ziel aller Emanzipation: die Zurückführung der Verhältnisse, der menschlichen Welt auf den Menschen, auf die humane Praxis selbst.[12] Die Selbstverfehlung der Menschheit und die menschliche Selbstentfremdung unter der Dominanz des Privateigentums, die Zerstörung des Bandes mit dem Menschen, des "Daseins einer für den anderen und des anderen für ihn" (Marx), die Verdinglichung des Reichtums weisen hin auf eine Reduktion der Nationalökonomie, die ihren philosophischen und menschlichen Sinn verloren hat und in der das Privateigentum die Lebensentäußerung und Entwirklichung des Menschen ausdrückt, die Reduktion menschlicher Allseitigkeit auf den Sinn des Besitzens, den Sinn des Habens, die absolute Armut, aus der gemäß Marxens Hoffnung der menschliche Reichtum entspringen sollte.[13] Die "Moral der Nationalökonomie" ist die der Entmenschlichung, ist die Auslieferung des Lebens an die Habsucht. Die Kritik des individualistisch-privatistischen Verständnisses der Menschenrechte zeigt, daß Würde und aufrechter Gang dem Menschen nicht gegeben sind, keine vor-gesellschaftlichen Daten bilden, daß der Geist der Brüderlichkeit und Schwesterlichkeit allenthalben von Hunger, Elend, Folter, Friedlosigkeit, Beherrschungsmechanismen bedroht und verletzt wird, daß das fundamentale Menschenrecht auf Leben entkräftet wird durch Kriege, Versuche mit atomaren Vernichtungssystemen, Verhungern, Verdursten, Lärm, Verschmutzung, steigende Vergiftung des Bodens u. a..[14] Erinnernd, daß der Mensch auch ein "Geschöpf von widerlicher Würdelosigkeit" (Ilmar Tammelo) ist, skeptisch gegen die Marx'sche Leidenschaft der vollendeten Versöhnung, die aus der aufgezwungenen Armut entspringen soll, und gegen die Selbstverkehrung einer menschlichen Emanzipation in neue Herrschaftsgebäude zentraler Bürokratie, möchte ich gleichwohl seine Kritik der Reduktion des Menschen aufnehmen und die Gedanken weiterführen mit dem

Blick auf den notwendigen Sinnwandel des Privatrechts und die Gedanken eines der Theoretiker der sozialen Marktwirtschaft zu einer "sozialen Irenik".

Zweiter Teil: Müller-Armacks soziale Irenik

In seinem am 19. Oktober 1955 auf der Dürkheimer Tagung der deutschen Zivilrechtslehrer gehaltenen Vortrag "Zum Aufbau und Sinnwandel unseres Privatrechts" erwähnt Fritz von Hippel nicht allein den Einschlag bestehender Übermacht im Recht, etwa der patria potestas eines Vaters, der über seine Kinder zu bestimmen vermag, aber nicht verpflichtet ist, ihr Eigenleben zu respektieren.[15] Er bemängelt auch, daß der Ausgang des Rechts vom Menschen als solchem differenzierte Lebensordnungen verforme[16] und zu einer Unterdrückung, wenn nicht Verdrängung von Sachordnungen führe. Der Anfang des Bürgerlichen Gesetzbuches postuliere das Grundaxiom, daß es sich bei allem Rechtswesen ausschließlich um die Freiheit und den Schutz des Menschen handeln könne, und bestimme "in anthropozentrischer Form" das Verhältnis des Menschen zur Natur. Von der Grundlage eines solchen Egozentrismus aus steige er zum alleinigen möglichen Rechtssubjekt auf, alles übrige zu Sachen degradierend, die um ihrer selbst willen keinen Rechtsschutz genössen und von Rechts wegen zum bloßen Gegenstand menschlicher Okkupation, Sachherrschaft, Benutzung und Ausbeutung würden.[17] Daß der Mensch rechtliche Grenzen nur in den kollidierenden Interessen anderer Menschen findet, versteht von Hippel bereits damals als Beginn der Zerstörung der Wälder,[18] der Mißhandlung des Bodens, der Verschmutzung der Flüsse durch industrielle Abwässer, der Verpestung des Luftraums, der Ausrottung vieler Tiere und Pflanzen, der "Gefährdung selbst des Erdballes durch atomare Zertrümmerung."[19] Den Schutz der Schöpfung nicht nur als Interessenverfolgung und Gütersicherung des Menschen zu verstehen,[20] gibt die Möglichkeit eines menschlichen Rechts, das er gestaltet, in dem sein Sein sich ausspricht.

Alfred Müller-Armacks Gedanken gehen über die Ökonomie hinaus und münden in eine "soziale Irenik", die nach einer die Weltanschauungen verbindenden Sozialidee sucht. Er hofft auf das Gespräch zwischen den geistigen Mächten der westeuropäischen Welt, nach Wegen der Versöhnung zwischen dem Katholizismus, dem Protestantismus, dem evolutionistischen Sozialismus und dem Liberalismus. Dem Streben nach Alleinherrschaft einer dieser Mächte entgegen zielt eine irenische Zusammenführung darauf, die vier weltanschaulichen Positionen auf ihre Weise, derer sie nicht beraubt werden dürfen, teilnehmen zu lassen an der sozialen Gestaltung.[20] Die irenische Einheit einer Sozialtheorie, in der das Eigenste der unterschiedenen geistigen Standorte aufbewahrt werden soll, bleibt als Fundament sozialer Gestaltung freilich eingeschränkt auf den Horizont "abendländischer Verantwortung".[21] Der Gedanke der menschlichen Personalität und der einer göttlichen Schöpfungsordnung, die Aufgaben der Caritas, der sozialen Hilfe und des sozialen Schutzes stimmen in dem Prozeß der irenischen Einheit zwar nicht jener sozialistischen Theorie zu, die als System des Materialismus und als "säkularisierte Ersatzreligion" an die Selbsterlösung der Menschheit durch gesellschaftliche Verbesserungen glaubt; aber sie verbindet sich mit dem Sozialismus in der Kritik erniedrigender Lebensbedingungen, mit seinem Ziel, die "Ursache der Entseelung und Vereinzelung des Arbeiters und des Armen" radikal zu verändern. Die sittliche Idee des Sozialismus, der

Ordogedanke des Katholizismus, die brüderliche Hilfsgemeinschaft der Protestantismen und liberale Organisationsprinzipien sollen als übergreifende Sozialidee einer europäischen Sozialordnung Grund geben; diese läßt sich nicht durch die Konstruktion einer auf Selbsterlösung gehenden sozialen Utopie leiten, sondern wendet sich praktischer Sozialpolitik zu, die angesichts der Tiefe der sozialen Not konkrete, persönliche und menschliche Formen des Sozialschutzes zur Aufgabe erhebt. Diese Aufgabe bedeutet auch, in der schwebenden Unverbindlichkeit der Gegenwart ein Wesenszentrum des Menschen neu zu bestimmen, die Fraglichkeit seiner Weltposition angesichts des Gelingens der Technik und der Bedrohung unseres Lebens durch die Atomkraft anzunehmen, die Steigerung staatlicher Macht, technischen Könnens, die Erhöhung des wirtschaftlichen Wohlstandes nicht die menschliche Transzendenz zerstören zu lassen. Eine "neue Form der Weltbegegnung" solle sich der Kraft der Bewahrung zuwenden und das Menschenwesen erneuern, "dieses im Ganzen des Kosmos so geringfügig erscheinende Etwas", "die verschränkteste Mitte der uns zugänglichen Welt ..."[22] Angeregt durch Denker der philosophischen Anthropologie wie Scheler, Plessner und Jakob v. Uexküll, folgte Müller-Armack nicht der idealistischen Annahme von der geistigen Überlegenheit des Menschen, seiner Sonderstellung, nicht jenem Naturalismus, der den Menschen als Naturwesen grundsätzlich dem Tier gleichstellt, seine Schattenseiten dem harmonisierenden Idealismus entgegensetzend. Jenseits der Spaltung von Geist und Natur, entgegen der vergangenen biologischen Theorie, nach der allen Lebewesen eine gemeinsame Umwelt eigne, hebt er das "Lebensmonopol" des Menschen hervor, "der durch die Möglichkeit, sein Zentrum von seinem Aktzentrum zu distanzieren, sich in seiner biologischen Umwelt von dieser frei zu machen, sie mitzugestalten vermag und dadurch in seiner Immanenz den Zugang zu einer geschichtlichen Welt, zu einer Welt transzendenter Werte gewinnt."[23] Selbst in diesem Zugang bleibt der Mensch in seiner Daseinsform durch sich selbst gefährdet und, fester Naturform entbehrend, der Bodenlosigkeit seines unbestimmten und doch zu bestimmenden Wesens verfallen. Seine Selbstgefährdung und Selbstvernichtung gehört zur innersten Verfassung, zur Eigenheit des Menschlichen selber, das die Möglichkeit der Unmenschlichkeit in sich birgt.[24] Diese Spannung von schöpfender Transzendenz und Selbstzerstörung, nicht die Fixiertheit seiner Wesensmitte, nicht also die Natur des Menschen, seine dialektische Wesensform kann Quelle und Grund des Rechts sein.

Das gesellschaftspolitische Leitbild der sozialen Marktwirtschaft, Müller-Armacks[25] gesellschaftliche Zielsetzung hat Wilhelm Dreier präzisiert mit dem Blick auf eine zukünftige Ordnung der Menschheit. In ihr soll das Wettbewerbs- bzw. Konkurrenzprinzip mehr vom "Fundament solidarischer Gesellschaftlichkeit" zehren, als es dazu beiträgt. Diese zurückhaltende Bemerkung verrät Skepsis gegenüber Versuchen, die soziale Marktwirtschaft als Modell eines weltweiten freiheitlichen Lebens anzubieten, zumal wenn das Ziel ökonomischen Wachstums zur Herrschaft gelangt und das höher stehende Bild menschlichen Lebens und Zusammenlebens nicht bedacht wird. Für die reichen Industriegesellschaften und angesichts der Notwendigkeit, die verbliebenen Lebensressourcen in der Welt zu teilen, bilde die vom "System des Wettbewerbs und der Konkurrenz unabhängige solidarische Weltordnung"[26] die einzige (und letzte?) Chance der Menschheit als ganzer, in Würde zu leben. Justitia socialis ist nicht ein Resultat des Mechanismus des Wettbewerbs; Gerechtigkeit stellt die Frage nach der Bereitschaft, die Dinge des Lebens miteinander zu teilen.[27]

Dritter Teil: Anthroporelationales Recht

Als "Legitimationsformen des Umweltschutzes" gruppiert Otfried Höffe[28] fünf Begründungstypen, die einander nicht unbedingt widersprechen müssen, einander fördern können als Aufstieg von begrenzten Eigeninteressen zur Realisierung eines Rechts universaler Solidarität. Geht es auf der ersten Stufe um persönliche und wirtschaftliche Eigeninteressen, so z.B. um den Protest von Anrainern gegen ein Atomkraftwerk oder um die Artikulation eines Rechts auf reines Wasser, gesunde Luft, so formuliert der zweite Legitimationstyp die Interessen eines gesamten Gemeinwesens, angesichts der bedrohlichen Folgen der wirtschaftlich-technischen Zivilisation und der ihr eigenen Wesensform seine Lebensgrundlagen zu erhalten. Diese Begründungsmöglichkeit wird durch jenen Gerechtigkeitssinn differenziert, der die Solidarität mit Benachteiligten und Unterprivilegierten[29] sucht, gemäß dem Lebensrecht der gegenwärtigen Menschheit eine gesunde Umwelt allen Menschen zuteilen will. Der Horizont der Verantwortung gegenüber den Lebenden kann auf der vierten Stufe erweitert werden um die Gerechtigkeit gegenüber späteren Generationen, um Solidarität mit den Nachgeborenen. Als Gemeinsamkeit dieser vier Begründungsweisen stellt Höffe den Anthropozentrismus fest, die Orientierung am Wohl des Menschen und der Menschheit; diese Ausgerichtetheit versucht eine fünfte Begründung zu überschreiten, nach der der Mensch als Glied der Biosphäre ein friedliches Verhältnis zur Natur sucht, diese ein Eigenrecht erhält.[30] Die Überschreitung geschieht als Bewahrung und Überwindung zugleich. Ein praktisch-forensisches Beispiel vermittelt einen Eindruck von den auszutragenden Kontroversen: Daß Robben im juristischen Verstand Sachen und somit nicht klageberechtigt sind, bekräftigte vor kurzem das Hamburger Verwaltungsgericht. Es lehnte die im Namen der (getöteten, erkrankten, unverletzten) Robben eingelegte Klage von mehreren Umweltverbänden gegen die Verklappung und Verbrennung von Schadstoffen in der Nordsee als offenkundig unzulässig ab. Die Verbände begründeten die Klagen damit, daß die vom Aussterben bedrohten Tiere durch keine Gesetze geschützt seien und deshalb eine Fortbildung zu einer Rechtsprechung nötig sei, die Pflanzen und Tiere als Wesen eigenen Rechts sieht. Die Richter aber entschieden, weder die Robben noch die Umweltverbände seien klageberechtigt, da es im geographischen Bereich Nordsee keine Verbandsklage gebe.[31]

Keine Rede ist hier von jenem futurologischen Naturrecht, das auf eine allen Lebewesen sich zuwendende benevolentia hofft. Eine Erweiterung des naturrechtlichen Destinatarkreises und der naturrechtlichen Pflichten verlangt nicht allein, im anderen Menschen ein alter ego, den Mitmenschen zu sehen, sondern auch, Tieren Erbarmen zu bezeugen. Die naturrechtlichen Normen erstrecken sich über die Zukunft eines Individuums und die seiner gegenwärtig lebenden Mitmenschen hinaus auch auf das Leben der kommenden Generationen; das geschichtliche Naturrecht hat eine transepochale und eine intertemporale Bedeutung, weil seine grundlegenden Sätze alle Menschen ansprechen und die Beziehungen der gegenwärtigen zu den zukünftigen Menschen ordnen. Den Fortbestand der Menschheit zu sichern, unnötiges

Elend für alle Menschen gemäß dem jeweiligen gesellschaftlichen Standard zu vermeiden, verlangt dem Menschen Spuren der Selbstüberschreitung ab, die Umgestaltung seiner selbst in ein verantwortliches Wesen.[32] Des Menschen Selbstsein wird getan und gibt sich im Übersteigen seiner selbst, im Geschehen der Selbsttranszendenz. "Nur so kann sich die Geselligkeit seiner Natur völlig entfalten – in eine gesellige Geselligkeit, die ihn befähigt, in einer communitas maxima zu leben, welche nicht nur die Nächsten umfaßt, sondern auch die Fernsten, solange die kosmischen Bedingungen für das menschliche Leben auf dieser Erde vorhanden sind."[33]

Wird über ein ökologisches (besser vielleicht: ökosophisches) Recht nachgedacht, so bewegen sich die Gedanken in einem Zwischenraum, in einer Zwischenzeit, die die "Diastase von Logik und Zeit" (Georg Picht) geöffnet hat. Nicht allein stößt die klassische Logik als Regelsystem der an Sachverhalten sich bestimmenden Wahrheitsfindung auf eine Quantenlogik, die die Zeit (nicht als linearen Parameter, nicht als homogenes Kontinuum) in ihren Sprüngen, ihrer Diskontinuität, ihrer A-Linearität wahrnimmt; ins Wanken gebracht wird die metaphysische Übereinstimmung, daß das Prinzip der Identität oberstes Prinzip des Denkens und der Natur sein solle, wird die Übereinstimmung von menschlichem Denken und Natur, von Aussage und Sachverhalt. Wahrheit gewährt nicht die Zeitlosigkeit, Invarianz eines geschlossenen Systems, erzwingt nicht die unveränderliche Identität des Systems mit sich selbst. Georg Picht, dem hier gefolgt wird, fügt sich nicht der von der Tradition der europäischen Wissenschaft und der griechischen Ontologie abverlangten Eindeutigkeit, der Konstanz und Invarianz einer systemischen Ordnung, der Identität des Systems (Zusammen-Stand) mit sich selbst, seiner Geschlossenheit, die eine des Wissens, eine der Natur der Dinge, eine der Natur des Menschen sein kann. Zieht man hingegen die Möglichkeit in Erwägung, Systeme könnten offen sein, so setzt man das Merkmal der Invarianz außer Kraft; dadurch wird auch das Merkmal der Konstanz relativiert. Kann die Invarianz nicht mehr vorausgesetzt werden, so kann man auch nicht mehr von der Annahme ausgehen, eine Aussage sei wahr, wenn sie den von ihr bezeichneten Sachverhalt eindeutig bestimmt; es ist vielmehr dann zu erwarten, daß die 'Natur der Dinge', oder, vorsichtiger und zugleich genauer gesagt: die Phänomenalität der Phänomene von sich aus vieldeutig ist, also "in einer unbestimmten Mannigfaltigkeit von Relationen sich bewegt, die miteinander incommensurabel sind."[34]

Zu denken ist heute in der Überwindung einer Substanz– und einer systemischen Ontologie eine neue Rechtsphilosophie, eine "Ontologie der Relationen", die das Eigen-Recht jedieses Menschen und die "Person des Dings" (Friedrich Schiller) wahrgibt, den Menschen als Person, nicht als Fall eines Allgemeinen sieht, das Recht der Dinge birgt, ohne sie zu Material und verwendbaren Sachen herabzuwürdigen. Recht ist kein Bestand an Regeln, kein Prozeß unbegrenzter Fungibilität innerhalb eines sich besondernden Systembezirks, sondern ein Geschehen in personalen Relationen, die unverfügbar sind, auch nicht in einer Haltung des Selbstbesitzes verdinglicht werden. Recht geschieht in dem Fragen, "ob dem Menschen in seiner Eigenschaft als Person das ihm 'Zustehende', das 'suum iustum', gewährt wird. Wo dem Menschen dieses suum iustum nicht gewährt wird (den Juden das Leben, die Freiheit, das Eigentum), da ist nicht Recht verwirklicht. Die Person, d.h. die personalen Beziehungen der Menschen zueinander und zu den Dingen, sind dieses 'Unverfügbare', 'Ontologische', das als

'Sache Recht' (nicht substantiell zu verstehen) jede Rechtserscheinung als solche identifiziert. Und da Person wesentlich geschichtlich ist, Aufgabe und Aufgegebenes zugleich, ist auch das, was ihr von Rechts wegen zusteht, eine geschichtliche, aber keineswegs beliebige Größe".[35] Vor Albert Schweitzer schon hat Magnus Schwantje das Wort "Ehrfurcht vor dem Leben" gesprochen, die bloße Achtung der Rechte anderer Wesen und das Mitgefühl überschreitend. Das Recht je-dieses Menschen und das Recht je-dieses Tieres gründen in dem Gedanken, daß die Ehrfurcht vor dem Menschenleben nur erwachsen kann aus der Ehrfurcht vor dem Leben in jeder Gestalt.[36] Ehrfurcht wird von Schwantje als ein religiöser Andacht verwandtes Gefühl gedacht, als heilige Scheu vor der Vernichtung irgendeines Lebewesens: als "Scheu davor, etwas zu zerstören, was wir nicht neu schaffen können, einem Wesen etwas zu nehmen, was wir ihm nicht wiedergeben und nicht ersetzen können, ein Leid zu erzeugen, für das wir das leidende Wesen nicht entschädigen können, und eine Tat auszuführen, von deren Folgen wir Menschen nur sehr wenig erkennen können."[37] Schwantje widerstand nicht allein der "Tiertötung zum Zweck des Fleischessens", der Jagd, dem Fleischessen, sondern dachte auch Zusammenhänge zwischen dem Tiermord und dem Menschenmord. Auf seinem Lebensweg versuchte er, die ganze Menschheit zum Frieden mit der Natur zu bewegen; er trat für die Anerkennung der Idee des Tierrechts ein und sah in dem Tier einen "Bruder des Menschen", einen Bruder, der nicht nach seiner Intelligenz abgeschätzt werden dürfe, sondern als der Liebe fähig, sensibel für Verzweiflung und Schmerz gesehen werden müsse. Den Zusammenhang zwischen Pazifismus und Vegetarismus verdeutlicht dieser Leitgedanke: "Die Ruchlosigkeit, die der Mensch durch sein Verhalten gegen die Tiere zeigt, ist jedenfalls nicht geringer als die durch die Greuel des Krieges aufgedeckte ... Der Tiermord ist ohne Zweifel eine der Ursachen des Menschenmordes; eine vegetarisch lebende Menscheit wäre viel leichter mit Abscheu vor dem Kriege zu erfüllen als die heutige; aber zum Kriege drängen auch so viele andere Ursachen, daß die allgemeine Einführung der vegetarischen Ernährung noch nicht genügen würde, den Völkerfrieden zu sichern."[38]

Jürgen Moltmanns rechtstheologische Gedanken zum Übergang vom industriellen zum ökologischen Zeitalter führen von hier aus weiter. Die Solidarität in der Überwindung des Hungers, der militärischen Zwänge der ganzen Erde lassen eine "universale Rechtsgemeinschaft aller Menschen" (Moltmann) aufscheinen.[39] Diese universale Rechtsgemeinschaft gründet für den Christen in der Ebenbildlichkeit Gottes, die Moltmann in der Herrschaft über die Erde und in der Gemeinschaft mit der mitmenschlichen Schöpfung inkarniert sieht.[40] Die menschliche Herrschaft wird dabei genauer als Liebe des Schöpfers, als Bebauung, Bewahrung, als Freude an der Schöpfung ausgelegt. Entspricht die Herrschaft des Menschen über die Erde der Weltherrschaft des Schöpfers, erfüllt der Mensch seine Gottebenbildlichkeit. Raub, Ausbeutung und Naturzerstörung widersprechen des Menschen Recht und seiner Würde. Zur Herrschaft des Menschen über die Erde gehöre seine Gemeinschaft mit der Erde. Das Recht des Menschen auf Herrschaft über die nichtmenschliche Schöpfung sei durch die Respektierung der "Rechte" der nichtmenschlichen Schöpfung auszugleichen.[41] Die Abwehr des weltweiten Hungertodes, die ökonomischen Grundrechte auf einen gerechten Anteil an Nahrung, Arbeit, persönlichem Eigentum werden nicht gegen ökologische Grundpflichten gestellt, sondern mit ihnen verbunden. "Der menschliche Kampf um das Überleben kann nicht auf Kosten der Natur ausgetragen werden, weil anders der 'ökologische Tod' jedem menschlichen Leben überhaupt das Ende bereiten wird. Die ökonomischen Menschenrechte sind darum in Übereinstimmung mit den kosmischen Grundbedingungen des Überlebens der Menschheit in ihrer natürlichen Umwelt zu bringen."[42] Verborgen ist in diesen Gedanken eine Kritik des ökonomischen Wachstums, das in dem Egoismus der gegenwärtig Lebenden das Recht auf ein zukünftiges Leben, das Lebensrecht der Nachkommen nicht achten kann und an ein Recht des Habens gekettet ist.[43]

Bei Moltmann hält die Verantwortung für die Zukunft in sich auch eine eschatologische Dimension. Der Mensch in seinen Lebensbezügen, der Mensch mit den anderen Menschen, der Mensch in Gemeinschaft mit der nichtmenschlichen Schöpfung habe als Ebenbild Gottes ein Recht auf Selbstbestimmung und sei verantwortlich für die Zukunft. Diese liege in der Vollendung seiner Bestimmung zur Herrlichkeit seiner Gemeinschaft mit Gott, mit anderen Menschen und der ganzen Schöpfung und gebiete, von einem Lebensrecht der Nachkommen und einem Recht der Erde zu sprechen: sei mit dem Recht des Menschen auf die Erde auch das Recht der Erde auf den Menschen gesetzt, müßten mit den ökonomischen Grundrechten ökologische Grundpflichten verbunden werden.

Das Reden von Umwelt dagegen statuiert, daß der Mensch Herr über Leben und Tod sei, leugnet, daß er Leben inmitten von andersartigen Lebewesen ist. Hier kann die Grunderfahrung bedacht werden, daß Leben immer als Leben in Beziehungen, in Relationen geschieht; in solchem Gewebe wurzelt der Mensch, dessen Raum außermenschliches Leben füllt, den außermenschliches Leben hervorgebracht hat und dem es immer noch Leben gibt.[44] Die Selbstvernichtung der Menschheit durch Massenvernichtungsmittel, der "Geist der Ungleichheit: der Menschenverachtung und Menschenvernichtung" (Werner Maihofer), des Terrors atomarer, biologischer und chemischer Rüstung und die Zerstörung der Mitwelten achten nicht den Rechtsgedanken der Solidarität zwischen Menschen und Mit-Welten. Denkt Werner Maihofer die Demokratie als "Ordnung der Brüderlichkeit in Freiheit", Brüderlichkeit als "Füreinanderdasein und Füreinandereinstehen",[45] läßt er in der Liebe zum Nächsten dic Personalität des Anderen in dem ihm eigenen Recht begegnen, Mitverantwortlichkeit der Gesellschaft für Benachteiligte als Freiheitstat aufgehen, so reicht dieser Entwurf von Humanität in den Industriegesellschaften und Massendemokratien, der Industriezivilisation, in der die Prinzipien der ökonomischen Rentabilität, der technischen Effektivität, der Verwendbarkeit von Dingen: ihrer Erniedrigung zu Sachen, der Einsetzbarkeit von Menschen im Fabrikwesen und im Militär dominieren, nicht hin. Humanität verfehlt sich, wenn sie nicht transzendiert wird hin auf die Grunderfahrung der Relationalität, des umfassenden Übergehens humaner Solidarität über sich hinaus. Anders gesprochen: Das Recht des Menschen verfehlt sich, wenn es auf sich beschränkt bleibt, wenn durch den Umweltschutz nicht die Natur, sondern nur der Mensch geschützt werden soll.[46] Richtet sich die Sorge um die Natur weitgehend auf den Menschen, präsentiert sich der "ressourcenökonomische und ökologische Interessenschutz" als ein anthropozentrischer.[47] Doch wird auch in der Rechtswissenschaft schon danach gesucht, dem ausschließlichen Maßstab der hybrid-anthropozentrischen Bestimmung eine ökosophische Komponente beizuordnen. "Denn die Natur hat eigenen Stand und eigenes Sein für sich, unabhängig von ihren Funktionen, die sie auch für den Menschen hat. Sie hat damit einen Eigenwert und eine eigene Existenzberechtigung. Es kann nicht nur darum gehen, die Bedingungen unserer technisch-industriell-zivilisatorischen Existenz zu sichern, sondern die Bewahrung der Welt um ihrer selbst willen ist uns aufgegeben. Aufgrund dieses Eigenseins der Natur kann es geboten sein, für die gemachte Umwelt des Menschen vorteilhafte Eingriffe in die Natur auch dann zu unterlassen, wenn diese nur für die Natur, nicht aber für den Menschen Nachteile hätten."[48] Einem ökologischen Recht reicht es nicht, den Umweltschutz als anthropozentrischen Lebensschutz zu verstehen, dessen Maß und Ziel allein der Mensch ist, der oft eingeengt wird auf die Optimierung der Lebensqualität der heutigen Menschen.[49] Die Anthropozentrik des Umweltschutzes proklamiert den Egoismus der Derzeitigen und die Einengung des Rechts durch die Nützlichkeitserwägungen der im Kosmos treibenden Menschheit, die in der Zerstörung der Natur ihre eigene Existenz verletzt. So fragt Albin Eser, ob die anthropozentrische Perspektive nicht in Relation gesetzt werden müsse zur Natur als "Wert an sich", ob nicht die Mitwelten um ihrer selbst willen zu schützen seien. Damit will er in einem ökologischen Recht nicht die Letztbeziehung der Natur zum Menschen preisgeben, der sich zum Maßstab der Natur erhebt. "Anthropo-relational im Sinne einer zwar auf den Menschen rückbezogenen, aber von diesem seinerseits in ihrer Eigenwertigkeit respektierten Natur: so verstanden wäre Anthropozentrik jedenfalls vor manchem Mißverständnis gefeit".[50] Den anthropozentrischen Funktionalismus abzuweisen, heißt nun nicht, die Menschen und die natürliche Mitwelt einem allgemeinen und äußerlichen Maß unterzuordnen; vielmehr sucht ein ökologisches Recht als ein gebendes Recht die Bewegung der Eigenheit der verschiedenen Lebewesen zu fördern. Der Gedanke, das Tier habe keine Menschenwürde, der Tierschutz gründe in der umfassenden Verantwortung des Menschen für die Mitwelten,[51] muß nicht eine Stärkung des menschlichen Egoismus bedeuten. In ihm kann sich auch jenes Eigensein des Menschen hervorwagen, das sich nicht mehr besondern muß gegen ein Allgemeines, sondern sich erst findet in der Öffnung auf das Eigensein der anderen Lebewesen hin. Dieses Offenwerden wird gedacht, wenn Spaemann als Eigenes des Menschen seine Fähigkeit, "anderes in Freiheit sein zu lassen", versteht und Meyer-Abich die Eigenrechte der natürlichen Mitwelt in der naturgeschichtlichen Verwandtschaft von Menschen, Tieren, Pflanzen, Erde, Wasser, Luft, Feuer gründet. Bedenkt Meyer-Abich, daß Pflanzen, Tiere, Menschen "eine je besondere Existenz" haben (ich würde eher von einem Recht auf Eigensein und Gemein-Sein sprechen), daß sie am Baum des Lebens wachsen, der Strom des Lebens sie verbindet in ihrer Unterschiedenheit, so geht es um eine Kritik menschlicher Hybris, eines anthropozentrischen Weltbildes, in dem der Mensch sich zum Eigentumsherr erhebt. Eigentlich sei alles Mitseiende nicht nur unsere Umwelt, sondern unsere Mitwelt. Die natürliche Mitwelt sei nicht nur für uns da, sondern müsse auch in ihrem Eigenwert anerkannt werden.[52] Entspricht den Rechten der natürlichen Mitwelt auf der Seite des Menschen die Pflicht, die Mitgeschöpfe zu schonen, so wird die dem Menschen eigene Würde als Haltung der Ehrfurcht ausgelegt, als Existenz universaler Verantwortung. Spaemann behauptet, die Katze wisse nicht, wie der Maus, mit der sie spielt, zumute ist; Eigenheit des Menschen sei eine "exzentrische Positionalität" (Plessner), die Fähigkeit, sich auch von außen zu sehen. Menschenwürde ist dann nicht Selbstüberhebung, sondern Lassen des Selbst, zuweilen glückende Selbstlosigkeit, Weigerung, anderen Lebewesen Schmerzen zuzufügen. Die Möglichkeit, Recht und Eigenheit der Mitwelten zu vernehmen, nennt Spaemann mit Augustinus Gewissen. "Als mögliches Gewissenssubjekt und nur als solches besitzt der Mensch das, was wir Würde nennen. Deshalb und nur deshalb, weil er seine eigenen Zwecke relativieren kann, ist er – wie Kant sagt – Selbstzweck".[53] Die Menschenwürde erhebt den Menschen über sich.[54] So läßt sich mit dem Physiker Alfred Kastler sagen, daß die Tiere "unsere biologischen Brüder" sind und die Anerkennung des Rechtes der Tiere die Menschenrechte erweitern, die menschliche Würde fördern will. Die Leiden der Menschen stehen in direktem Zusammenhang mit dem Leiden der Tiere.[55] Der Kahlschlag der Regenwälder in der Provinz Sarawak, von dem die Holzwirtschaft in den westlichen Industrienationen profitiert, bedroht nicht allein die Kayan, Kenyah, Penan, malayische Ureinwohner, und ihre Kultur, der Bau eines riesigen Staudamms vertreibt nicht allein die Yanomami; vertrieben und vernichtet werden auch unzählige Tiere, Pflanzen von dem "Termitenvolk", wie manche Amazonasindianer die rodenden Weißen tauften.[56] Nicht als Herr und Meister der Schöpfung,[57] sondern als Lebewesen, dessen Eigensein die Schuld an Unschuldigen ist, lebt der Mensch. Das In-der-Schuld-Sein hat unüberhörbar Rainer Maria Rilke gedichtet:

> Wenn der Mensch doch aufhörte, sich auf die Grausamkeit der Natur zu berufen, um seine eigene zu entschuldigen! Er vergißt, wie unendlich schuldlos auch noch das Fürchterlichste in der Natur geschieht.

Anmerkungen:

1. Dtn 20,6. Jahwe erwählt und schützt die Schwachen. Hebräer sind die in die Migration getriebenen Marginalisierten und befreiten Sklaven. Die Jahwegebote bringen eine Rechtskultur hervor, die schonend mit dem außermenschlichen Leben umgeht, Zins, Raub, soziale Unterdrückung verhindern soll, Eroberungskriege ablehnt (s. Ulrich Duchrow, Kirchen, Christen, Wirtschaftssysteme, Beilage zu Heft 1/Januar 1988 der Zeitschrift Junge Kirche, S. 7 f.).

2. Ex 23, 5 f.

3. Heinz-Jürgen Loth, Jüdische Religion, in: Michael Klöckner und Udo Tworuschka (Hrsg.), Ethik der Religionen – Lehre und Leben. Band 5: Umwelt, München/Göttingen 1986, S. 18; s. I. Jakobovits, The medical Treatment of Animals in Jewish Law, in: Journal of Jewish Studies 7, 1956, S. 207-220.

4. Zu Rechtsgedanken des Taoismus und Buddhismus s. Arnold Köpcke-Duttler, Ökologisches Recht und die Brüderlichkeit mit Menschen und Dingen, in: ders., Wege des Friedens, Würzburg 1986, S. 64-79. Von der religiösen Begründung eines Eigenrechts der Natur handelt Reinhard Löws Aufsatz "Philosophische Begründung des Naturschutzes", in: Scheidewege 18, 1988/89, S. 149-167.

5. Leo Baeck, Das Wesen des Judentums, [3]Wiesbaden 1985, S. 242; zur Überlieferung des "frommen Esels" s. Gertrude und Thomas Sartory (Hrsg.), Weisung in Freude, Freiburg 1978, S. 43. Zum "Hebräischen Humanismus" Martin Bubers s. Köpcke-Duttler, in: ders. (Hrsg.), Buber – Gandhi – Tagore, Frankfurt 1989, S. 14-29.

6. in: Krzysztof Michalski (Hrsg.), Der Mensch in den modernen Wissenschaften, Stuttgart 1985, S. 91-99. S. Ernst Wolfgang Böckenförde (Hrsg.), Moderne deutsche Verfassungsgeschichte (1815-1914), [2]Königstein 1981. Zur Auffassung des Eigennutzes als sozialen, nationalen, weltwirtschaftlichen Faktors s. Edgar Salin, Politische Ökonomie, [5]Tübingen 1967, S. 73. Zum "Menschenbild des Grundgesetzes" (Gemeinschaftsbezogenheit und -gebundenheit der Person, ohne daß deren Eigenwert angetastet wird) s. Ernst Benda, Die Menschenwürde, in: ders./Werner Maihofer/Hans-Jochen Vogel (Hrsg.), Handbuch des Verfassungsrechts, Berlin/New York 1983, S. 109 ff.

7. Doch Gustav Radbruch verstand das soziale Recht als ein Recht, "das nicht auf das individualitätslose, seiner Eigenart entkleidete, auf das als vereinzelt gedachte, seiner Vergesellschaftung enthobene Individuum zugeschnitten ist, sondern auf den konkreten und vergesellschafteten Menschen." (Gustav Radbruch, Der Mensch im Recht, [2]Göttingen 1961, S. 37).

8. Zur Kritik der substantia separata, des Ideals des Erkennens, das die "fensterlose Helle des Bei-sich-Bleibens" bedeutet, zur ekstatisch-teleologischen Bewegung der Selbstüberschreitung des Menschen und der Natur s. Robert Spaemann, Über den Begriff einer Natur des Menschen, in: Der Mensch in den modernen Wissenschaften, a. a. O., S. 100-116.

9. Zur Einheit des Menschen mit dem Menschen in seiner Unterschiedenheit s. Werner Maihofer, Demokratie im Sozialismus, Frankfurt 1968, S. 27 ff; s. a. Hermann Klenner, Marxismus und Menschenrechte, Berlin 1982.

10. Karl Marx, Zur Judenfrage, in: Deutsch-Französische Jahrbücher (1844), Frankfurt 1982, S. 286. S. Peter Ehlen, Ist die Verwendung der marxistischen Gesellschaftsanalyse in einer Theologie möglich, in: Johann Baptist Metz (Hrsg.), Die Theologie der Befreiung: Hoffnung oder Gefahr für die Kirche, Düsseldorf 1986, S. 110 f.

11. Marx, Zur Judenfrage, a. a. O., S. 290 ff.

12. S. Gajo Petrovic, Wider den autoritären Marxismus, Frankfurt 1967, S. 86 ff. (Der Mensch als ökonomisches Tier und der Mensch als Praxis) und Wolf-Dieter Narr, Ethik und Politik – Skizze einer Physik der Sitten, in: Iring Fetscher/Herfried Münkler (Hrsg.), Politikwissenschaft, Reinbek 1985, S. 107.

13. "Erst hier ist ihm sein natürliches Dasein sein menschliches Dasein und die Natur für ihn zum Menschen geworden. Also die Gesellschaft ist die vollendete Wesenseinheit des Menschen mit der Natur, die wahre Resurrektion der Natur, der durchgeführte Naturalismus des Menschen und der durchgeführte Humanismus der Natur." (Karl Marx, Frühschriften, Stuttgart 1968, S. 237.) Zum "menschlichen Menschen" s. Heinrich Rombach, Strukturanthropologie, Freiburg/München 1987.

14. S. Oskar Negt, Menschenrechte als Selbstverwirklichungsrechte. Zur Dialektik von innerstaatlichen Grundrechten und Menschenrechten, in: Freiheit + Gleichheit, Heft 3, Oktober 1981, S. 20. Zum Lebensgrundrecht s. Alexander Roßnagel, Radioaktiver Zerfall der Grundrechte, München 1981, S. 53 f.; von den Gefahren eines Atomstaates und einem absoluten Verbot jeder industriellen Anwendung der Atomenergie handelt Alexander Rüstow in: Ortsbestimmung der Gegenwart, Bd. 3, Zürich/Stuttgart 1957, S. 85. S. a. Roßnagel (Hrsg.), Rechtsprobleme der Wiederaufarbeitung, Baden-Baden 1987.

15. Zur Grundrechtsmündigkeit von Kindern s. Dieter Reuter, Kindesgrundrechte und elterliche Gewalt, Berlin 1968.

16. S. Hasso Hofmann, Nachweltschutz als Verfassungsfrage, in: Zeitschrift für Rechtspolitik 1986, S. 87-90. Die Partikularität der in den Industriegesellschaften statuierten Menschenrechte wird am Geschick der Haida deutlich. Einer Legende dieser kanadischen Indianer zufolge wurden die ersten Menschen von einem Raben aus einer riesigen Muschel befreit. Der Mythos, daß ein Tier den Menschen Land gibt, und der darauf gründende Rechtsgedanke stoßen gegen die Rechtskonzeption der Provinzbehörden und der Holzfirmen, die die Bäume zum Holzeinschlag freigeben, ein Eigentumsrecht der Haida nicht anerkennen. (Fred Muller, Kahlschlag auf Haada Gwaii, in: Pogrom 19, 1988, Nr. 140, S. 52-54)

17. Von Hippel zitiert hier Denker des Naturrechts der Aufklärung: "Um uns herum sind Dinge, die keine Persönlichkeit, folglich keine Freiheit und keine Rechte haben können." (Gottlieb Hufeland, Lehrsätze des Naturrechts, [2]1795, § 217). "Die abgeleiteten Gesetze des Coexistenzialwesens beziehen sich nur auf gleichartige, auf vernünftige Wesen. Denn das unbedingte Urgesetz desselben ist auf Wechsel-Wirkung nach allgemeinen Begriffen wesentlich gegründet. Alles außerhalb dieser Sphäre, worauf das sinnlich-vernünftige Wesen einwirken kann, heißt Sache. Sowohl die leblose Natur um uns her; als auch die Tierwelt." (Carl Christian Erhard Schmid, Grundriß des Naturrechts für Vorlesungen, 1795, § 115).

18. S. Wolfgang Baumann (Hrsg.), Rechtsschutz für den Wald, Heidelberg 1986.

19. Fritz von Hippel, Zum Aufbau und Sinnwandel unseres Privatrechts, Tübingen 1957, S. 39. Zur Ausweitung des Horizonts der Verantwortung auf die nichtmenschliche Schöpfung s. Peter Saladin, Verantwortung als Staatsprinzip, Bern/Stuttgart 1984.

20. Hans Huber, Das Menschenbild des Rechts, in: ders., Rechtstheorie – Verfassungsrecht – Völkerrecht, Bern 1971. Die Lockerung der religiösen Bindungen, die Vielfalt der Säkularisationsformen, den Verfall der Existenzform einer "ökonomischen Massenzivilisation", ihrer seelischen Typisierung und ihrer Idolatrie der Technik hat Müller-Armack nicht übersehen (s. Alfred Müller-Armack, Das Jahrhundert ohne Gott, Münster 1948).

21. Müller-Armack, Religion und Wirtschaft, Stuttgart 1959, S. 569. Zur Kritik der "neuzeitlich mechanistischen Marktrationalität" und des "homo oeconomicus" s. Ulrich Duchrow, Weltwirtschaft heute, [2]München 1987, S. 182 f.

22. Müller-Armack, Diagnose unserer Gegenwart, Gütersloh 1949, S. 172. Die Gebrochenheit der menschlichen Weltsicht hat Helmuth Plessner immer wieder angezogen. "Alle Monopole des Menschen, voran das Vermögen der Wortsprache, der aufrechte Gang, die Freilegung des Auge-Hand-Feldes, das Instrumentalverhältnis zum eigenen Leib, die Selbstsicht, sind mit spezifischen, in der Sache selbst liegenden Nachteilen erkauft. Kein Tier ist von Natur, d.h. seinem Entwurf nach invalide". (Die Frage nach der Conditio humana, Frankfurt 1976, S. 122).

23. Ebd. S. 177. "Wir sehen den menschlichen Geist nicht nur als Verkörperung bewachender, heilbringender Kräfte, sondern zugleich als Möglichkeit der Zerstörung ... Verbrechen hatte es schon immer gegeben. Der idealistischen Grundansicht des Menschen als des durch seinen Geist vernünftigen Wesens konnten diese Schattenseiten des Menschlichen jedoch nichts anhaben." (S. 180).

24. S. Helmut Plessner, Die Stufen des Organischen und der Mensch, Berlin 1928; dazu: Arnold Köpcke-Duttler, in: Franco Volpi und Julian Nida-Rümelin (Hrsg.), Lexikon der philosophischen Werke, Stuttgart 1988, S. 665 f.

25. Müller-Armack, Das gesellschaftspolitische Leitbild der Sozialen Marktwirtschaft, in: Wirtschaftspolitische Chronik, Köln 1962.

26. Wilhelm Dreier, Sozialethik, Düsseldorf 1983, S. 126. S. ders., Zur gesellschaftspolitischen Zielsetzung der sozialen Marktwirtschaft, in: Die neue Ordnung 1963, S. 199-206. Über alle Marktgegensätze hinaus ermögliche die "getätigte Solidarität" die Erlangung der ökonomischen Ziele; Wirtschaften werde zu einem gesellschaftlichen Kulturprozeß. Auf staatstheoretischer Ebene treten dem Ökonomismus entgegen nicht allein der Gedanke des Sozialstaates, sondern auch der des Kulturstaates: die Idee eines sich öffnenden Bildungsganzen (s. Ernst Rudolf Huber, Zur Problematik des Kulturstaats, Tübingen 1958).

27. S. Reiner Kümmel/Monika Suhrcke (Hrsg.), Energie und Gerechtigkeit, München 1984.

28. Otfried Höffe, Sittlich-politische Diskurse, Frankfurt 1981, S. 146 ff.

29. S. Daniel Rhonheimer, Das Recht des hilflosen Lebens: Zum Zusammenhang von Menschenrecht, Existenzrecht, Rechtsfähigkeit und Rechtsstaat, in: Peter Paul Müller-Schmid (Hrsg.), Begründung der Menschenrechte, Wiesbaden/Stuttgart 1986, S. 45-127.

30. Beat Sitter, Plädoyer für Würde und Eigenrecht der Natur und ein Überleben der Menschheit, in: Mensch Natur Gesellschaft, Jg. 5, Heft II, S. 58-65.

31. Ute Scheub, Kein Klagerecht für Robben, in: Tageszeitung v. 30.9.1988, S. 6; s. Hasso Hofmann, Natur und Naturschutz im Spiegel des Verfassungsrechts, in: Juristen-Zeitung 1988, S. 265-278 und Hiroshi Kojima, Ehrfurcht vor dem Leben, in: Mensch Natur Gesellschaft, Jg. 3, Heft II, S. 62-63. Der Beschluß ist abgedruckt in der Juristischen Schulung 1989, S. 240-242.

32. S. Peter Saladin, Menschenrechte und Menschenpflichten, in: Ernst-Wolfgang Böckenförde/Robert Spaemann (Hrsg.), Menschenrechte und Menschenwürde, Stuttgart 1987, S. 267-291.

33. Ilmar Tammelo, Zur Philosophie des Überlebens, Freiburg/München 1975, S. 258.

34. Georg Picht, Zur Einführung, in: Krzysztof Maurin et al. (Hrsg.), Offene Systeme II, Stuttgart 1981, S. 9. S. a. Constanze Eisenbart (Hrsg.), Humanökologie und Frieden, Stuttgart 1979.

35. Arthur Kaufmann, Vorüberlegungen zu einer juristischen Logik und Ontologie der Relationen. Grundlegung einer personalen Rechtstheorie, in: Rechtstheorie 17, 1986, S. 275. Als "Person des Dings" denkt Schiller seine Natur, der es folgt, seine Eigenheit, in der es wird, was es ist (Kallias oder Über die Schönheit, in: Sämtliche Werke, 5. Band, ^{5}München 1975, S. 411 f.).

36. S. Magnus Schwantje, Gesammelte Werke, Band 1, München 1976, S. 111; s. a. Günter Altner, Der Kosmos unter Rechtsschutz, in: Evangelische Kommentare 14, 1981, S. 559-562.

37. Ebd. S. 112.

38. Magnus Schwantje, Friedens-Heldentum, Berlin 1919, S. 44 f.; s. Wilhelm Brockhaus (Hrsg.), Das Recht der Tiere in der Zivilisation, München 1975.

39. "Wir sind nicht der Mensch des letzten Fortschritts. Wir kommen aus der Ewigkeit aller Geschlechter." (Eugen Rosenstock-Huessy)

40. Zum Recht der Geringsten, der Wehrlosen, Schwachen und seinem Protest gegen ein ehernes Gesetz der Selektion in der Evolution der Materie s. Alexandre Ganoczy, Schöpfungslehre, Düsseldorf 1983, S. 159 f.

41. Jürgen Moltmann, Politische Theologie – Politische Ethik, München/Mainz 1984, S. 172. Zur Ableitung der "Rechte der Ungeborenen" aus einer "Ethik der Verantwortung" s. Ulrich K. Preuß, Politische Verantwortung und Bürgerloyalität, Frankfurt 1984, S. 273 ff.

42. Ebd., S. 173; s. Moltmann, Die Welt ist für den Sabbat da, in: Publik-Forum, Nr. 11/12, 31. Mai 1985.

43. "Die Länder, die sich auf das freie Kräftespiel des Weltmarkts, auf Angebot und Nachfrage, auf die internationale Arbeitsteilung, auf die Spezialisierung auf ein einziges Exportgut verlassen haben, sind zu den Armenhäu-

sern der Welt geworden. Die Regel, sich völlig auf die Spezialisierung auf dem Weltmarkt zu verlassen, ist eine Garantie zur Verewigung des Elends ..." (Karl W. Deutsch, Über Abhängigkeits- und Emanzipationstendenzen in der Weltgesellschaft, in: Klaus Jürgen Gantzel (Hrsg.), Herrschaft und Befreiung in der Weltgesellschaft, Frankfurt 1975, S. 61); s. a. Ingolf Ahlers et al., Zur politischen Ökonomie des Handelskapitals. Ein Beitrag zur historischen Dimension der Weltgesellschaft, ebd., S. 115-160.

44. S. Dieter Mollenhauer, Ökologie – das enfant terrible der Biologie, in: Scheidewege 15, 1985/86, S. 138; s. Köpcke-Duttler, Zur Rechtsethik der Natur, in: Zeitschrift für Entwicklungspädagogik 4/1986, S. 17-19.

45. Werner Maihofer, Prinzipien freiheitlicher Demokratie, in: Ernst Benda/Werner Maihofer/Hans-Jochen Vogel (Hrsg.), Handbuch des Verfassungsrechts, a. a. O., S. 231.

46. Otto Kimminich, Das Recht des Umweltschutzes, [2]München 1972, S. 17.

47. Rüdiger Breuer, Umweltschutzrecht, in: Ingo von Münch (Hrsg.), Besonderes Verwaltungsrecht, [6]Berlin/New York 1982, S. 646 f.

48. Heinhard Steiger, Begriff und Geltungsebene des Umweltschutzes, in: Jürgen Salzwedel (Hrsg.), Grundzüge des Umweltrechts, Berlin 1982, S. 9.

49. Zur Kritik eines anthropozentrischen Umweltrechts und zu Ansätzen ökozentrischen Rechts s. Klaus Bosselmann, Wendezeit im Umweltrecht, in: Kritische Justiz 1985, S. 345 ff. und ders., Eigene Rechte für die Natur, in: Kritische Justiz 1986, S. 1 ff.

50. Albin Eser, Ökologisches Recht, in: Hubert Markl (Hrsg.), Natur und Geschichte, München/Wien 1983, S. 361; s. Hans-Martin A. Schönherr, Von der Herrschaft des Menschen zum Eigenrecht der Natur, in: Universitas 41, 1986, S. 687 ff.

51. S. v. Mangoldt/Klein/Starck: Das Bonner Grundgesetz, Bd. 1, München 1985, S. 36.

52. Klaus Michael Meyer-Abich, Das Recht der Tiere, in: U. M. Händel (Hrsg.), Tierschutz, Frankfurt 1984, S. 22. Zur "Rechtsgemeinschaft der Natur" s. ders., Wege zum Frieden mit der Natur, München/Wien 1984. – Zur Kritik der Kritiker des Anthropozentrismus s. Bernhard Irrgang, Zur Problemgeschichte des Topos "christliche Anthropozentrik" und seine Bedeutung für eine Umweltethik, in: Münchener Theologische Zeitschrift 37, 1986, S. 185-203.

53. Robert Spaemann, Tierschutz und Menschenwürde, in: Tierschutz, a. a. O., S. 76; s. Hermann Broch, Pamphlet gegen die Hochschätzung des Menschen, in: ders., Philosophische Schriften 1, Frankfurt 1977, S. 34-45.

54. M. A. C. Otto, Über die Gleichheit der Menschen, in: Philosophisches Jahrbuch 89, 1982, S. 404.

55. Alfred Kastler, Tiere sind unsere biologischen Brüder, in: Gotthard M. Teutsch (Hrsg.), Da Tiere eine Seele haben ..., Stuttgart 1987, S. 178; s. Klaus Brandhuber, Das neue Tierschutzgesetz – ein grundlegender Fortschritt für den Tierschutz, in: Neue Juristische Wochenschrift 1988, S. 1952-1957.

56. Norman Myers, Tropischer Regenwald, in: Greenpeace. Sonderheft, September 1988, S. 6; s. a. Gesellschaft für bedrohte Völker. Vierte Welt Aktuell, Nr. 67, März 1988.

57. S. Gerhard Kruip, Weder die Herren noch die Krone der Schöpfung, in: Hildegund Keul u. a. (Hrsg.), Verantwortung in Umwelt und Schöpfung. STEIG-Arbeitsmaterialien, Würzburg 1986, S. 7-14.

Guido Leidig

INTERDISZIPLINARITÄT UND WISSENSCHAFTSENTWICKLUNG

A. Einleitung

Evident ist, daß eine moderne und dynamische, in ständiger Entwicklung sich befindende industrielle Zivilisation – sowohl in der westlichen als auch östlichen Hemisphäre – einen stetigen Bedarf an wissenschaftlich-politischer Steuerung und Problemlösung erzeugt, die jedoch – soll sie effizient sein – hinreichend theoretisch fundiert sein muß. Folglich sieht sich die Wissenschaft mit dem Problem[1] konfrontiert, auf die ständig neu entstehenden und bereits schon bekannten – aber noch ungelösten – Zentralprobleme der Industriegesellschaft – etwa das des Umweltschutzes – problemadäquate Antworten zu geben. So weist H. Lenk[2] in diesem Zusammenhang treffend darauf hin, daß die klassischen Einzelwissenschaften angesichts der disziplinübergreifenden Problemfelder häufig überfordert sind,[3] weshalb man der Auffassung "interdisciplinary research is a valuable tool when the nature of the research problem demands it",[4] zustimmen kann. Damit ist die Frage thematisiert, ob, da einzelwissenschaftlich gewonnene Theorien vielfach nur ineffizient in der Lage sind, komplexe (Gesellschafts-) Probleme realitätskonform zu erfassen und zu erklären, die bislang dominierende monodisziplinäre Forschungsstrategie nicht um eine interdisziplinärer Natur ergänzt werden sollte/müßte.[5] Denn unter dem Einfluß der jüngsten entwicklungsgeschichtlichen Forschungsergebnisse wird deutlich, daß die derzeitige industrielle Gesellschaft durch eine fortschreitende Zunahme an Komplexität in nahezu allen Lebensbereichen gekennzeichnet ist.[6]

Die durch die Wissenschaftsentwicklung in unserem Jahrhundert entstandene Zersplitterung der Wissenschaften einerseits und die simultan dazu sichtbar werdende Komplexität gesellschaftlicher Probleme andererseits läßt den Wunsch entstehen, daß von der Problembewältigung her nicht mehr ausreichend begründbare "disziplinäre Revierverhalten" zugunsten einer inter-/multidisziplinären Forschungsstrategie zu überdenken: "The study of some problems may be facilitated by borrowing concepts from other fields, particularly where a single discipline has pursued the study to the point of diminishing returns,"[7] so daß in bestimmten Situationen, durch einen Brückenschlag zu anderen Wissenschaften die Isolierung der emsig vor sich hinforschenden Einzelwissenschaften überwunden wird – auch wenn man dies als Eindringen in "feindliches Gebiet" bezeichnen kann. Jedoch nur mittels eines so erzeugten umfassenderen, nicht partiell orientierten Realitätsverständnisses können effiziente Steuerungsstrategien entwickelt und Fehlentscheidungen vermieden werden.

B. Wissenschaftsentwicklung und Interdisziplinforschung

Im Rahmen dieses Abschnitts werden zuerst wissenschaftssystematische Grundlagenaspekte interdisziplinärer Forschungsaktivitäten erörtert, um darauf aufbauend die Bedeutung des Systemansatzes für die Interdisziplinforschung zu diskutieren. Im Anschluß daran werden dann zwei ausgewählte interdisziplinäre Denkansätze innerhalb der Rechtswissenschaft – die "Ökonomische Analyse des Rechts"[8] und die "Ökologisch-ökonomische Rechtswissenschaft"[9] – dargestellt.

I. Wissenschaftssystematische Grundlagen und Zusammenhänge interdisziplinärer Forschung

1. Wissenschaftsdynamik und Funktionen disziplinspezifischer Grenzbildung

Bevor die Notwendigkeit einer interdisziplinären Forschungsstrategie begründet werden soll, erscheint es zweckmäßig, vorab auf die funktionalen Aspekte der Abgrenzung wissenschaftlicher Disziplinen einzugehen.

In Anlehnung an H. Egner[10] lassen sich drei Positiv-Funktionen thematisieren:

- Verständigungshilfe
- Komplexitätsreduktion
- heuristische Funktion.

Verständigungshilfe: Sie hat die Funktion, die kommunikativen Prozesse zwischen Forschern einerseits sowie zwischen Forschern und der Praxis andererseits zu strukturieren,[11] so daß im Rahmen der wissenschaftlichen Entwicklung

- eine Homogenisierung der Sprache (Entstehung einer Fachsprache) erreicht
- die Entstehung von Modellen und Theorien stimuliert

wird, um ein Lehrgebäude zu implementieren, mit dessen Hilfe nicht nur Wissen vermittelt wird, sondern auch ein Beitrag zur Erklärung der Wirklichkeit geleistet werden soll.

Komplexitätsreduktion: Hiermit wird die Aufgabe umschrieben, es dem Forscher zu ermöglichen, sein Forschungsfeld zu begrenzen, um so zu einer Spezialisierung und Arbeitsteilung zu gelangen. Dieser Prozeß, der in den zurückliegenden Jahrzehnten zur Bildung einer Vielzahl von Wissenschaftsdisziplinen geführt hat, wird auch innerhalb einer Fachdisziplin fortgesetzt, was zur Entstehung von Teildisziplinen führt und den Prozeß der Spezialisierung und Zersplitterung noch beschleunigt.

Heuristische Funktion: Mit dieser Aufgabe bezeichnet man das Systematisieren und Verknüpfen von Problembereichen zum einen sowie das Erkennen von forschungsstrategischen Leerfeldern zum anderen.

Die disziplinspezifischen Grenzziehungen sind nicht denknotwendig, nicht apriorisch, sondern sie entstehen vor einem bestimmten historischen Hintergrund, als Reaktion der beteiligten Wissenschaftler auf gesellschaftlich induzierte Forderungen.[12]

Befindet sich die heutige Gesellschaft – und damit auch die in ihr existierenden Wissenschaften – jedoch in einer sogenannten "Sattelzeit"[13], einer historischen Phase, in der eine

Modifikation zentraler Normen und Werte erfolgt, dann ist zu fragen, ob bestimmte disziplinspezifische Grenzziehungen noch Bestand haben oder zugunsten einer auf interdisziplinäre Integration gerichteten wissenschaftlichen Tätigkeit kritisch zu hinterfragen sind. So wird z.B. im juristischen Schrifttum[14] der Frage nachgegangen, ob die Rechtswissenschaft mit ihren herkömmlichen Methoden und Forschungsstrategien nicht an ihre Grenzen gestoßen ist und möglicherweise ein Mehr an Erkenntnisfortschritt nur noch mit Hilfe eines "Paradigmenwechsels" sowie einer Hinwendung zur Interdisziplinforschung erreicht werden kann.

2. Bedeutung und Notwendigkeit interdisziplinärer Forschung

Die zunehmende Komplexität der von der Wissenschaft zu analysierenden Objekte einerseits und die damit einhergehende Aufspaltung der Wissenschaft in Fachdisziplinen hat, verbunden mit einer wissenschaftlichen Informationsflut, ein starkes Bedürfnis für eine Forschungsstrategie hervorgerufen, die sich nicht primär an der Zerlegung von Gesamtheiten in ihre Teile und deren isolierender, analytisch-summativer Betrachtung orientiert, sondern vielmehr an einer integrativen Gesamtbetrachtung und –analyse ausgerichtet ist.[15] Denn angesichts der exponentiell ansteigenden Einzelerkenntnisse fällt es schwer zu überblicken, was die wesentlichen Erkenntnisse zur Lösung gesellschaftlicher Zentralprobleme sind. Diese "Desorientierung" führt dazu, das Verbindende zu suchen und aktiv Wissens-Synthesen zu vollziehen. Denn eine lediglich monodisziplinär strukturierte Forschungsstrategie kann vielfach zu einer gewissen Stagnation im Hinblick auf die Entwicklung einer Wissenschaft führen. Man beginnt sich also der seit Platon bekannten und nur allzubald vernachlässigten Ganzheitsidee zu erinnern und lernt komplexe Systeme als "Ganzheit" zu studieren,[16] was die Möglichkeit eröffnet, die Komplexität der zu bewältigenden Probleme auf handlungsrelevante Kategoriefelder zu reduzieren.

3. Verhältnis von inter– und monodisziplinärer Forschung

Die interdisziplinäre Forschung beschränkt sich nicht auf ein passives Registrieren und passives Synthetisieren bestehender Einzelerkenntnisse anderer Wissenschaften,[17] sondern wird als Integrationsversuch unterschiedlicher disziplinärer Herangehensweisen an zu lösende Problemfelder verstanden, wodurch ein tieferes Verständnis und Durchdringen der zu analysierenden Forschungsfelder angestrebt wird.[18] Gerade deshalb gewinnt die um Integration von fachdisziplinärem Wissen bestrebte Forschungsstrategie für die Wissenschaftsentwicklung zunehmend an Bedeutung.

Der interdisziplinäre Forschungsansatz hat gegenüber der rein disziplinären Forschungsstrategie den entscheidenden Vorteil, daß er dem Wesen und der Komplexität der Realität eher entspricht, die nicht in Disziplinen unterteilt ist.[19] Jedoch wird deshalb die interdisziplinäre Forschungsstrategie zu keiner Alternative zur monodisziplinären (fachbezogenen) Forschung. Sie ist vielmehr eine sinnvolle, weil notwendige Ergänzung selbiger. Zwischen beiden Forschungsmethoden besteht vielmehr ein enger sachlicher Zusammenhang: die fachbezogene (monodisziplinäre) Forschung ist Voraussetzung für die interdisziplinäre, die ihrerseits wiederum der disziplinären neue Impulse geben kann.[20]

Denn Zielsetzung der inter-/multidisziplinären Forschungsstrategie ist es nicht, eine Spezialisierung in der Wissenschaftsentwicklung aufzuheben, sondern es soll die Abgeschlossenheit und Isolation einer "Forschung im Elfenbeinturm" überwunden/vermieden werden. Diese Forschungsstrategie reflektiert ein bestimmtes Wissenschaftsverständnis wider, welches die Zielsetzung monodisziplinärer Forschungsaktivitäten nur im Kontext der gesamten Forschungsbemühungen/Wissenschaftsevolution erkennen will. Es geht der interdisziplinären Forschungsstrategie - ebenso wie der monodisziplinären – darum, neue Theorien zu entwikkeln oder neue Anwendungsmöglichkeiten bereits bestehender Theorien aufzuzeigen.[21]

II. Interdisziplinarität und Systemtheorie

Die Systemtheorie[22] (Systemforschung[23]), begründet von L.v. Bertalanffy[24] und weiterentwikkelt u.a. von K.E. Boulding[25] und R.L. Ackoff[26], kann als eine disziplinübergreifende Formalwissenschaft verstanden werden, der im Rahmen interdisziplinärer Forschungsstrategien besondere Bedeutung zukommt, da vielfach keine der disziplinär orientierten Ansätze für eine umfassende Erklärung bzw. Lösung der in der Realität äußerst komplexen Gesellschaftsprobleme ausreicht. Die Systemtheorie ist eine auf interdisziplinäre Integration gerichtete wissenschaftliche Tätigkeit mit dem Ziel, strukturale und funktionale Aspekte von komplexen Phänomenen zu beschreiben und zu analysieren.[27] Das Erfahrungsobjekt[28] der Systemtheorie sind vom Grundsatz her alle materiellen und immateriellen Gegenstände und Sachverhalte, auf die der Systembegriff[29] anwendbar ist.

E. Laszlo[30] folgend kann Wissenschaft als ein komplexes, offenes System verstanden werden,[31] das Inputs (Informationen) aus der Umwelt aufnimmt und diese in Outputs (z.B. Theorien) transformiert, welche nun ihrerseits wiederum funktional für andere Subsysteme (Wissenschaftsteilsysteme) sind.[32] Diese systemorientierte Betrachtung von Wissenschaft bzw. von Fachwissenschaften erleichtert die für eine interdisziplinäre Forschung notwendige integrative Strukturierung formal isomorpher Theorien zu disziplinübergreifenden Modellen, indem einzelwissenschaftlich gewonnene Theorien auf Isomorphie hin überprüft werden. Des weiteren ermöglicht diese Sichtweise einen besseren Einblick in den Prozeß der Wissenschaftsentwicklung und die aus diesen für die Forschung resultierenden Probleme und Konsequenzen.

Obwohl sich die Systemtheorie noch in den Anfängen ihrer Entwicklung befindet, erfüllt sie innerhalb einer interdisziplinär ausgerichteten Forschungsstrategie wichtige Funktionen: Sie ermöglicht[33]

- im terminologischen Bereich eine relativ homogene Beschreibung wissenschaftlich zu durchdringender Probleme
- das Erkennen von Forschungslücken (die u.U. bei Anwendung einer monodisziplinären Forschungsstrategie nicht sichtbar würden)
- die Analyse komplexer praktisch-wissenschaftlicher Zusammenhänge
- Probleme interdisziplinärer Zusammenarbeit zu reduzieren.

Ungeachtet dieses beachtlichen Integrationspotentials, das die Systemtheorie für eine interdisziplinäre Forschung bereitzustellen vermag, darf nicht verkannt werden, daß es sich hier nicht um einen "Zauberstab" zur Lösung überdisziplinärer Wissenschaftsprobleme handelt. Hier sind – nach H. Lenk[34] – "einige wissenschaftstheoretische Einschränkungen nötig, um überfliegende Hoffnungen auf die Methode der Systemtheorie und der Systemtechnik (als angewandter Systemtheorie) auf dem Boden des realistisch Erwartbaren zu halten ... ." Andererseits stellt sie jedoch eine "Skelettwissenschaft" für interdisziplinäre Forschungsstrategien dar, die es weiterzuentwickeln gilt.

III. Wissenschaftsentwicklung und Rechtswissenschaft

1. Rechtswissenschaft und Interdisziplinarität

Obwohl interdisziplinäre Tendenzen in der Rechtswissenschaft kein Phänomen der Neuzeit sind – denkt man z.B. an die "Psychologische Rechtslehre" von L.v. Petrazycki[35] – so kann doch konstatiert werden, daß das Verhältnis der Rechtswissenschaft zur Interdisziplinarität keineswegs ungetrübt ist.[36] Festzuhalten bleibt jedoch, daß es unstreitig ist, daß die Rechtswissenschaft auf dem Sektor des Wirtschafts-[37] und Umweltrechts[38] auf eine Kooperation mit anderen Disziplinen angewiesen ist, will sie in der Lage sein, die ihr derzeit und künftig gestellten Aufgaben effizient zu bewältigen. So führt in diesem Kontext z.B. K. Bosselmann[39] aus: "Ist in den 60er und 70er Jahren die mangelnde gesellschaftliche Relevanz der Wissenschaft beklagt worden, so läßt sich heute – zusätzlich – von deren ökologischer Ignoranz sprechen. Hier haben die Wissenschaften bisher vollständig versagt. Will die Rechtswissenschaft nicht noch weiter (an) ihrer Erbkrankheit, der Pflege der Autonomie der Persönlichkeit jenseits von allen modernen geistes- und naturwissenschaftlichen Erkenntnissen, leiden, so muß gerade sie sich um interdisziplinäre Arbeitsformen bemühen." Ähnlich auch die Argumentation von R. Weimar[40] wenn er ausführt: "Zur Bewältigung der anstehenden Probleme ist ein interdisziplinärer, in diesem Falle integrativer und mehrdimensionaler Denkansatz notwendig. Eine ökonomische Analyse des Rechts hat dabei auch die ökologische zu erfassen. ... Insbesondere im Planungs- und Wirtschaftsrecht, und speziell immer dann, wenn es um ökonomisch-ökologische Effizienz geht, ..., ist die bisher verbreitete Vernachlässigung ökologischer Gesichtspunkte durch Gesetzgebung, Verwaltung und Rechtsprechung aufzugeben. Ein übertriebenes 'Revierverhalten' kann hier nur schaden."

In die gleiche Richtung zielen die Darlegungen von M. van Hoecke[41]: "Einerseits bedient sich die Rechtstheorie jetzt systematischer als zuvor ... nichtjuristischer Disziplinen. Viele dieser geisteswissenschaftlichen Disziplinen gewähren dem Rechtstheoretiker interessante Methodeneinblicke und anregende Forschungsresultate, die beim wissenschaftlichen Studium des Rechts eine fruchtbare Anwendung finden können. Andererseits ... hat genau die Entwicklung aller dieser Disziplinen ein starkes Bedürfnis für eine interdisziplinäre Synthese hervorgerufen." Im folgenden sollen nun zwei interdisziplinäre Ansätze im Rahmen der Rechtswissenschaft in ihren Grundzügen dargestellt und diskutiert werden.

2. *Ausgewählte interdisziplinäre Denkansätze*

2.1. *Ökonomische Analyse des Rechts*

a) Herkunft und Zielsetzung

Die "Ökonomische Analyse des Rechts"[42] (ÖAR)[43] stellt den anspruchsvollen Versuch dar, durch die Anwendung wirtschaftswissenschaftlicher Methoden und Denkweisen zu einem vertieften Verständnis rechtlicher Probleme zu gelangen.[44] Das analytische Grundmodell der ÖAR, das auf die Arbeiten von R.H. Coase[45], G. Calabresi[46], F.I. Michelman[47] und R.A. Posner[48] zurückgeht, und wovon die deutsche Rechtswissenschaft nur zögernd Kenntnis genommen hat,[49] besteht in der Anwendung spezieller Theorien oder spezifischer Methoden der Ökonomie auf bestimmte Teilgebiete des Rechts. Das Rechtssystem wird im Rahmen einer funktionalen Betrachtungsweise daraufhin untersucht, welchen positiven oder negativen Beitrag es zur Erreichung eines Pareto-Optimums gegenwärtig leistet.[50] Es handelt sich mithin bei der ÖAR um einen interdisziplinären Forschungsansatz,[51] der Methoden und Erkenntnisse von zwei Fachdisziplinen – Ökonomie und Rechtswissenschaft – zu kombinieren versucht, um so eine Steigerung der ökonomischen Effizienz von Rechtsregeln zu erreichen.

b) Anwendungsbereiche

Von ihren Anfängen an erhebt die ÖAR einen Universalitätsanspruch. "Sie tritt an, alle rechtlich gestalteten Lebensbereiche einer Gesellschaft nach ökonomischen Prinzipien zu untersuchen, zu erklären und zu regeln. Das macht sie innerhalb der Rechtswissenschaft zu einer allgemeingültigen politischen Ökonomie des Rechts oder einer wirtschaftswissenschaftlichen Rechtstheorie."[52] Andererseits verweist M. Lehmann[53] darauf, daß dieser interdisziplinäre Ansatz im wesentlichen nur für marktwirtschaftlich orientierte Wirtschaftssysteme mit einer funktionierenden Wettbewerbsordnung Aussagekraft besitzen kann, da sie dreier sich gegenseitig ergänzender gesellschaftlicher Voraussetzungen bedarf:

- politisch ist eine demokratische Grundordnung
- ökonomisch ist eine durch Wettbewerb und marktwirtschaftlich dezentralisierte Mechanismen gesteuerte Wirtschaftsordnung
- juristisch ist ein funktionierendes Privatrechtssystem

erforderlich.

Denkbar ist jedoch, daß dieser Ansatz von seiner Grundstruktur her auch in Gesellschaftssystemen Anwendung finden kann, die über kein marktwirtschaftlich orientiertes Wirtschaftssystem etc. verfügen. Das theoretische Konstrukt "Economic Analysis of Law" müßte lediglich mit modifizierten Inhalten besetzt werden.

Ungeachtet grundsätzlicher Einwände gegen den Ansatz der Rechtsökonomie[54] mehren sich auch im deutschsprachigen Raum die Arbeiten, die verschiedene Rechtsgebiete nach Art der ÖAR analysieren. Beispielhaft erwähnt seien Abhandlungen zum Umweltrecht[55], Werberecht[56] und zur Analyse von Sicherungsrechten[57] oder zum Bergschadensrecht[58] sowie zu rechtlichen Problemen von Ehe und Scheidung[59]. Am umfassendsten ist wohl der Ansatz von M. Lehmann[60], der das ganze Bürgerliche Recht und Handelsrecht – selbst das rechtliche Denken in Anspruchsgrundlagen – einer ökonomischen Analyse unterzieht.[61]

2.2 Ökologisch-ökonomische Rechtswissenschaft

Die Frage nach der Effizienz der Umweltgesetzgebung stellt sich in allen industriellen Gesellschaften. Dieses Problem, das im Mittelpunkt der rechtspolitischen Diskussion um eine Verbesserung der Umweltqualität steht, muß vor dem Hintergrund der Eingebundenheit der Umweltgesetzgebung in die ökologisch-ökonomischen Wirkungszusammenhänge gesehen werden: denn die sich ständig verstärkenden Interdependenzen von Wirtschaft und Umwelt beeinflussen die Entwicklung der Umweltgesetzgebung ganz entscheidend. Bei diesem Ausgangspunkt ist kaum zu bezweifeln, daß eine Gesetzgebung, die ökologisch-ökonomisch orientiert ist, am ehesten in der Lage sein könnte, die Effizienz der umweltrelevanten Funktionen des Rechtssystems zu verbessern. Davon ausgehend soll nun ein interdisziplinärer Bezugsrahmen in seinen Grundzügen dargestellt werden: die Ökologisch-ökonomische Rechtswissenschaft.[62]

a) Wissenschaftsziele

Die Wissenschaftsziele einer Ökologisch-ökonomischen Rechtswissenschaft lassen sich wie folgt dargestellt systematisieren und inhaltlich konkretisieren:[63]

- Essentialistisches Wissenschaftsziel: Entsprechend diesem Wissenschaftsziel ergibt sich als erster Teilbereich eine Begriffslehre, die die Bildung und Präzisierung von bereichs- und funktionsspezifischen Begriffen und Definitionen umfaßt. Geht man von einer weiten Auslegung des essentialistischen Wissenschaftsziels aus, dann ist diesem Sektor auch die Beschreibung von Sachverhalten zuzuordnen, die das Erkenntnisobjekt der Ökologisch-ökonomischen Rechtswissenschaft bilden. In bezug auf das theoretische Wissenschaftsziel besitzt das essentialistische dienende Funktion.
- Theoretisches Wissenschaftsziel: Das theoretische Wissenschaftsziel der Ökologisch-ökonomischen Rechtswissenschaft umfaßt die Entdeckung und Beschreibung von Phänomenen des Objektbereichs, die Formulierung von Hypothesen (die überprüfbar sind) und die Aufstellung von Effizienzprognosen aufgrund formulierter (und soweit schon möglich überprüfter) Hypothesen.
- Pragmatisches Wissenschaftsziel: Das pragmatische Wissenschaftsziel bezieht sich auf die Ableitung von umweltrechtlich bedeutsamen Handlungsempfehlungen. Hierbei ist zu beachten, daß das theoretische und pragmatische Wissenschaftsziel keinesfalls als alternativ anzusehen ist; sie sind eher komplementärer Natur.
- Normatives Wissenschaftsziel: Dieses Wissenschaftsziel der Ökologisch-ökonomischen Rechtswissenschaft umfaßt die Beschreibung und Diskussion der philosophischen Basis, die in Zusammenhang mit dem Erfahrungsobjekt steht. Hier geht es um die "Aus-

leuchtung" sozial-ethischer, normativer und auch ideologischer Grundwerte, auf denen die Lösungen von Umweltproblemen basieren können (um einen Beitrag zur Entideologisierung umweltpolitischer Aussagen zu leisten).

b) Wissenschaftsprogramm

Die Aufgaben einer so verstandenen Ökologisch-ökonomischen Rechtswissenschaft lassen sich allgemein dahingehend kennzeichnen, daß sie die auftretenden "Vermittlungsprobleme" zwischen rechtlicher, wirtschaftlicher und ökologischer Praxis besser lösen helfen sollen.[64] Das bedeutet, daß ihre Aufgabenstellung in die folgenden zwei Hauptrichtungen zielt: Zum einen, die offenen Probleme im Bereich Ökonomie – Ökologie – Rechtsordnung zu lösen. Dabei wären zunächst die aus der Begrenztheit der jeweiligen Einzeldisziplinen sich ergebenden Fragen in einem übergeordneten theoretischen Bezugssystem auf ihren "gemeinsamen" Gegenstand hin zu systematisieren (Integrationsfunktion); von dort aus eröffnen sich rechtsinterdisziplinäre Fragestellungen, die einer Lösung bedürfen. Diese Aufgabe kann man als "Transformationsfunktion" bezeichnen. Solche Aspekte scheiden damit weitgehend aus, die sowohl außerrechtlich als auch außerökonomisch und außerökologisch sind, um so eine methodische Forschungsbasis zu schaffen.

Zum anderen dient der ökologisch-ökonomisch orientierte Ansatz rechtswissenschaftlicher Theoriebildung in seiner technologisch-anwendungsbezogenen Komponente als "Ratgeber für die Praxis". Er fördert die "Übersetzung" einschlägiger theoretischer Erkenntnisse in die Rechtspraxis. Insofern hat die Ökologisch-ökonomische Rechtswissenschaft auch einen Praxisbezug, da sie ihre Erkenntnisse an Gesetzgeber und Rechtsanwender weitergibt, um die Flexibilität und damit die Effizienz der Entscheidungen zu erhöhen (Effizienzfunktion).

c) Anwendungsbereiche[65]

Die Ökologisch-ökonomische Rechtswissenschaft befaßt sich mit allgemeinen Grundlagenaspekten der Umweltgesetzgebung und –politik auf interdisziplinärer Basis, die notwendig sind, wenn es um die Erhöhung der Effizienz der Umweltgesetze geht. Die von ihr zu analysierenden Bedingungen beeinflussen umweltpolitische Handlungen sowie deren Umsetzung in Gesetzgebung und Vollziehung und weisen in Richtung auf eine ökologisch-ökonomische Tönung des Rechts in seinen umweltrelevanten Segmenten. Ziel der Ökologisch-ökonomischen Rechtswissenschaft ist deshalb ganz allgemein die Untersuchung und kritische Würdigung der umweltrelevanten Teile des Rechtssystems unter Heranziehung ökonomischer und ökologischer Methoden, weshalb es eines interdisziplinären Ansatzes bedarf, der die Methoden der Ökonomie und Ökologie mit denen der Rechtswissenschaft zu kombinieren vermag. Das analytische Grundmodell der Ökologisch-ökonomischen Rechtswissenschaft besteht in der Anwendung spezieller Theorien oder spezifischer Methoden von Ökonomie und Ökologie auf bestimmte Teilgebiete eines Rechtssystems. Die umweltrelevanten Teile des Rechtssystems sollen also daraufhin untersucht werden, welchen Beitrag sie zur Erreichung eines "ökologisch-ökonomischen" Pareto-Optimums gegenwärtig leisten. Dieses Optimum kann dann als realisiert angesehen werden, wenn die ökologisch-ökonomische Situation keines Individuums effizienter gestaltet werden kann, ohne daß sich dadurch die ökologisch-ökonomische Situation mindestens eines anderen verschlechtert.

Die Ökologisch-ökonomische Rechtswissenschaft ist also überall dort anwendbar, wo es um eine Untersuchung von Rechtsproblemen geht, die andere als ökologisch-ökonomische Faktoren der Sache nach weitgehend vernachlässigen kann. Daher scheidet sie solche Gesichtspunkte aus, die sowohl außerrechtlich als auch außerökonomisch und außerökologisch sind, um so eine Basis zu schaffen, auf der die kooperierenden Wissenschaftsdisziplinen ein und dasselbe Forschungsfeld im Sinne des vorgegebenen Wissenschaftsprogramms analysieren können. Die zunehmende Bedeutung der natürlichen Umwelt für die rechtliche Gestaltung wirtschaftlicher Zielerreichungsprozesse hat dazu geführt, den Ansatz der oben erörterten ÖAR ausdrücklich um eine ökologische Komponente zu erweitern.

C. Zusammenfassung und Ausblick

Da es in der Wissenschaftsentwicklung Phasen geben kann, in denen eine interdisziplinäre Zusammenschau von bislang getrennt gesehenen und analysierten Aspekten vorteilhafter ist als eine separierte selbiger, stellt die interdisziplinäre Forschung eine realitätsinduzierte Ergänzung des monodisziplinären Ansatzes dar. Ziel interdisziplinärer Denk- und Forschungsansätze kann es somit nicht sein, die Spezialisierung der Wissenschaften aufzugeben, vielmehr soll ineffizienten Nebenwirkungen der wissenschaftlichen Spezialisierung vorsorgend entgegengewirkt werden. Hierbei handelt es sich um ein Konzept, von dessen Grundidee die Philosophie Platons bestimmt war. Im Laufe der Wissenschaftsentwicklung verlor jedoch das interdisziplinäre (ganzheitliche) Denken und Forschen an Bedeutung. Erst gegen Ende des 20 Jhds. lassen sich Übergänge vom spezialisierten zum holistischen Denken feststellen, z.B. in der Entwicklung des Ansatzes der "Ganzheitspsychologie".

Des weiteren wurde deutlich, allgemein und anhand spezieller Ansätze im Rahmen der Rechtswissenschaft, daß die Interdisziplinforschung alles andere als ein selbstverständliches und problemloses Unterfangen ist. Aber gerade die Bewältigung dieser Probleme dürfte sich stimulierend auf die Wissenschaftsentwicklung auswirken.

Anmerkungen:

1. Zur Problemdefinition s. M. Korngiebel: (1976) Zur Erklärung und Prognose menschlichen Problemlösungsverhaltens auf der Grundlage des Informationsverarbeitungsansatzes von Geoffrey P.E. Clarkson, Diss. Berlin 1976, S. 18 ff.
2. (1988) Interdisziplinarität und Bodenständigkeit der Philosophie, in: A. De Leeuw/G. Frohberg/J. Kühne (Hrsg.), Bodenordnung und interdisziplinäre Forschung, Frankfurt/M. - Bern - New York - Paris 1988, S. 69 ff. (71).
3. Ähnlich auch die Argumentation von F. Vester: (1984) Neuland des Denkens, München 1984, pass.
4. M.B. Luszki: (1958) Interdisciplinary Team Research. Methods and Problems, No. 3 of the Research Training Series, Washington, D.C. 1958, S. 4.

5. Dazu s. G. Leidig: (1987) Interdisziplinarität als Forschungsstrategie (Vortrag auf dem XIV. Deutschen Kongreß für Philosophie, 21. – 26. September 1987 in Gießen), noch unveröff. Manuskript 1987 (Abstract abgedr. in: XIV. Deutscher Kongreß für Philosophie, Rahmenthema: Einheit und Vielheit, Kurzfassung der Vorträge, hrsg. v. O. Marquardt/P. Probst, Gießen 1987, S. 62 f.).

6. G. Leidig: (1984) Ökologisch-ökonomische Rechtswissenschaft, Frankfurt/M. – Bern – New York 1984, S. 1.

7. M.B. Luszki.: (1958), S. 4.

8. Zahlreiche Literaturhinweise finden sich hierzu bei G. Leidig: (1983) Raumplanung als Umweltschutz, Frankfurt/M. – Bern – New York 1983, S. 15 Anm. 47; ders.: (1984), S. 42 ff.; ders.: (1986) Gesetzgebung und Effizienz, in: I. Tammelo/E. Mock (Hrsg.), Rechtstheorie und Gesetzgebung, Frankfurt/M. – Bern – New York 1986, S. 231 ff. (249 Anm. 7).

9. Hierzu vgl. G. Leidig: (1984), pass.; ders.: (1984a) Aspekte einer Ökologisch-ökonomischen Rechtswissenschaft, in: Universitas 39 (1984), S. 759 ff.; ders.: (1986a) Perspektiven der Ökologisch-ökonomischen Rechtswissenschaft, in: R. Voigt (Hrsg.), Law and Legal Science. Das Recht und seine Wissenschaft, Siegen 1986, S. 105 ff.; ders.: (1986b) Effizienz der Umweltgesetzgebung, in: W. Krawietz/R. Weimar (Hrsg./Ed.), Die Ordnung des Bodens im Fortschritt der Wissenschaften, Frankfurt/M. – Bern – New York 1986, S. 15 ff. (30 ff.).

10. (1984) Über "grenzüberschreitendes wissenschaftliches Arbeiten" und die Dilettantismusgefahr, in: Schmalenbachs Zeitschrift für betriebswirtschaftliche Forschung 36 (1984), S. 421 ff. (422).

11. K.R. Popper: (1969) Conjectures and Refutations. The Growth of Scientific Knowledge, 3. Aufl., Londen 1969, S. 66 f. bezeichnet dies als "administrative Funktion".

12. H. Egner: (1984), S. 424.

13. R. Kosselleck: (1972) Über die Theoriebedürftigkeit der Geschichtswissenschaft, in: P. Böhning (Hrsg.), Geschichte und Sozialwissenschaften, Göttingen 1972, S. 18 ff. (22).

14. Statt vieler s. G. Leidig: (1984), pass.; M. Adams:(1984) Ist die Ökonomie eine imperialistische Wissenschaft? Über Nutz und Frommen der ökonomischen Analyse des Rechts, in: Juristische Ausbildung 1984, S. 337 ff. (337); R. Weimar: (1986) Ecology versus Economy in Law, in: Rechtstheorie 1986 (Beiheft 10), S. 415 ff.; K. Bosselmann: (1986) Eigene Rechte für die Natur? Ansätze einer ökologischen Rechtsauffassung, in: Kritische Justiz 1986, S. 1 ff.

15. Vgl. E. Zahn: (1972) Systemforschung in der Bundesrepublik Deutschland, Göttingen 1972, S. 9; G. Leidig: (1987), pass.

16. Vgl. E. Zahn: (1972), S. 9.

17. Bzgl. des Bodenschutzes s. G. Leidig: (1987a) Bodenschutz im Rechtssystem, Frankfurt/M. – Bern – New York – Paris 1987, S. 7 ff.

18. Vgl. G. Leidig: (1987), pass.

19. Vgl. E. Zahn: (1972), S. 9 f.

20. Siehe E. Zahn: (1972), S. 10.

21. G. Leidig: (1987), pass.

22. Statt vieler s. hierzu H. Lenk: (1980) Systemtheorie, in: J. Speck (Hrsg.), Handbuch wissenschaftstheoretischer Begriffe, Göttingen 1980, S. 615 ff.; H. Fuchs: (1976) Systemtheorie, in: Handwörterbuch der Betriebswirtschaft, 4. Aufl., Stuttgart 1976, Sp. 3820 ff. m.w.N.; E. Grochla/H. Lehmann: (1980) Systemtheorie und Organisation, in: Handwörterbuch der Organisation, 2. Aufl., Stuttgart 1980, Sp. 2204 ff. m.w.N.; E. Zahn: (1972), pass. m.w.N.

23. E. Kosiol/N. Szyperski/K. Chmielewicz: (1965) Zum Standort der Systemforschung im Rahmen der Wissenschaften, in: Zeitschrift für betriebswirtschaftliche Forschung 17 (1965), S. 337 ff. verstehen den Begriff "Systemforschung" als Sammelbezeichnung für alle Varianten realwissenschaftlicher Interdisziplinforschung.

24. (1949) Zu einer allgemeinen Systemlehre, in: Biologica Generalis Bd. XIX (1949), S. 114 ff.; ders.:(1950) An Outline of General System Theory, in: The British Journal for the Philosophy of Science Bd. I (1950), S. 134 ff.; ders.: (1968) General Systems Theory. Foundation, Development, Applications, New York 1968.

25. (1956) General Systems Theory – The Skeleton of Science, in: Management Science 2 (1956), S. 197 ff.

26. (1971) Toward a system of systems concept, in: Management Science 17 (1971), S. 661 ff.

27. Vgl. E. Zahn: (1972), S. 8.

28. Hierzu s. E. Grochla/H. Lehmann: (1980), Sp. 2207.

29. Vgl. hierzu statt vieler J. Brunnberg/R. Kiehne: (1969) Systeme – eine Begriffsanalyse, in: Zeitschrift für Betriebswirtschaft 39 (1969), S. 605 ff.

30. (1972) General Systems Model of the Evolution of Science, in: Scientia 107 (1972), S. 379 ff. (384).

31. G. Leidig (1984), S. 104.

32. Diese Auffassung gilt auch für einzelne Fachdisziplinen, s. G. Leidig: (1984), S. 104; K. Bosselmann: (1986), S. 1 f.

33. Zum Folgenden s.a. G. Leidig: (1987a), S. 8 f.

34. (1980), S. 617.

35. (1907) Über die Motive des Handelns und über das Wesen der Moral und des Rechts, Berlin 1907; weitere Hinweise dazu finden sich bei G. Leidig: (1986), S. 248 f. Anm. 6.

36. Vgl. dazu W. Bückmann/P. Cebulla/B. Draeger/M. Patzak/A. Voegele: (1986) Theoretische Aspekte des Bodenschutzes unter besonderer Berücksichtigung der Bodenschutzkonzeption der Bundesregierung, Frankfurt/M.; Bern; New York 1986, S. 155 m.w.N.

37. Statt vieler s. U. Lehmann: (1979) Wirtschaftliche Erkenntnis und rechtliche Entscheidung, Diss. Bochum 1979; G. Leidig: (1979) Dominante Werbung. Ziele, Wirkungen, rechtliche Gestaltung, Frankfurt/M.; Bern; Cirencester/U.K. 1979, pass.

38 Vgl. G. Leidig: (1984), pass.; ders.: (1983), pass.; ders.: (1987a), pass.

39. (1986), S. 1.

40. (1984) Ökonomisch-ökologische Jurisprudenz – der nächste Schritt?, in: Rechtstheorie 15 (1984), S. 313 ff. (331 f.).

41. (1985) Rechtstheorie als interdisziplinäre Integrationswissenschaft, in: Rechtstheorie 16 (1985), S. 85 ff. (86).

42. Statt vieler s. M. Lehmann: (1981) Vertragsanbahnung durch Werbung. Eine juristische und ökonomische Analyse der bürgerlich-rechtlichen Haftung für Werbeangaben gegenüber dem Letztverbaucher, München 1981, S. 227 ff. m.w.N.; K.-H. Fezer: (1986) Aspekte einer Rechtskritik an der economic analysis of law und am property rights approach, in: Juristen Zeitung 41 (1986), S. 81 ff. m.w.N. sowie G. Leidig: (1983), S. 15 Anm. 47; ders.: (1986), S. 249 Anm. 7; ders.: (1984).

43. Der Begriff "Ökonomische Analyse des Rechts" wird synonym mit "Rechtsökonomie" verwendet.

44. Dazu und zum Folgenden s. insbes. G. Leidig: (1984), S. 42 ff.

45. (1960) The Problem of Social Cost, in: Journal of Law and Economics 3 (1960), S. 1 ff.; dazu s.a. H.-J. Wagner: (1979) Zur Analyse von Wirtschaftssystemen, Berlin – Heidelberg – New York 1979, S. 181 ff.

46. (1965) The Decision for Accidents: An Approach to Nonfault Allocation of Costs, in: Harvard Law Review 1965, S. 713 ff.; ders.: (1970) The Costs of Accidents: A Legal and Economic Analysis, New Haven – London 1970.

47. (1970/71) Pollution as a Tort: A Non-Accidential Perspective on Calabresi's Costs, in: Yale Law Journal 1970/71, S. 647 ff.

48. (1975) The Economic Approach to Law, in: Texas Law Review 1975, S. 757 ff.; ders.: (1977) Economic Analysis of Law, 2. Aufl., Boston – Toronto 1977.

49. Vgl. K.-H. Fezer: (1986), S. 818.

50. Zur Kritik an diesem Ansatz s. etwa K.-H. Fezer: (1986),S. 821 ff.; M. Prisching: (1979) Ökonomische Rechtslehre? Über die Prämissen und Grenzen des "Economic Approach" im Recht, in: Rechtswissenschaftliche Fakultät der Universität Graz (Hrsg.), Reform des Rechts. Festschrift zur 200-Jahr-Feier der Rechtswissenschaftlichen Fakultät der Universität Graz, Graz 1979, S. 995 ff. (1011 ff.).

51. Zu den Schwierigkeiten interdisziplinärer Forschung s. G. Leidig: (1985) Raum-Verhalten-Theorie, Frankfurt/M.; Bern; New York 1985, S. 40 ff.

52. K.-H. Fezer: (1986), S. 819.

53. (1981), S. 231.

54. Zusammenfassend s. K.-H. Fezer: (1986), S. 821 ff.

55. Vgl. M. Lehmann: (1981), S. 227 m.w.N.; R. Weimar: (1984), S. 313 ff.

56. G. Leidig: (1979), pass.

57. M. Adams: (1980) Ökonomische Analyse der Sicherungsrechte, Königstein 1980.

58. H. Schulte: (1979) Ökonomische Analyse im Bergschadensrecht, in: Zeitschrift für Bergrecht 1979, S. 137 ff.

59. M. Fuchs: (1979) Die Behandlung von Ehe und Scheidung in der Ökonomischen Analyse des Rechts, in: Zeitschrift für das gesamte Familienrecht 26 (1979), S. 553 ff.

60. (1981), pass.

61. Hierzu s. in diesem Zusammenhang auch K.-H.Fezer: (1986), S. 818 Anm. 27.

62. Zum Folgenden s. G. Leidig: (1984), pass.

63. G. Leidig: (1984a), S. 760 f.

64. Hierzu und zum Folgenden G. Leidig: (1984), S. 76 ff.

65. Vgl. dazu G. Leidig: (1984), S. 55 ff.

Nachwort

DAS PARADIGMA DES PRINZIPIELL UNVOLLKOMMENEN WISSENS

Der Versuch einer interdisziplinären Gesamtschau der vorstehenden Einzelbeiträge ist ein diffiziles Unterfangen; er darf sich nicht davon leiten lassen, etwas entdecken zu wollen, was es so nicht gibt: ein perfektes Puzzle, dessen Einzelteile sich naht- und lückenlos zu einem interdisziplinären Bild zusammenfügen. Vieles steht dem im Wege: einerseits Befangenheit in der Klärung widersprüchlicher Ansätze innerhalb der jeweiligen Disziplin, andererseits die Schwierigkeit bei dem intradisziplinären Nachdenken über ökologische Fragen, das dem interdisziplinären Vorgehen korrespondiert. Entgegen stehen dem auch ein Zuwenig an Anstrengungen, die jeweils fachfremden Beiträge besser zu verstehen, die Suche nach einer einheitlicheren Sprache, die Identifizierung von "Schnittstellen" sowie die Verstärkung der wechselseitigen Bezugnahme in einem mehrfach iterativen Prozeß. Mit einem Wort: Zu wenig "Spezialisierung auf den Zusammenhang"[1]. So verblieb manches im Nebeneinander des Fachspezifischen, was bei intensiverem Miteinander auf einen gemeinsamen Nenner hätte gebracht werden können.

Trotz aller genannten Unzulänglichkeiten ist ein Mosaik entstanden: nicht sauber verfugt und perfekt geglättet, eher vielschichtig und "interdisziplinär interferierend"[2]. Vorsichtig wird Kohärenz zwischen den verschiedenen Disziplinen erkennbar wie auch deren Durchdringung durch disziplininvariante Prinzipien.

Die interdisziplinäre Klammer der Einzelbeiträge ist die Einsicht in die prinzipielle Unvollkommenheit des Wissens. Der komplexe systemische Charakter der Natur und selbst kleiner Teilsysteme davon steht der Durchdringung wesentlicher Wirkungszusammenhänge entgegen. Selbst wenn eine solche Durchdringung möglich wäre, würde dennoch die Fähigkeit zur langfristigen Vorhersage über das Verhalten natürlicher, d.h. von Menschen unbeeinflußter Systeme, beeinträchtigt durch den letztlich statistischen Charakter der Naturgesetze und durch die Tendenz komplexer Systeme mit nichtlinearen Wechselwirkungszusammenhängen, bei kleinsten, praktisch nicht feststellbaren Unterschieden in den Anfangsbedingungen beliebig verschiedene Entwicklungspfade einzuschlagen. Zudem zeigt die Begriffsanalyse von "Umwelt" und Ökologie: das "Wissen" über die Komplexität von "Umwelt" ist lückenhaft und muß lückenhaft bleiben, da der mangelnde Kenntniszugang aufgrund der Komplexität von "Umwelt" und Ökologie zusätzliche Erkenntnisprobleme schafft.

Im Wissen über Prozeßabläufe unterscheidet sich Ökologie von Ökonomie. Wirtschaftliche Betätigung gibt es erst mit dem Auftreten des Menschen; seitdem haben Gesellschaften ihre wirtschaftlichen Beziehungen nach verschiedenen Ordnungen gestaltet; Reflexion darüber und Erfahrung damit erlauben durchaus einige robuste "Muster-Voraussagen"[3] über ökonomische Wirkungszusammenhänge. Während der Ausgang ökonomisch motivierter Eingriffe in die Umwelt ungewiß bleibt, sind ökologisch motivierte Eingriffe in die Wirtschaft nur die Umgestaltung des Gestaltbaren und von jeher durch Menschen im permanenten Prozeß "schöpferischer Zerstörung"[4] Gestalteten. Demnach ist die Anpassung in der Konfrontation zwischen Ökologie und Ökonomie denen anzulasten, die allein sich positiv anpassen können: der Ökonomie und der sie tragenden Gesellschaft.

Aus dem beschränkten Positivwissen über ökonomische Zusammenhänge lassen sich gleichwohl Gesetze und Spielregeln für einen optimalen Anpassungsprozeß ableiten. So sprechen gerade die Funktionsbedingungen einer Marktwirtschaft gegen Vorstellungen, die mehr Umweltschutz allein in die Hand von individuellem Handeln legen wollen. Aus der Sicht des einzelnen Verbrauchers sind es einfache, aber durchschlagende Nutzen-Kosten-Überlegungen, die selbst sittlich motivierte Umweltschonung lähmen oder frustrieren. Dem Unternehmer läßt das Marktsystem nicht die Freiheit, zusätzliche Kosten für den Umweltschutz zu tragen, wenn nicht zugleich alle Wettbewerber diesem Reglement unterworfen werden. Sowohl individuelle Akzeptanz wie gesamtwirtschaftliche Effektivität bedingen die allgemeinverbindliche Einführung von mehr Umweltschutz durch staatliche Maßnahmen.

Die stellvertretende Wahrnehmung ökologischer Verantwortung durch den Staat stellt die privaten Akteure jedoch nicht von der erforderlichen Anpassung frei. Indes beinhaltet diese lediglich den Tausch von konventionellen Gütern gegen das Gut intakte Umwelt bei insgesamt steigendem Einkommen. Wird jener Tausch von Arbeitnehmern wie Kapitaleignern verteilungsneutral akzeptiert, gibt es keinen Konflikt zwischen Umweltschutz, Preisstabilität, Beschäftigung und internationaler Wettbewerbsfähigkeit.

Durch staatliche Maßnahmen gesetzte ökonomische Anreize und Sanktionen beschleunigen den wissenschaftlichen und technischen Fortschritt in Richtung auf mehr Umweltschutz. Umweltschädigung läßt sich in vielen Bereichen auf Energieverschwendung, Umweltschutz auf effektiveren und sparsameren Umgang mit Energie reduzieren.

Seit menschliche Arbeit durch Maschinen ersetzt und so die Grundlage des Wohlstands geschaffen worden ist, sind mittels Energie immer mehr Güter für immer mehr Menschen bereitgestellt worden. Der Verbrauch von Energie belastet die Umwelt durch Wärme, durch biologische, chemische und radioaktive Schadstoffe. Physikalisch lassen sich Schadstoffflüsse durch Entropieströme interpretieren, die bisher in letzter Konsequenz durch die Sonneneinstrahlung und die Wärmeabstrahlung in den Weltraum "entsorgt" wurden. Heute ist jedoch das Gleichgewicht von Entropieproduktion durch menschliche Aktivitäten und natürliche Entropieminderung bedroht, so daß zum Beispiel dramatische Klimaänderungen aufgrund des atmosphärischen Konzentrationsanstiegs der Treibhausgase wie CO_2 oder Methan möglich geworden sind.

Die Existenz und die bedrohliche Nähe der natürlichen Grenzen fordern deshalb größtmögliche Reduzierung des Primärenergieeinsatzes, um die Stabilität der natürlichen Systeme des "Raumschiffs Erde" zu erhalten. Diese Reduzierung ist nicht nur notwendig, um Störpotentiale an der Quelle zu verringern, sondern auch, um sich einen Spielraum für die Beseitigung von Umweltschäden zu erhalten, die zusätzlichen Energieeinsatz erfordert. Forschung, Entwicklung und Anwendung lassen sich durch pretiale Lenkung, d.h. durch Steuern oder andere Abgaben bis hin zu Verboten, rasch und nachhaltig auf mehr Umweltschutz umorientieren. Dem Vorsorgeprinzip ist in jedem Fall der Vorzug zu geben, um neue Umweltbelastungen zu verhindern und die Kosten für die Allgemeinheit nicht noch weiter ausufern zu lassen.

Damit stellt sich die Frage nach den Mitteln und Zielen einer ökologisch orientierten Wirtschaftspolitik. Staatlich gesetzte ökonomische Anreize und Sanktionen, durch Natur- und Ingenieurwissenschaft in umweltschonende Produkte und Produktionsverfahren umgesetzt, begleitet von einer Veränderung des Konsumentenverhaltens, sind der Weg zu mehr Schutz der Umwelt/Mitwelt. Realität wird er nur, wenn die Gesellschaft ihn geht. Ebenso wie es ein Umweltproblem bloß in bezug auf den Menschen – als Verursacher und Betroffenen – gibt, liegt auch der Schlüssel zu dessen Lösung, soweit noch möglich, in menschlicher Einsicht, menschlichem Wollen und Handeln. Wo ist hier der archimedische Punkt, an dem Veränderung ansetzen könnte? Wo sind die Ziele und die Orientierungsmaßstäbe, nach denen überhaupt gesteuert werden soll?

Einen Beitrag zur kritischen Überprüfung und Begründung dieser Ziele leistet ökologische Ethik. Doch ist ihr Ansatz umstritten. Nichtanthropozentrische und modifizierte Versionen anthropozentrischer Ansätze stehen sich schroff gegenüber, obwohl Anknüpfungspunkte einer Verständigung dann sichtbar werden, wenn man methodisch argumentiert. Eine im modernen Denken verwurzelte Ethik muß erweitert werden, ohne den Boden rational reflektierter Erfahrung zu verlassen. Sie knüpft an aufklärerisch-emanzipatorische Philosophie an, versucht aber, den in der "Dialektik der Aufklärung" zutage getretenen Widersprüchen "instrumenteller Rationalität" zu entgehen. Eher noch diesem Paradigma "instrumenteller Vernunft" verhaftet, versucht Luhmann z.B. in seinem systemischen Ansatz, die Gesellschaft als eine Summe von Kommunikationen zu betrachten, die zwischen den Elementen des Systems – Individuen, Institutionen, etc. – wie den jeweiligen Teilsystemen stattfinden, so daß Umwelt vom System Gesellschaft selbst konstruiert wird und Umweltprobleme als Ausfluß von Kommunikationsproblemen der Gesellschaft mit sich selbst dargestellt werden.[5]

Dem Konzept einer Selbststeuerung der Scientific Community, des industriellen Systems, des politischen und des gesellschaftlichen Systems unter Eliminierung von Verantwortlichkeit stellt die kommunikative Vernunft ein integriertes Konzept wechselseitiger Überprüfung, Kontrolle und Begrenzung zur Verfügung, in dem das handelnde Subjekt nicht in eine Nebenrolle abgedrängt wird. Ansatzpunkt dieser Ethik ist die menschliche Selbst- und Naturerfahrung, geschult an Husserls Theorie der "Einfühlung" in tiefere Schichten unserer selbst aufgrund der Leib-Seele-Verflochtenheit. So wird ein ökologisch orientierter Humanismus grundgelegt.

Im konkurrierenden Denkschema eines nichtanthropozentrischen Ansatzes läßt sich eine Rechtsphilosophie entwickeln, die nicht das auf sich gestellte Individuum zum Ausgangspunkt nimmt, sondern den Menschen in seinen vielfältigen Beziehungen zu seiner Vorwelt, zu seinen Nachkommen und zur übrigen Schöpfung. Der Natur wird dabei ein Eigen-Sein zuerkannt. Die Natur wird als eine Fülle von Dingen geachtet, die eigenem Recht unterliegt. Einen juristischen Ausdruck kann dies in der Forderung finden, die Natur zu einer eigenen Rechtsperson zu machen und die Forderung des Suum cuique nicht nur für die menschliche Gesellschaft, sondern auch für die Symbiose von Mensch und Natur gelten zu lassen.

Vorbild für einen ökologisch orientierten Humanismus kann nur die zwischenmenschliche Solidarität sein. Sie muß in abgestufter Weise auf zukünftige Generationen, leidensfähige Tiere, Pflanzen und intakte ökologische Kreisläufe ausgedehnt werden. Der Mensch als verantwortungsbewußtes, sittliches Subjekt kann sich nicht als Herr der Welt verstehen, sondern als ihr Hirte.

Dies kann realisiert werden durch Erziehung. Wegen der zuvor beschriebenen ökonomischen Zwänge besteht das Ziel nicht in individualistisch vereinzeltem und beschränktem Umwelthandeln, sondern in der Hinführung zu einer Teilnahme am umweltpolitischen Entscheidungsprozeß. Die Chance, als "freies Wesen" zu handeln, "welches wollen kann, was es selbst für richtig hält"[6], steht freilich unter dem zeitlichen Vorbehalt sich verschärfender ökologischer Zwänge. Insofern heißt umweltethisches Handeln, heute freiwillig zu tun, was morgen ohnehin erzwungen würde.

Alle philosophischen Beiträge weisen darauf hin, daß eine ökologische Ethik im Hinblick auf eine zeitübergreifende Kommunikationsgemeinschaft argumentieren muß. In den Gedanken einer neuen zwischenmenschlichen Solidarität mündet auch die psychologische Analyse des Alltagshandelns, welches als individuelles Handeln nur geringe Chancen hat, sich aus einem Lebensstil zu befreien, der bisher mit Umweltausbeutung einhergeht. Erst ein neues Miteinander der Menschen, das gegen die "Absonderung des Menschen gegen den Menschen" gerichtet ist – ob als "Vergesellschaftung des Menschen von unten"[7] oder als "Freude an der Fülle des Miteinanderlebens"[8] begriffen – wird Solidarität mit der Natur in einer Gesellschaft ermöglichen.

Globalität, Dauerhaftigkeit und Intensität des Umweltproblems sowie die Eigengesetzlichkeiten einer Wettbewerbswirtschaft verweisen auf staatlich zu setzende Nebenbedingungen. So bleibt zu fragen, wie derartige individualethisch motivierte und gesellschaftlich verdichtete Einstellungsänderungen in politisch wirksames Handeln umgesetzt werden können. Dies kann ohne fundamentale Änderungen des Wirtschafts- und Rechtssystems geschehen. Die soziale Marktwirtschaft ist durchaus eine geeignete Wirtschaftsform, um mehr Umweltschutz Wirklichkeit werden zu lassen. Allerdings ist zwischen der empirischen und der normativen Ebene zu unterscheiden. "Soziale Marktwirtschaft" und "pluralistische Demokratie" kennzeichnen unzweifelhaft die normative Ordnung des "So sollte es sein", aber in zahlreichen Fällen nicht den empirischen Befund eines "So ist es". Kritisiert wird die Undurchsichtigkeit real ablaufender Entscheidungsprozesse, insbesondere der Einfluß der Ministerialbürokratie und der Interessenverbände bei der Vorbereitung gesetzgeberischer Entscheidungen; einflußreiche Interessen beinhalten die Gefahr einer Verengung des Denkens. Derartige "Denkzwänge" werden leicht als Sachzwänge ausgegeben; der Handlungsspielraum des Gesetzgebers, der für eine wirksame Umweltpolitik dringend benötigt wird, verringert sich auf diese Weise. Schlagwortartige Einwände, wie "internationale Wettbewerbsfähigkeit" oder "Gefährdung von Arbeitsplätzen", denen keine Zwangsläufigkeit zugrundeliegt, dürfen den Gesetzgeber nicht lähmen.

Ökologische Rahmenbedingungen sind in die bestehende Wirtschaftsordnung lediglich durch gesetzgeberisches Handeln einzuführen. Letzteres ist im wesentlichen ein Hilfsmittel, denn das Recht bewirkt als solches keinen Umweltschutz und kann ihn auch nicht in einem programmatischen Sinne bestimmen. Das Recht kennt jedoch ökonomisch wirksame Instrumente des Umweltschutzes; seine Aufgabe ist es, Umweltschutzmaßnahmen in die Rechtsordnung, insbesondere die Verfassungsordnung, einzubinden.

Die Zusammenschau der Einzelbeiträge von Wirtschafts- und Naturwissenschaften, von Philosophie und Psychologie, von Politik- und Rechtswissenschaft vermittelt Ansatzpunkte zur Begründung und Durchsetzung eines wirksameren Umweltschutzes unter einer ganz speziellen Perspektive.

Was allen Teilbeiträgen gemeinsam ist und was in der Gesamtschau klar hervortritt, ist die Erkenntnis eines prinzipiell unvollkommenen Wissens, da Wissen stets Nicht-Wissen als eigenen Horizont in sich trägt. "Zum Wissen des eigenen Nicht-Wissens gehört immer schon eine gehörige Portion Wissen: Zunächst das Wissen um das Wißbare, also das Wissen darum, was wir grundsätzlich wissen können und was nicht; sodann das Wissen im speziellen Fall, was wir (noch) nicht wissen, und warum wir es (noch) nicht wissen; und schließlich das Wissen, was das Fehlen eines bestimmten Wissens in einem bestimmten Fall für unsere Entscheidung und unser Verhalten bedeutet"[9]. Dieses vollkommene Wissen um prinzipielles Nichtwissen maßt sich hier niemand an; dagegen gilt die abgeschwächte Form: "Das Wissen, das wir als Menschen von der Wirklichkeit haben können, bleibt stets weit hinter jenem Wissen zurück, das wir haben müßten, um die Zukunft planend und konstruierend 'in den Griff' zu bekommen."[10]

Als *Nicht-Wissen-Können* tritt diese Einsicht am deutlichsten in den Naturwissenschaften zutage, die zugleich dem Erkenntnisgegenstand Umwelt in seiner materiellen Ausprägung am nächsten stehen. Die wichtigste Aufgabe der Naturwissenschaften liegt daher in der radikalen Aufklärung über ihr begrenztes Wissen. Widerstände gegen diese Aufklärung bezeichnen Philosophie und Psychologie als *Nicht-Wissen-Wollen*, als Beziehungslosigkeit, Nicht-Suchen, "folgenloses Erkennen" oder Verdrängen. Ihre Aufgaben liegen daher in der Begründung einer ökologischen Ethik mit einem erweiterten Verantwortungskonzept, das den Risikobegriff und nur schwer vorherzusehende Folgen mit einbezieht. Ingenieurwissenschaften und Technik befinden sich zudem in der Situation des *Nicht-Handeln-Könnens*, gefesselt durch falsche oder fehlende ökonomische Anreize. Die Wirtschaftswissenschaften schließlich liefern nicht zuletzt Politikern den Grund für ein *Nicht-Handeln-Wollen*, wenn sie das Verhältnis von Ökologie und Ökonomie als Konflikt zwischen gesamtwirtschaftlichen Zielen darstellen und ihn zu Lasten der Ökologie meinen lösen zu müssen. Die Fragen und Fragwürdigkeiten, die sich vor dem Hintergrund prinzipiellen Nichtwissens stellen, zielen daher nicht nur auf die Validität dieser oder jener Einzelerkenntnis, dieser oder jener Theorie, sondern auf das Paradigma selbst. Hier liegt die wichtigste Aufgabe interdisziplinärer Auseinandersetzung.

Die Aufsätze in diesem Sammelband sollen dazu einen Anstoß geben. Sie wollen keine detaillierten umweltpolitischen Handlungsleitlinien geben. Ihr Anliegen ist das Hinterfragen jener Denkmuster und jenes wissenschaftstheoretischen Verständnisses, die darüber bestimmen, wie sich das ökologische Problem darstellt und in welchen Handlungsrahmen dessen Lösung gestellt ist. Deutlich sollte vor allem geworden sein: Die Einbildung, im Prinzip alles vollständig wissen zu können – zusammen mit gedankenlosem Laissez-faire –, hat das Umweltproblem verursacht und kann es gerade deshalb nicht lösen. Die Anerkennung vielfältiger Erkenntnislücken, Unsicherheiten und Grenzen der Erkenntnisfähigkeit überhaupt in bezug auf das komplexe System Natur schafft keine weiteren Freiheitsgrade im Umgang mit unserer Umwelt. Sie zwingt im Gegenteil zu rigorosem umweltpolitischen Handeln – zur Minimierung der Umweltbelastung.[11] Ansonsten könnten demokratische Mehrheitsentscheidungen leicht ihre Akzeptanz und Überzeugungskraft einbüßen, da irreversible Umweltschädigungen irreversible gesellschaftliche Prozesse in Gang setzen, welche die Realisierung einer anders gearteten (Umwelt-)Politik prinzipiell versperren.

Wenn prinzipiell unvollkommenes Wissen über das Wesen der Umwelt die unabdingbare Relativierung des jeweiligen Wissensstands und seines Fortschritts verlangt, dann muß Wissenschaft das Nichtwissen über die Folgen von Eingriffen in die Natur mitdenken und mit ihm rechnen. Das allgemeine Prinzip von "Versuch und Irrtum" verbietet sich im Umweltschutz; ebenso darf man sich nicht mit einmal gesetzten Grenzwerten zufrieden geben[12]. Selbst die oft beschworene Umkehr der Beweislast – statt der Schädlichkeit die Unschädlichkeit von Eingriffen nachweisen zu müssen –, entpuppt sich als objektive Unmöglichkeit. Gleiches gilt für die vermeintliche "goldene Regel" des Umweltschutzes, Eingriffe in die Natur reversibel zu gestalten. Bei prinzipiell unvollkommenen Wissen lassen sich weder Unschädlichkeit noch Reversibilität verifizieren. Kompromisse und halbherzige Handlungsstrategien verbieten sich im Umgang mit unvorhergesehenen und nicht vorhersehbaren Risiken. Eingriffsminimierung ist alles, was bleibt; sie muß zum Handlungsprinzip der Umweltpolitik werden.

Die Herausgeber und Autoren

Anmerkungen:

1. Siehe U. Beck, Risikogesellschaft – Auf dem Weg in eine andere Moderne, Frankfurt am Main 1986, S. 298
2. Siehe J. Mittelstraß, Die Stunde der Interdisziplinarität? in: J. Kocka (Hrsg.), Interdisziplinarität, Praxis – Herausforderung – Ideologie, Frankfurt am Main, 1987, S. 153
3. Siehe F. A. v. Hayek, Die Theorie komplexer Phänomene, Walter Eucken Institut (Hrsg.), Vorträge und Aufsätze 36, Tübingen 1972, S. 34
4. Siehe J. A. Schumpeter, Kapitalismus, Sozialismus und Demokratie, Zweite erweiterte Auflage, München 1950, S. 134
5. Vgl. N. Luhmann, Ökologische Kommunikation, Kann die moderne Gesellschaft sich auf ökologische Gefährdungen einstellen?, Opladen 1986
6. R. Steiner, Die Philosophie der Freiheit, Grundzüge einer modernen Weltanschauung, Ausgewählte Werke, Band 1, Frankfurt am Main, 1985, S. 202
7. O. Negt, Zur Dialektik der Vergesellschaftung des Menschen, Sechs Thesen über die Notwendigkeit der Selbstaufklärung der Aufklärung, in: Akademie der Künste, Berlin: Der Traum der Vernunft – Vom Elend der Aufklärung, Neuwied 1985, S. 237
8. I. Illich, Selbstbegrenzung – Eine politische Kritik der Technik, Reinbek b. Hamburg 1975, S. 14

9. H. Guggenberger, Das Menschenrecht auf Irrtum, München und Wien 1987, S. 140
10. Ebd., S. 141
11. Vgl. Rat von Sachverständigen für Umweltfragen, Umweltgutachten 1987, Bundestagsdrucksache 11/1586 (1987), Textziffer 90: "Zur langfristigen Sicherung von Umweltqualität gehört ein Minimierungspostulat von Emissionen als politischer Handlungsmaxime."
12. Vgl. G. Maier-Rigaud, Umweltpolitik in der offenen Gesellschaft, Opladen 1988

AUTORENVERZEICHNIS

Michael **Dippold**, Dr. ing.
Jahrgang 1952, Institut für Nachrichtentechnik, DLR, Deutsche Forschungsanstalt für Luft- und Raumfahrt

Wolfgang **Eichhorn**, Dr. rer. nat., Universitätsprofessor
Jahrgang 1933, Leiter des Instituts für Wirtschaftstheorie und Operations Research der Universität Karlsruhe

Wolfgang **Gessenharter**, Dr. phil., Universitätsprofessor
Jahrgang 1942, Professor für Politikwissenschaft unter besonderer Berücksichtigung der politischen Theorie, Institut für Politikwissenschaft der Universität der Bundeswehr Hamburg

Hubert **Grabitz**, Diplom-Psychologe
Jahrgang 1944, freiberuflich, Lehrbeauftragter am Lehrstuhl für Klinische Grundlagenforschung und Psychologische Diagnostik der Universität Bremen

Bernhard **Irrgang**, Dr. phil.
Jahrgang 1953, Akademischer Rat a.Z. am Institut für Moraltheologie der Universität München; Dozent für Philosophie und Indologie an der Münchner Volkshochschule

Jörg **Klawitter**, Dr. phil.
Jahrgang 1956, Wissenschaftlicher Assistent a.Z. am Lehrstuhl für Politische Wissenschaft der Universität Würzburg

Arnold **Köpcke-Duttler**, Dr. phil. habil.
Jahrgang 1942, Privatdozent für Interkulturelle Pädagogik an der Gesamthochschule/Universität Kassel, Rechtsanwalt und Diplom-Pädagoge

Willi **Koll**, Dr. rer. pol., Diplom-Volkswirt
Jahrgang 1947, Bundesministerium für Wirtschaft, Bonn

Reiner **Kümmel**, Dr. phil. nat., Universitätsprofessor
Jahrgang 1939, Professor für Theoretische Physik am Physikalischen Institut der Universität Würzburg

Guido **Leidig**, Dr. rer. pol., Dipl.-Kfm.
Jahrgang 1953, Wissenschaftlicher Mitarbeiter an der Facultée Européenne des Sciences du Foncier, Strasbourg

Gerhard **Maier-Rigaud**, Dr. oec., Diplom-Volkswirt
Jahrgang 1940, Institut für Europäische Umweltpolitik, Bonn

Dieter **Meschede**, Dr. rer. nat., Universitätsprofessor
Jahrgang 1954, Professor für Experimentalphysik am Institut für Quantenoptik der Universität Hannover

Stefan **Schaub**, Dr. jur., Professor
Jahrgang 1955, Rechtsanwalt in Düsseldorf

NAMEN – UND SACHREGISTER

GPSR Compliance

The European Union's (EU) General Product Safety Regulation (GPSR) is a set of rules that requires consumer products to be safe and our obligations to ensure this.

If you have any concerns about our products, you can contact us on ProductSafety@springernature.com

In case Publisher is established outside the EU, the EU authorized representative is:

Springer Nature Customer Service Center GmbH
Europaplatz 3
69115 Heidelberg, Germany

Batch number: 10683531

Printed by Printforce, the Netherlands